航天科技图书出版基金资助出版

高超声速助推-滑翔飞行器组合导航技术

陈　凯　刘尚波　沈付强　著

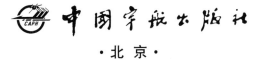

中国宇航出版社
·北京·

图书在版编目（CIP）数据

高超声速助推－滑翔飞行器组合导航技术 / 陈凯，刘尚波，沈付强著. –– 北京：中国宇航出版社，2021.6
ISBN 978 - 7 - 5159 - 1947 - 8

Ⅰ.①高… Ⅱ.①陈… ②刘… ③沈… Ⅲ.①高超音速飞行器－助推滑翔飞行器－组合导航 Ⅳ.①V475.9

中国版本图书馆 CIP 数据核字(2021)第 126879 号

责任编辑　张丹丹　　　封面设计　宇星文化

出　版 发　行	**中国宇航出版社**		
社　址	北京市阜成路8号　邮　编　100830	版　次	2021 年 6 月第 1 版
	(010)60286808　　(010)68768548		2021 年 6 月第 1 次印刷
网　址	www.caphbook.com	规　格	787×1092
经　销	新华书店	开　本	1/16
发行部	(010)60286888　　(010)68371900	印　张	13.5　彩　插　3 面
	(010)60286887　　(010)60286804(传真)	字　数	329 千字
零售店	读者服务部　　　　(010)68371105	书　号	ISBN 978 - 7 - 5159 - 1947 - 8
承　印	北京中科印刷有限公司	定　价	88.00 元

本书如有印装质量问题，可与发行部联系调换

航天科技图书出版基金简介

航天科技图书出版基金是由中国航天科技集团公司于 2007 年设立的，旨在鼓励航天科技人员著书立说，不断积累和传承航天科技知识，为航天事业提供知识储备和技术支持，繁荣航天科技图书出版工作，促进航天事业又好又快地发展。基金资助项目由航天科技图书出版基金评审委员会审定，由中国宇航出版社出版。

申请出版基金资助的项目包括航天基础理论著作，航天工程技术著作，航天科技工具书，航天型号管理经验与管理思想集萃，世界航天各学科前沿技术发展译著以及有代表性的科研生产、经营管理译著，向社会公众普及航天知识、宣传航天文化的优秀读物等。出版基金每年评审 1～2 次，资助 20～30 项。

欢迎广大作者积极申请航天科技图书出版基金。可以登录中国宇航出版社网站，点击"出版基金"专栏查询详情并下载基金申请表；也可以通过电话、信函索取申报指南和基金申请表。

网址：http：//www.caphbook.com

电话：(010) 68767205，68768904

前　言

　　临近空间是指距地面 $20 \sim 100$ km 的空域，介于航空领域飞机最高飞行高度与空间轨道飞行器最低飞行高度之间，是从航空向航天过渡的区域，是"空"和"天"的纽带。无论是军事领域还是民用领域，临近空间飞行器都是重要的载体和平台，临近空间飞行器将是探索和开发临近空间的主角。临近空间飞行器包括临近空间浮空飞行器、超高空无人机、亚轨道飞行器、高超声速飞行器等。高超声速飞行器采用高超声速滑翔、火箭发动机或超燃冲压发动机推进技术，达到 5 倍声速以上的飞行速度，以实现高超声速、高机动性等功能。

　　导航系统是高超声速飞行器的关键组成部分，单一的导航方法无法满足高超声速飞行器的导航需求，组合导航技术对于高超声速飞行器十分重要。针对不同的临近空间飞行器，世界各国学者尝试采用多种导航参考坐标系来设计临近空间导航算法。研究航空飞行器的学者乐于采用航空体系下的导航坐标系作为临近空间飞行器的参考坐标系；而研究航天飞行器的学者乐于采用航天体系下的导航坐标系作为临近空间飞行器的参考坐标系。本书力图证明各种导航参考坐标系间的关系，为临近空间飞行器导航参考坐标系的选择提供理论依据；并介绍一种发射系下高超声速飞行器的组合导航算法，为垂直发射水平飞行的高超声速飞行器提供一种新的导航算法方案，为科研工作者提供理论参考。

　　本书共 8 章，主要内容如下：第 1 章，介绍了高超声速飞行器的特点，针对高超声速助推-滑翔飞行器，本书指出，其飞行轨迹具有航天和航空的双重属性，具有双重的导航需求，本书主要探讨适用于垂直发射水平飞行的导航方式，提出新的算法解决思路。第 2 章，介绍了导航算法中需要的数学基础知识，特别是各坐标系之间的转换关系，为后续章节的展开奠定了数学基础。第 3 章，传统的航空惯性导航正常重力模型不再适用于临近空间，故本书系统论述了临近空间飞行器导航算法所需的正常重力模型。第 4 章，介绍了典型的捷联惯导系统，从捷联惯性导航算法编排和导航输出结果两个方面，证明了不同导航参考坐标系间导航算法的等价性，为高超声速助推-滑翔飞行器导航系统选择发射坐标系作为导航参考坐标系提供了理论支撑。第 5 章，介绍了高超声速飞行器组合导航常用的卫星导航系统。第 6 章，系统地推导了发惯系下高超声速飞行器捷联惯导算法、对准算法、松耦合和紧耦合组合导航算法，并且推导了发惯系导航参数与当地水平坐标系导航参数的转换关系。第 7 章，系统地推导了发射系下高超声速飞行器捷联惯导算法、对准算法、松耦合和紧耦合组合导航算法，并且推导了发射系导航参数与当地水平坐标系导航参数的转换关系。第 8 章，以高超声速飞行器六自由度模型为基础，提出了利用惯组模拟器、卫星接收机模拟器等数据生成方法，通过数值仿真和半实物仿真，验证算法的正确性。

本书力求逻辑严谨，思路清晰，所涉及的数学基础知识在书中均有介绍，所介绍的导航算法也均有详细的数学公式推导过程。注重理论与实际相结合，不仅有详尽的推导公式，还介绍了半实物仿真验证。既适用于初学者系统性地学习理论知识，也适用于指导工程实践。

在本书编写期间，西北工业大学严恭敏、中航工业 618 所朱少华、中国航天科技集团有限公司 1 院 12 所徐帆和北京天兵科技有限公司朱正辉审阅了全书，给出了具体的修改意见与建议。孙晗彦、张宏宇、刘明鑫、周钧、梁文超、赵子祥、裴森森、曾诚之、房琰、杨睿华等做了大量文档和编程工作，在此表示衷心感谢。本书出版得到了航天科技图书出版基金和西北工业大学精品学术著作培育项目的资助，在此一并致谢。

由于作者水平和实践经验的限制，书中难免有错误和不当之处，敬请读者批评指正。联系邮箱：chenkai@nwpu.edu.cn。

陈　凯

2021 年 6 月

目 录

第1章　高超声速飞行器及导航系统综述

1.1　高超声速飞行器综述

临近空间是指距地面 20～100 km 的空域，介于航空领域飞机最高飞行高度与空间轨道飞行器最低飞行高度之间，是从航空向航天过渡的区域，是"空"和"天"的纽带。无论是军事领域还是民用领域，临近空间飞行器都是重要的载体和平台，临近空间飞行器将是探索和开发利用临近空间的主角，已成为各国竞相研究关注的热点。临近空间飞行器包括临近空间浮空飞行器、超高空无人机、亚轨道飞行器、高超声速飞行器等。高超声速飞行器是一种在临近空间以超过 5 倍声速长时间巡航飞行的飞行器，又被称为"临近空间高超声速飞行器"。高超声速飞行器采用高升阻比的气动外形设计及高超声速滑翔、火箭发动机或超燃冲压发动机推进技术，以实现高超声速、高机动性等功能，因此具有作战响应迅速、突防能力强等特点。

高超声速飞行器的历史最早可追溯到 20 世纪 30 年代，奥地利科学家桑格尔（Sanger）首次提出了"高超声速弹道"，设计的"银鸟"（Silver Bird）飞行器以"打水漂"的方式在临近空间区域中飞行，并以他的名字命名为"桑格尔弹道"（图 1-1）。20世纪 40 年代，中国科学家钱学森提出了高超声速（Hypersonic）的概念，设计出一种更为科学且易于实现的"助推滑翔"弹道，该弹道被命名为"钱学森弹道"（图 1-1）。

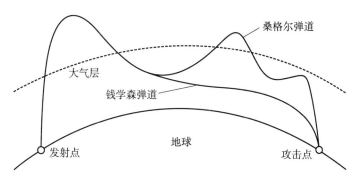

图 1-1　桑格尔弹道与钱学森弹道示意图

随着高超声速飞行器相关技术的发展和进步，世界各国对高超声速飞行器的关注程度不断提高。如美国、俄罗斯、中国等经济和军事水平较高的国家，都进行了大量的飞行试验，甚至部分国家已经在军队中正式列装高超声速导弹。另外，德国、法国、英国、印度、日本和澳大利亚等国都有高超声速飞行器方面的研究。

1.1.1　美国高超声速飞行器综述

20 世纪 50 年代，美国人费里提出了超声速燃烧理论。超声速燃烧试验的成功，标志着高超声速飞行器发展的第一个高峰到来。1986 年，超燃冲压发动机项目（HREP）取得理论性的突破进展，标志着高超声速飞行器发展进入了一个新的起点。随后，美国先后开展了 HyTech（高超声速技术）计划、Hyper - X（高超声速飞行器试验）计划、HyFly（高超声速飞行）计划、FALCON（猎鹰）计划以及 X - 51A 计划等多个飞行试验计划。HyTech 计划的研究工作重点是解决飞行器各部件的核心技术问题，尤其是验证超燃冲压发动机的可行性，为后续的飞行试验计划奠定了基础。2004 年，Hyper - X 计划的主要研究成果 X - 43A 高超声速飞行器（图 1 - 2）成功试飞，超燃冲压发动机工作 11 s，标志着高超声速飞行技术进入了快速发展的阶段。HTV - 2 无动力高超声速滑翔飞行器（其概念图见图 1 - 3）分别于 2010 年 4 月和 2011 年 8 月进行了飞行试验，虽然飞行试验没有成功，但是为高超声速飞行器的发展奠定了良好基础。HyFly 计划的目标主要是验证与高超声速导弹相关的关键技术。FALCON 计划的主要研究成果是 HTV 系列飞行器。2013 年，X - 51A "驭波者" 飞行器（图 1 - 4）飞行试验成功，超燃冲压发动机工作 240 s，进一步验证了超燃冲压发动机的可行性。

图 1 - 2　X - 43A 高超声速飞行器

图 1 - 3　HTV - 2 楔形滑翔弹头概念图

图 1-4　X-51A "驭波者"高超声速飞行器

2019 年 7 月，美国《航空周刊》报道：美国有 7 个公开的高超声速导弹武器系统级研发项目（表 1-1），还至少有两个未公开的高超声速武器研发项目。下面对 7 个公开项目依次进行介绍。

表 1-1　美国公开的高超声速导弹武器系统级研发项目

序号	项目名称	主管机构	属性	项目定位	备注
1	CPS	海军	型号	海基高超声速助推滑翔导弹	采用双锥外形的通用滑翔弹头（C-HBG），搭配不同的助推器
2	LRHW/LBHM	陆军	型号	陆基远程高超声速助推滑翔导弹	
3	HCSW	空军	型号	空基高超声速助推滑翔导弹原型样机	
4	ARRW/AGM-183A	空军	型号	空基高超声速助推滑翔导弹原型样机	基于单级弹道导弹技术方案；基于 TBG 弹头方案
5	HAWC	DARPA/空军	预研	战术级空基高超声速巡航导弹技术集成演示验证	也在考虑海基改型
6	TBG	DARPA/空军	预研	战术级空基/海基高超声速助推滑翔导弹技术集成演示验证	2018 年增加海基技术路线验证，基于 C-HBG
7	OpFires	DARPA	预研	战术级陆基机动式高超声速助推滑翔导弹技术集成演示验证	重点关注射程和弹道可调的助推器以及发射平台；基于 TBG 弹头方案

为了尽快实现装备军队并形成高超声速打击能力，基于 20 世纪 70 年代桑迪亚实验室有翼能量再入飞行器实验（SWERVE）项目中使用的双锥体飞行器，美国开发了三军通用的高超声速滑翔体（Common-Hypersonic Glide Body，C-HGB），搭配不同助推器来开发陆基/海基/空基高超声速导弹。其中，美陆军负责开展通用滑翔体演示验证试验，并依托早前的陆基先进高超声速武器（Advanced Hypersonic Weapon，AHW）项目开发 C-HGB，并发展陆基远程高超声速武器（Long Range Hypersonic Weapon，LRHW）；美海军负责开发适合通用滑翔体海基发射的助推器，并在常规快速打击（Conventional Prompt Strike，CPS）项目下发展相应的打击武器；美空军在通用滑翔体的基础上，通过高超声

速常规打击武器（Hypersonic Conventional Strike Weapon，HCSW）项目发展空射型高超声速打击武器，HCSW 集成了 C-HGB 的弹头和现有火箭发动机，以尽快实现系统研制。

1）常规快速打击（CPS）项目源于常规快速全球打击（Conventional Prompt Global Strike，CPGS）项目，而 CPGS 项目源于美国国防部 2002 年提出的猎鹰（FALCON）计划。CPGS 项目重点支持美国国防部高级研究计划局（DARPA）和美空军的高超声速技术飞行器（HTV）项目，以及美陆军的先进高超声速武器（AHW）项目。在 HTV 项目和 AHW 项目进展均不顺利的情况下，美国将研制潜射型中程高超声速助推滑翔导弹作为 CPGS 项目的发展方向，美国海军战略系统项目办公室接过 CPGS 项目的主导权。2015 年后，在前期陆基 AHW 技术成果的基础上，海基 AHW 首个验证机（FE-1）先后完成了初始设计评审、关键设计评审和组装及验证。2017 年 5 月，美国国防部将 CPGS 项目更名为常规快速打击（CPS）项目；10 月，FE-1 试飞成功，验证了飞行器的航电系统、子系统的微型化、制导与控制算法。2020 年 3 月，CPS 项目的第二个验证机（FE-2）飞行试验成功，测试了通用高超声速滑翔体（C-HGB）的性能，击中了 3 200 km 外的目标，飞行速度达到马赫数 17，为美军高超声速武器部署奠定了重要基础。

2）2019 年 8 月，美国正式退出《中导条约》，为陆基中程导弹的发展埋下伏笔，在其 2020 财年的预算中出现了陆基高超声速武器（LRHW）项目。LRHW 项目旨在为陆军提供高超声速武器，增强反介入/区域拒止（A2/AD）能力。LRHW 射程在 2 700 km 以上，飞行速度大于马赫数 5，采用 C-HGB 弹头，由高机动战术卡车（HEMTT）携带，一辆发射车可携带两枚 LRHW 导弹。美国高超声速武器正向着通用化、联动化、各军种紧密协同化的方向发展，以快速形成高超声速打击力量。

3）高超声速常规打击武器（Hypersonic Conventional Strike Weapon，HCSW）项目由美国空军寿命周期管理中心主管，旨在研制一款采用固体推进剂发动机，通过全球定位系统（GPS）制导，并由战斗机或轰炸机发射的高超声速导弹，主要用于在 A2/AD 环境下对敌人部署在地面或海面上的高价值时敏目标进行快速精确打击。

4）空射快速响应武器（Air-Launched Rapid Response Weapon，ARRW）和 HCSW 是美国空军两个重点的高超声速导弹项目。2018 年，美国空军公布了 ARRW 项目，旨在研发一款最大马赫数为 20，射程达近 1 000 km 的高超声速滑翔原型弹。ARRW 采用 TBG 项目的研究成果，如气动力/热分析、热防护材料、制导与控制算法、软件代码等，以缩短研发周期。

5）2012 年，美国空军研究实验室（AFRL）开始推进高速打击武器（High Speed Strike Weapon，HSSW）项目，目标是为研制空射型吸气式高超声速导弹提供技术支持。2013 年，空军将 HSSW 项目改名为高超声速吸气式武器概念（Hypersonic Air-breathing Weapon Concept，HAWC）项目，并与 TBG 项目合并形成新的 HSSW 项目。至此，HSSW 由最初的发展吸气式导弹项目扩展为发展吸气式与助推滑翔式并进的高超声速导弹项目。HAWC 延续了 X-51A 计划，采用吸气式超燃冲压发动机，其机体布局和控制面布局与 X - 51A 相仿，速度为马赫数 4～6，射程在 1 000 km 以上，可以作为反舰/航母武器，是美国空军/海军未来对地/海的主要打击武器。HAWC 采用隐身技术将隐蔽性与高速性结合，以提高战略打击能力，从而进一步加强美国的全球战略威慑能力。

6）TBG 导弹外形与 HTV - 2 相似，是 HTV - 2 的后继项目，采用升力体构型，依靠火箭发动机把弹头推至高超声速，通过无动力滑翔打击目标，利用机动飞行躲避反导系统的拦截。飞行速度约为马赫数 5，射程为 1 000 km，采用高超声速滑翔战斗部。TBG 将考虑兼容性，后续将与海军垂直发射系统集成。目前，TBG 已进入试验阶段，2019 年 3 月，TBG 发动机助推的可靠性得到验证，6 月，B - 52H 战略轰炸机装载 TBG 导弹模型完成了飞行测试。

7）2018 年，DARPA 与陆军推出了作战火力（Operational Fires，OpFires）项目。OpFires 是基于 TBG 成果的地面高超声速发射系统，将研发一种可适应多种战斗方式与多型号弹头兼容的新型助推器，从而实现快速部署、一投多送的战略目的，以补充美国陆军在有效射程方面的不足。OpFires 推进系统由两级火箭组成，第一级为现有技术成熟的固体火箭发动机，第二级为重点研发的推力可调发动机。目前，作战火力项目分三个阶段交互进行，第一、二阶段主要对推力可调、混合推进剂等推进系统技术进行研究。第三阶段主要完成系统集成以及飞行试验等工作。

另外，美国在高超声速飞机方面也发展迅速。2013 年 11 月，洛克希德·马丁公司宣布开始研制 SR - 72 高超声速飞行器，并提出了在 2018 年开始工程化研制，2023 年实现首飞，2030 年投入服役的计划。2020 年 3 月，美国平流层发射系统公司公布了 Talon - A 和 Talon - Z 两型高超声速飞行试验平台的最新布局规划，Talon - A 高超声速飞行试验平台通过载机发射速度可达马赫数 5～7，正在进行原型样机的构型和计算仿真试验，计划在 2022 年实现初步运营能力。

1.1.2　俄罗斯高超声速飞行器综述

早在 19 世纪 80 年代，苏联就先后开展了冷计划、鹰计划、彩虹 - D2 计划以及针计划等高超声速计划。随着苏联解体，俄罗斯经济衰退，高超声速计划的研究逐步放缓。近年来，俄罗斯重新启动高超声速计划，并取得了重大进展，锆石（Zircon）高超声速巡航导弹、匕首（Kinzhal）高超声速导弹和先锋（Avangard）高超声速滑翔导弹是其典型代表。

锆石（Zircon，代号 3M22）是一款新型高超声速反舰巡航导弹，机身为乘波体构型，采用超燃冲压发动机推进系统，最大飞行速度达马赫数 9，射程可达 1 000 km，能够在任何飞行轨迹段进行机动，可配备核装药或者常规装药，适合水面舰艇与核潜艇等海基平台发射。2016 年 3 月，首次测试中测试样弹速度达到马赫数 6，验证了关键技术的可靠性。2019 年，卡拉库特级和暴徒 M 级轻型导弹护卫舰接装了首批锆石高超声速导弹，并进行了性能测试，以此加强俄罗斯海军威慑力量。2020 年 1 月，戈尔什科夫元帅号护卫舰首次试射锆石导弹，精确打击了 500 km 外的一个陆地目标，验证了其射程、精准度和速度方面的优越性能。同年 7 月，俄罗斯国防部表明锆石导弹舰艇试验已接近尾声，下一步计划从白蜡树级潜艇上试射锆石导弹，以实现水下多样发射。

匕首（Kinzhal，代号 Kh-47M2）是一款空射型高超声速弹道导弹，由陆基伊斯坎德尔导弹系统（9M723 弹道导弹）改进而来，其载机为速度高达马赫数 3 的高空超声速战斗机米格-31，主要用于精确打击陆上和海上目标。匕首最高速度达马赫数 10，射程超过 2 000 km，采用对称圆柱式气动布局，可携带常规弹头或核弹头，并且具有良好的隐身性能。普京在《国情咨文》中称该导弹可实现全天候机动，并可确保突破所有防空及导弹防御系统，以实现快速毁伤。2020 年 1 月，在俄罗斯北方舰队军事演习中，一枚匕首导弹在 8 min 内飞越 2 000 km 成功命中靶船，这一结果也证明了匕首导弹战略打击能力和技术成熟度的不断增强。未来，俄罗斯计划基于匕首项目研发一种新型机载高超声速导弹，并装载于其第五代战斗机苏-57 上。

先锋（Avangard，代号 15Yu71）是一款战略级高超声速滑翔机动导弹，采用两级火箭发动机，其弹头为俄罗斯 4202 项目下 Yu-71 高超声速滑翔飞行器的打击弹头。该弹头由特殊复合材料制作，可承受 2 000 ℃ 以上的高温并能保护弹头承受激光武器照射，现已经成功解决高超声速飞行器的控制问题，高温等离子环境下可实现弹头长期可控飞行。先锋弹头飞行速度达马赫数 20，采用机动性能高的大后掠翼扁平高升阻比气动布局，可实现水平/垂直方向机动飞行，可以绕过导弹防御系统，此外，还可携带核弹头。在 2018 年 12 月的测试中，先锋弹头最大速度达到马赫数 27 并精确命中了 6 200 km 外的目标。

1.1.3 中国高超声速飞行器综述

中国高超声速飞行器的研究在 2000 年以前主要是集中在基础层面，如超燃冲压发动机、热防护、气动布局、飞行控制、一体化设计等方面均有广泛深入的基础研究。2002 年，中国国家自然科学基金委员会专门设立"空天飞行器的若干重大基础问题"重大研究计划，围绕空天飞行器研究中的重要科学问题，通过多学科交叉研究，增强航天飞行器研究的源头创新能力，为空天飞行器的发展奠定技术创新的基础。2007 年，中国国家自然科学基金委员会又设立"近空间飞行器的关键基础科学问题"重大研究计划，其科学目标以 30～70 km 中层近空间的高超声速远程机动飞行器涉及的关键基础科学问题为核心。

在基础研究的有力支撑下，中国正在开展高超声速飞行器的研究工作。2012 年 9 月 3 日，《科技日报》报道我国在北京郊区建成了马赫数 9 的 JF12 高超声速激波风洞，这是测试高超声速飞行器空气动力模型所必需的设备。据《航空科学技术学科发展报告（2012—2013）》，中国在 2012 年首次实现了轴对称式高超声速飞行器成功试飞，飞行高度超过 20 km，飞行速度大于马赫数 5，初步验证了吸气式超燃冲压发动机及飞行器的制导与控制技术。2014 年 1 月，中国进行了搭载于"DF-21"型准中程弹道导弹的"DF-ZF（东风-ZF；WU-14）"（高超声速滑翔飞行器，HGV）的飞行试验活动。2018 年 5 月，在北京某展览会上，公开亮相了一款"临近空间高超声速通用试飞平台"。2019 年 10 月 1 日，在国庆阅兵式战略打击方队中亮相的 DF-17 导弹，标志着中国在高超声速武器方面走在世界前列。

1.1.4　其他国家高超声速飞行器综述

除了美国、俄罗斯和中国以外，世界其他各国也在加速开展高超声速飞行器的相关研究。

德国在高超声速飞行器的研究中，一直处于举足轻重的位置。空气动力学之父普朗特于 1904 年提出边界层理论，开启了空气动力学研究；普朗特在低速翼型升力的基础上创立了考虑可压缩性的修正算法，为超声速/高超声速飞行奠定了理论基础。德国资助的桑格尔团队研制出再生冷却液体推进剂火箭发动机，继而提出在充分利用冲压发动机推力的前提下，控制飞行器在大气层边缘进行水漂式运动，从而实现高超声速飞行，启动了"银鸟"的试制工作。进入 21 世纪，德国借助欧盟的国际合作平台，主导开展了锐边飞行试验（SHEFEX）项目、亚轨道飞行器（SpaceLiner）、再入飞行试验平台（EXPERT）、高超声速飞行试验（Hexafly - Int）项目等，并在涡轮基冲压组合（TBCC）发动机、可重复使用火箭发动机的研究方面取得了阶段性成果。其中，德国航空航天中心（DLR）的 SHEFEX 项目以降低载人航天器的使用成本、改善其空气动力学性能为目标，重点研究 SHEFEX 飞行器的气动、结构及热力学性能。DLR 分别于 2005 年和 2012 年在挪威完成了 SHEFEX - 1 和 SHEFEX - 2 的飞行试验。其中，SHEFEX - 2 的最大飞行速度达到马赫数 11，成功经受了 2 500 ℃的考验，同步采集到大量数据，目前正在开展 SHEFEX - 3 的研究工作。

法国于 2019 年 1 月宣布开展高超声速武器项目，该项目被命名为 V - MaX，由作为主要承包商的法国亚力安集团与法国军备局（DGA）联合研制，目标是研发一款速度超过马赫数 5 的高超声速滑翔器。另外，DGA 还于 2019 年 3 月公开表示，将对在研的 ASN4G 导弹进行升级，使其发展成为一款速度可达马赫数 8、射程可达 1 000 km 的高超声速导弹，以取代法国现役的 ASMP - A 空射核导弹。

印度有两个高超声速导弹项目，分别是布拉莫斯-2（BrahMos - Ⅱ）和高超声速技术演示飞行器（Hypersonic Technology Demontrator Vehicle，HSTDV）。布拉莫斯-2 项目是印度与俄罗斯联合开展的，其目标是研制一款飞行速度可达马赫数 7、作战半径可达 450 km 的高超声速导弹。据相关报道，布拉莫斯-2 导弹将采用与俄罗斯的锆石高超声速导弹相同的发动机和推进技术，弹体、制导系统、控制系统则将由印度自行研发。HSTDV 项目是印度国防研究与发展组织（DRDO）于 2005 年发起的，旨在研制一款超燃冲压发动机验证器，为后续发展高超声速巡航导弹验证关键技术。印度于 2005 年完成了 HSTDV 的弹体和发动机框架构造设计，随后在英国、以色列和俄罗斯等国的帮助下进行了多次风洞测试。2019 年 6 月进行首次飞行试验，结果由于运载 HSTDV 的烈火-1 导弹并未达到预定的试验高度和速度，飞行试验失败。

2018 年，日本同时启动了高速滑翔导弹和高超声速巡航导弹关键技术研究项目，其中，高速滑翔导弹项目是 2017 年岛屿防卫高速滑翔导弹技术研究项目的延续。计划分两个阶段发展高速滑翔导弹：第 1 阶段采用圆锥形弹头，预计在 2026 财年投入使用；第 2

阶段采用升阻比更大的较平坦的爪形弹头。该导弹定位为岛屿间攻击，作战概念图显示其采用陆基发射。高超声速巡航导弹旨在研发可长时间运行的弹用超燃冲压发动机技术和集成先进部件技术，兼顾包含发动机进气道在内的飞机/发动机一体化外形设计技术，以及长时巡航所需弹体局部耐热材料结构技术等。

1.2　高超声速飞行器导航系统综述

1.2.1　高超声速飞行器导航系统特点

飞行控制系统所需要的位置、速度、姿态、过载、角速度等信息，都来自于导航系统。因此，导航系统的性能直接影响飞行控制系统的控制性能。由于高超声速飞行器飞行速度快，使得较小的导航误差会引发更大的累积偏差。适用于高超声速飞行器的导航系统一般应具有以下特点：

1）全球覆盖：高超声速飞行器有全球到达的特点，导航系统必须能够全球覆盖。

2）精度高，稳定性好：高超声速飞行器具有飞行速度快和动态范围大的特点，必须具有精度高和稳定性好的导航系统。

3）信息全：高超声速飞行器的导航系统必须能够提供时间、姿态、位置、速度、比力、角速度、攻角和侧滑角等信息。

4）更新率高：高超声速飞行器机动性强，导航系统必须具有高更新率，从而保障高超声速飞行器的连续导航飞行精度。

5）抗干扰、抗欺骗和抗摧毁：由于高超声速飞行器在军事政治领域影响巨大，只有具有抗干扰、抗欺骗和抗摧毁能力，才能避免造成损失。

6）自主导航：高超声速飞行器飞行距离远、飞行环境复杂，导航系统必须具有高自主能力，才能够应对复杂的环境。

捷联惯性导航系统（SINS）是一种将加速度计和陀螺仪刚性固连在载体上，为载体提供姿态、速度、位置、比力和角速度等导航信息的惯性导航系统。捷联惯性导航系统具有导航信息全、自主性高、连续性好、更新率高等优点，已广泛应用于航天、航空、航海以及陆地导航等领域。但捷联惯性导航系统的导航误差会随着时间延长而难以独立工作。全球卫星导航系统（GNSS）是能在地球表面或近地空间的任何地点，为用户提供全天候的三维位置、速度以及时间信息的空基无线电导航定位系统。目前成熟的 GNSS 包括美国的全球定位系统（GPS）、中国的北斗卫星导航系统（BDS）、俄罗斯的全球导航卫星系统（GLONASS，格洛纳斯）以及欧盟的伽利略卫星导航系统（Galileo）四大卫星导航系统。GNSS 具有全球全天候定位授时的能力，在地球上任意时刻任意位置都可以观测到 4 颗以上有效卫星，确保能够进行长时间较高精度的导航定位授时。但 GNSS 也存在着易受外界干扰、动态性能差的缺点。捷联惯性导航与卫星定位（SINS/GNSS）组合导航系统，能充分发挥两者优势，利用长时间较高精度的卫星导航信息对捷联惯性导航系统进行校正，利用捷联惯性导航系统的短时高精度的特点，来克服卫星接收机易受外界环境影响导致定位误差增大的缺点。

在世界各国高超声速飞行器的研制和试验中，导航系统均采用了以捷联惯性导航系统为主的组合导航方案。X-43A 高超声速飞行器验证器采用 INS/GPS 组合导航系统，在飞行试验过程中采用纯捷联惯性导航。X-51A 系统的导航通过惯性测量单元（IMU）、全球定位系统（GPS）接收机以及天线等设备实现。HTV-2 采用 IMU/GPS 紧耦合的制导方式，使再入飞行实现精确制导，圆概率误差可以达到 3 m。德国的 SHEFEX-2 导航系统融合惯性测量单元（IMU）、GPS 接收机、STR 星跟踪器测量值。俄罗斯、日本和印度等国家的高超声速飞行器导航系统也采用类似的方案。表 1-2 列出了世界各国具有代表性的高超声速飞行器导航系统，由该表可见，组合导航系统是高超声速飞行器的主要导航形式。

表 1-2　各国高超声速飞行器导航系统

国家	型号	导航系统
美国	X-43A	INS/GPS
美国	X-51A（高超声速巡航导弹）	IMU/GPS
美国	HTV-2（助推-滑翔飞行器）	IMU/GPS
美国	HyFly（高超声速巡航导弹）	IMU/GPS/数据链
美国	FastHawk	INS/GPS
美国	HCSW,HAWC,ARRW	INS/GPS
俄罗斯	针试验飞行器	IMU/卫星导航
俄罗斯	GELA 试验飞行器	IMU/RD/TAN
德国	SHEFEX-2	IMU/GPS/STR
日本	HSFD	IMU/GPS/RD
印度	布拉莫斯-2（高超声速巡航导弹）	IMU/GPS

在高超声速飞行器导航系统的选型或研制中，两种高超声速飞行器导航系统具有代表性。第一种是 X-43A 采用的 Honeywell 公司的 H-764 系列成熟的 INS/GPS 组合导航产品（图 1-5），X-43A 的飞控计算机与 SLAM-ER 防区外导弹相同，即采用成熟的货架产品，这些产品在其他型号上都有成功应用；第二种是 SHEFEX-2 采用的自主研制路线，组成了 IMU/GPS/STR 综合导航系统（HNS），如图 1-6 所示。两种导航系统在各自型号上都已成功应用。

H-764 嵌入式 GPS 和 INS 组合导航系统，可在 GPS 受到干扰的环境下为飞行器提供精确的任务信息。在组合导航时，H-764 的位置精度（SEP）<10 m，速度精度（RMS）<0.05 m/s；在惯性导航时，H-764 的圆概率误差（CEP）<1.5 km/h，速度精度< 1.0 m/s。

SHEFEX-2 综合导航系统均采用成熟的货架产品，主要包括：导航计算机采用 RTD

图 1-5　H-764 嵌入式 INS/GPS 组合导航系统

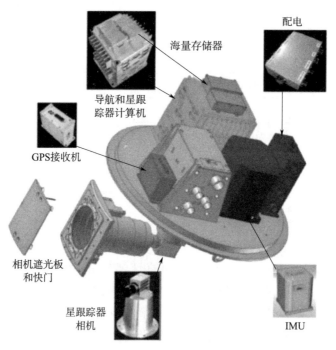

图 1-6　SHEFEX-2 的组合导航系统

的货架产品 PC/104 嵌入式计算机，实现导航计算；惯性测量单元（IMU）为 iMAR 公司的 iIMU-FCAI-MDS，其主要技术指标见表 1-3；GPS 接收机采用了 Phoenix 公司的 Phoenix-HD；STR 采用了 Prosilica 公司的 CCD 相机，用于飞行姿态测量，不进入控制系统环节。

表 1 - 3　iIMU - FCAI - MDS 惯性测量单元技术指标

指标	陀螺仪(1σ)	加速度计(1σ)
漂移(Bias)	$1(°)/h$	$2\ mg$
零漂稳定性(Bias Stability)	$<0.03(°)/h$	$<50\ \mu g$
刻度因子误差(Scale Factor Error)	300×10^{-6}	$1\ 500\times10^{-6}$
线性度(Linearity)	$<300\times10^{-6}$	$<300\times10^{-6}$
失准角(Axis Misalignments)	$<5\times10^{-4}\ rad$	$<5\times10^{-4}\ rad$
随机游走(Random Walk)	$0.03(°)/\sqrt{h}$	$<50\ \mu g\ /\sqrt{Hz}$

　　针对不同的高超声速飞行器捷联惯性导航系统,世界各国学者尝试采用多种导航参考坐标系来设计高超声速导航算法。研究航空飞行器的学者乐于采用航空体系下的导航坐标系作为高超声速飞行器的参考坐标系,如当地水平坐标系;而研究航天飞行器的学者乐于采用航天体系下的导航坐标系作为高超声速飞行器的参考坐标系,如发射惯性坐标系。一般认为,航空和航天两个领域的捷联惯导算法均是为适应各自领域的应用而设计的,两者互不相关。用来作为导航坐标系的坐标系,包括地心惯性坐标系(ECI)、地心地固坐标系(ECEF)、当地水平坐标系(ENU),以及发射惯性坐标系(LCI)和发射坐标系(LCEF),其中,地心惯性坐标系、地心地固坐标系和当地水平坐标系属于航空体系下的导航坐标系,发射惯性坐标系和发射坐标系属于航天体系下的导航坐标系。

1.2.2　高超声速飞行器导航特点分析

　　以 HTV - 2 高超声速助推滑翔飞行器为例(图 1 - 7),全系统包括助推火箭和滑翔飞行器两个系统。助推火箭均在成熟的航天运载火箭基础上改进,而滑翔飞行器是全新设计的。临近空间高超声速飞行器的飞行剖面主要包括发射段、自由弹道段、弹道再入段、弹道爬升段和滑翔段等飞行阶段,具有垂直起飞和水平滑翔的特点。从飞行剖面来看,发射段、自由弹道段、弹道再入段和弹道爬升段等阶段,属于航天领域的飞行轨迹,控制系统需要用航天体系下的导航数据来进行飞行控制,通常在发射惯性坐标系下进行导航制导控制;而滑翔段飞行器沿着地球表面飞行,以地球表面作为参考,属于航空领域的飞行轨迹,控制系统需要用航空体系下的导航数据来进行飞行控制,通常在当地水平坐标系下进行导航制导控制。可见,高超声速飞行器具有火箭助推起飞和水平滑翔的特点,具有航空和航天双重的飞行控制和导航需求。目前,助推火箭和滑翔飞行器各自采用独立的飞行控制系统,涉及航天和航空两种体系的飞控与导航系统,采用助推火箭和滑翔飞行器接力方式,分别进行导航和控制,没有采用同一套导航系统进行全程导航;从系统设计角度来看,应该采用一套系统实现从助推滑翔到落地的全程导航和控制。

　　目前,研究发射坐标系导航的相关理论和应用较少。发射坐标系与地球固连,其导航信息都是以地球上固定的发射点为参考,与发射惯性坐标系的导航参数相比,更便于直观

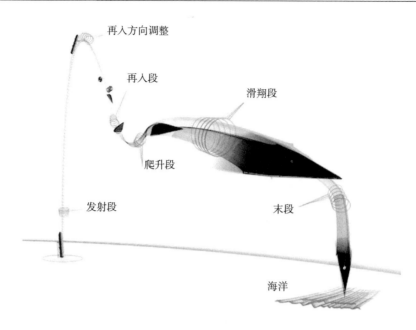

再入方向调整

再入段

滑翔段

爬升段

发射段

末段

海洋

图 1-7　HTV-2 飞行弹道

描述和理解。多数地面发射飞行器的飞控系统所需求的导航数据也是发射坐标系下的，使用发射坐标系作为导航坐标系，有利于导航系统和飞行系统之间的信息传输。

1.3　本书目的

　　本书力图证明各种导航参考坐标系间的关系，为高超声速飞行器导航参考坐标系的选择提供理论依据；针对高超声速助推-滑翔飞行器，指出其飞行轨迹具有航天和航空的双重属性，具有双重的导航需求；探讨一种发射坐标系下高超声速飞行器捷联惯导算法、初始对准算法、松耦合和紧耦合组合导航算法，为垂直发射水平飞行的高超声速飞行器提供一种新的导航算法方案，为科研工作者提供理论参考。

第 2 章　导航算法基础

捷联惯性导航与组合导航算法涉及微积分、线性代数和空间几何等相关知识，涉及的数学基础知识包括矢量和矩阵运算、坐标系和坐标系间转换、地球几何学和四元数等。

2.1　导航算法中的数学基础

2.1.1　矢量

一个矢量，可以根据其在坐标系中的 3 个分量表示为向量的形式。本书中，用黑斜体描述矢量，例如，三维的矢量 $\boldsymbol{r}$ 在 k 系中的投影可以表示为

$$\boldsymbol{r}^k = \begin{bmatrix} x^k \\ y^k \\ z^k \end{bmatrix} \tag{2-1}$$

式中，上标 k 代表投影坐标系 k，x^k，y^k，z^k 分别表示在 x，y，z 三轴的投影分量。

2.1.2　矢量坐标转换

在惯性导航的计算中，经常需要将矢量由一个坐标系转换到另一个坐标系，这种转换是通过坐标转换矩阵实现的，本书中转换矩阵用黑斜体的大写字母描述。任意坐标系中的矢量都可以经过转换矩阵表示成其他坐标系中的矢量。例如，k 坐标系中的矢量 $\boldsymbol{r}^k$ 转换到 m 坐标系中可表示为

$$\boldsymbol{r}^m = \boldsymbol{R}_k^m \boldsymbol{r}^k \tag{2-2}$$

式中，$\boldsymbol{R}_k^m$ 是 k 系到 m 系的转换矩阵。

转换矩阵 $\boldsymbol{R}_k^m$ 的逆矩阵表示 m 系到 k 系的转换

$$\boldsymbol{r}^k = (\boldsymbol{R}_k^m)^{-1} \boldsymbol{r}^m = \boldsymbol{R}_m^k \boldsymbol{r}^m \tag{2-3}$$

如果两个坐标系为空间直角坐标系，那么两个坐标系的转换矩阵是正交矩阵；若这两个坐标系各轴的度量单位都相等，则转换矩阵为单位正交矩阵，此条件下转换矩阵的逆等于它的转置。

导航解算的坐标系都是统一度量单位的空间直角坐标系，它们的转换矩阵的逆和转置都是等价的。因此对于一个转换矩阵 $\boldsymbol{R}_k^m$，可得

$$\boldsymbol{R}_k^m = (\boldsymbol{R}_m^k)^{\mathrm{T}} = (\boldsymbol{R}_m^k)^{-1} \tag{2-4}$$

如果一个方阵中的所有列（行）分量是相互正交的，那么这个方阵是正交的。比如矩阵

$$\boldsymbol{R} = \begin{bmatrix} r_{11} & r_{12} & r_{13} \\ r_{21} & r_{22} & r_{23} \\ r_{31} & r_{32} & r_{33} \end{bmatrix} \qquad (2-5)$$

式中

$$\boldsymbol{r}_1 = \begin{bmatrix} r_{11} \\ r_{21} \\ r_{31} \end{bmatrix}, \quad \boldsymbol{r}_2 = \begin{bmatrix} r_{12} \\ r_{22} \\ r_{32} \end{bmatrix}, \quad \boldsymbol{r}_3 = \begin{bmatrix} r_{13} \\ r_{23} \\ r_{33} \end{bmatrix} \qquad (2-6)$$

若要使 $\boldsymbol{R}$ 是正交矩阵，则应满足

$$\boldsymbol{r}_1 \cdot \boldsymbol{r}_2 = 0, \quad \boldsymbol{r}_1 \cdot \boldsymbol{r}_3 = 0, \quad \boldsymbol{r}_2 \cdot \boldsymbol{r}_3 = 0 \qquad (2-7)$$

2.1.3　角速度矢量

用三维矢量 $\boldsymbol{\omega}$ 表示一个坐标系相对另一个坐标系的旋转角速度。用 $\boldsymbol{\omega}_{mk}^p$ 表示 k 系相对 m 系的旋转角速度在 p 系的投影，即

$$\boldsymbol{\omega}_{mk}^p = \begin{bmatrix} \omega_x \\ \omega_y \\ \omega_z \end{bmatrix} \qquad (2-8)$$

式中，$\boldsymbol{\omega}$ 下标" mk "表示转换相对性（k 系到 m 系），$\boldsymbol{\omega}$ 上标" p "表示投影坐标系。

两个坐标系之间的旋转可以引入第三个坐标系作为参考，如下面的转换关系

$$\boldsymbol{\omega}_{pk}^k = \boldsymbol{\omega}_{pm}^k + \boldsymbol{\omega}_{mk}^k \qquad (2-9)$$

式（2-9）成立的条件是引入第三个坐标系 m，并且矢量的加减必须在同一个参考坐标系下进行，即上标是相同的。

改变旋转方向，即由 m 系到 k 系，相应的旋转角速度为 $\boldsymbol{\omega}_{km}^p$，且有下式成立

$$\boldsymbol{\omega}_{km}^p = -\boldsymbol{\omega}_{mk}^p \qquad (2-10)$$

2.1.4　反对称矩阵

两个坐标系之间的相对角运动，除了用角速度矢量表示外，还可以使用反对称矩阵表示。反对称矩阵将两个矢量的叉乘变成更简单的矩阵乘法。一个角速度矢量 $\boldsymbol{\omega}_{mk}^p$ 的矢量形式和对应的反对称矩阵形式为

$$\boldsymbol{\omega}_{mk}^p = \begin{bmatrix} \omega_x \\ \omega_y \\ \omega_z \end{bmatrix} \Rightarrow (\boldsymbol{\omega}_{mk}^p \times) = \boldsymbol{\Omega}_{mk}^p = \begin{bmatrix} 0 & -\omega_z & \omega_y \\ \omega_z & 0 & -\omega_x \\ -\omega_y & \omega_x & 0 \end{bmatrix} \qquad (2-11)$$

同样的，对于任一矢量，都可以得到相应的反对称矩阵。例如一个速度矢量 $\boldsymbol{v}^p$ 的反对称矩阵形式为

$$\boldsymbol{v}^p = \begin{bmatrix} v_x \\ v_y \\ v_z \end{bmatrix} \Rightarrow (\boldsymbol{v}^p \times) = \boldsymbol{V}^p = \begin{bmatrix} 0 & -v_z & v_y \\ v_z & 0 & -v_x \\ -v_y & v_x & 0 \end{bmatrix} \qquad (2-12)$$

2.1.5　角速度坐标转换

和其他矢量一样，角速度矢量也可以从一个坐标系转换到另一个坐标系，角速度矢量 $\boldsymbol{\omega}_{mk}$ 从 k 系到 p 系的转换可以表示为

$$\boldsymbol{\omega}_{mk}^{p} = \boldsymbol{R}_{k}^{p}\boldsymbol{\omega}_{mk}^{k} \qquad (2-13)$$

角速度矢量的反对称矩阵形式的转换可以表示为

$$\boldsymbol{\Omega}_{mk}^{p} = \boldsymbol{R}_{k}^{p}\boldsymbol{\Omega}_{mk}^{k}\boldsymbol{R}_{p}^{k} \qquad (2-14)$$

2.1.6　矢量和反对称矩阵的基本运算法则

一个矢量可以表示成相对应的反对称矩阵形式，所以矩阵的运算法则可以运用到大多数矢量运算中。假如 a，b 和 c 是三维矢量，对应的反对称矩阵为 A，B 和 C，则以下运算关系成立

$$\boldsymbol{Aa} = \boldsymbol{a} \times \boldsymbol{a} = \boldsymbol{0} \qquad (2-15)$$

$$\boldsymbol{a} \cdot \boldsymbol{b} = \boldsymbol{a}^{\mathrm{T}}\boldsymbol{b} = \boldsymbol{b}^{\mathrm{T}}\boldsymbol{a} \qquad (2-16)$$

$$\boldsymbol{a} \times \boldsymbol{b} = \boldsymbol{Ab} = \boldsymbol{B}^{\mathrm{T}}\boldsymbol{a} = -\boldsymbol{Ba} \qquad (2-17)$$

$$(\boldsymbol{Ab} \times) = \boldsymbol{AB} - \boldsymbol{BA} \qquad (2-18)$$

$$(\boldsymbol{a} \times \boldsymbol{b}) \cdot \boldsymbol{c} = \boldsymbol{a} \cdot (\boldsymbol{b} \times \boldsymbol{c}) = \boldsymbol{a}^{\mathrm{T}}\boldsymbol{Bc} \qquad (2-19)$$

$$\boldsymbol{a} \times (\boldsymbol{b} \times \boldsymbol{c}) = \boldsymbol{ABc} = \boldsymbol{b}(\boldsymbol{ac}) - \boldsymbol{c}(\boldsymbol{ab}) \qquad (2-20)$$

$$(\boldsymbol{a} \times \boldsymbol{b}) \times \boldsymbol{c} = \boldsymbol{ABc} - \boldsymbol{BAc} \qquad (2-21)$$

式中，$(\boldsymbol{Ab} \times)$ 是矢量 $\boldsymbol{Ab}$ 的反对称矩阵。

2.1.7　最小二乘法

最小二乘法可以用来解超定方程组（方程个数大于未知量个数）。利用最小二乘法可以简便地求得未知数，并使得这些求得的数据与实际数据之间误差的平方和最小。

假设需要从 m 维带噪声量测矢量 $\boldsymbol{z} = [z_1, z_2, \cdots, z_m]^{\mathrm{T}}$ 中估计 n 维矢量 $\boldsymbol{x} = [x_1, x_2, \cdots, x_n]^{\mathrm{T}}$，$m > n$。量测矢量 $\boldsymbol{z}$ 与矢量 $\boldsymbol{x}$ 线性相关且相差一个误差矢量 $\boldsymbol{\varepsilon}$，即

$$\boldsymbol{z} = \boldsymbol{Hx} + \boldsymbol{\varepsilon} \qquad (2-22)$$

式中，H 是一个已知的 $m \times n$ 维矩阵，称为设计矩阵（Design Matrix），其秩为 n。

下面采用最小二乘法估计 $\boldsymbol{x}$ 值，使得残差向量 $(\boldsymbol{z} - \boldsymbol{Hx})$ 的平方和最小，即

$$\min \parallel \boldsymbol{\varepsilon} \parallel^2 = \min \parallel \boldsymbol{z} - \boldsymbol{H\hat{x}} \parallel^2 = \min (\boldsymbol{z} - \boldsymbol{H\hat{x}})_{1 \times m}^{\mathrm{T}} (\boldsymbol{z} - \boldsymbol{H\hat{x}})_{m \times 1} \qquad (2-23)$$

$\boldsymbol{x}$ 的估计值用 $\boldsymbol{\hat{x}}$ 表示，最小二乘估计为

$$\boldsymbol{\hat{x}} = (\boldsymbol{H}^{\mathrm{T}}\boldsymbol{H})^{-1}\boldsymbol{H}^{\mathrm{T}}\boldsymbol{z} \qquad (2-24)$$

可以证明求得的估计值 $\boldsymbol{\hat{x}}$，能保证式（2-23）所得结果为最小。

2.1.8　非线性方程的线性化

导航中用到的线性滤波方法如卡尔曼滤波要求微分方程必须是线性的，本节介绍非线

性微分方程的线性化。

将非线性系统变换为线性系统，线性系统状态变量的选取要来源于非线性系统的真值，同时还要包含误差的估计参数。

假设非线性微分方程

$$\dot{x} = f(x,t) \qquad (2-25)$$

已知该方程真值由估计值 $\tilde{x}$ 和估计误差 δx 组成，则方程的解 x 为

$$x = \tilde{x} + \delta x \qquad (2-26)$$

式 (2-26) 对时间的导数为

$$\dot{x} = \dot{\tilde{x}} + \delta \dot{x} \qquad (2-27)$$

将式 (2-26) 和式 (2-27) 代入式 (2-25)，得

$$\dot{\tilde{x}} + \delta \dot{x} = f(\tilde{x} + \delta x,t) \qquad (2-28)$$

式 (2-28) 等号右边部分在估计值 $\tilde{x}$ 的邻域进行泰勒展开，得

$$f(\tilde{x} + \delta x,t) = f(\tilde{x},t) + \left. \frac{\partial f(x,t)}{\partial x} \right|_{x=\tilde{x}} \delta x + \text{HOT} \qquad (2-29)$$

式中，HOT 是泰勒展开的高次项，将式 (2-29) 代入式 (2-28)，得

$$\dot{\tilde{x}} + \delta \dot{x} \approx f(\tilde{x},t) + \left. \frac{\partial f(x,t)}{\partial x} \right|_{x=\tilde{x}} \delta x \qquad (2-30)$$

又知 $\tilde{x}$ 满足式 (2-25)，得

$$\dot{\tilde{x}} = f(\tilde{x},t) \qquad (2-31)$$

将式 (2-31) 代入式 (2-30)，得

$$\dot{\tilde{x}} + \delta \dot{x} \approx \dot{\tilde{x}} + \left. \frac{\partial f(x,t)}{\partial x} \right|_{x=\tilde{x}} \delta x \qquad (2-32)$$

由此可以得到估计误差在初始状态的线性微分方程

$$\delta \dot{x} \approx \left. \frac{\partial f(x,t)}{\partial x} \right|_{x=\tilde{x}} \delta x \qquad (2-33)$$

通过解微分方程可以得到估计误差，然后加到估计值中，就能得到新的估计值。

2.2 坐标系

坐标系用来描述一个点相对参考点的位置，本节介绍惯性导航中相关的坐标系。

2.2.1 地心惯性坐标系

空间中保持静止的或匀速直线运动的坐标系称为惯性坐标系，所有的惯性仪表在测量轴方向测量的结果都是相对惯性坐标系的。地心惯性坐标系（Earth - Centered Inertial Frame, ECI）的定义如下：

1) 原点为地球的质心；

2）z 轴沿地球自转轴指向协议地极 （Conventional Terrestrial Pole，CTP）；

3）x 轴在赤道平面上并指向春分点 （The Vernal Equinox）；

4）y 轴满足右手定则。

如图 2 - 1 所示，地心惯性坐标系用 i 表示，简称地惯系或 i 系。

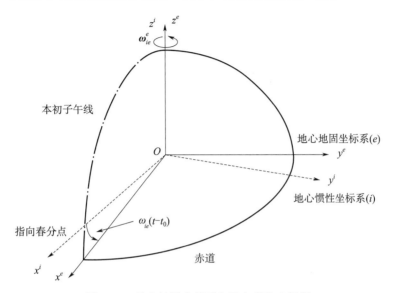

图 2 - 1　地心地固坐标系和地心惯性坐标系

2.2.2　地心地固坐标系

地心地固坐标系 （Earth - Centered Earth - Fixed Frame，ECEF） 是与地球保持同步旋转的坐标系。地心地固坐标系与地心惯性坐标系的坐标原点和 z 轴定义相同，定义如下：

1）原点为地球质心；

2）z 轴沿地球自转轴指向协议地极；

3）x 轴通过赤道面和本初子午线 （Greenwich Meridian） 的交点；

4）y 轴满足赤道平面上的右手定则。

如图 2 - 1 所示，地心地固坐标系用 e 表示，简称地固系或 e 系。图中 $(t - t_0)$ 代表时间间隔，$\boldsymbol{\omega}_{ie}^{e}$ 代表投影在地心地固坐标系中地球相对惯性坐标系的旋转角速度矢量。

2.2.3　载体坐标系

在大多数应用中，陀螺仪和加速度计的敏感轴与其载体轴重合，这些轴构成载体坐标系 （Body Frame） 的坐标轴。载体坐标系定义如下：

1）原点为飞行器的质心；

2）x 轴沿飞行器的纵轴，指向飞行器头部；

3）y 轴在飞行器的纵对称面内，垂直于 Ox 轴指向上；

4）z 轴与 x 轴、y 轴构成右手直角坐标系。

如图 2-2 所示，载体坐标系用 b 表示，简称载体系或 b 系，通常称其为"前上右"坐标系。此坐标系主要用于建立飞行器的力和力矩模型。

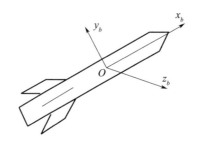

图 2-2　载体坐标系（前上右）示意图

2.2.4　发射坐标系

发射坐标系（Launch-Centered Earth-Fixed Frame，LCEF）的原点固定在地球上飞行器的发射点，随地球一起旋转，三轴指向对地球保持不变。其定义如下：

1）坐标原点在发射点；

2）x 轴在发射点的水平面内，指向发射瞄准方向；

3）y 轴沿发射点的重垂线方向；

4）z 轴与 x 轴、y 轴构成右手直角坐标系。

如图 2-3 所示，发射坐标系用 g 表示，简称发射系或 g 系。

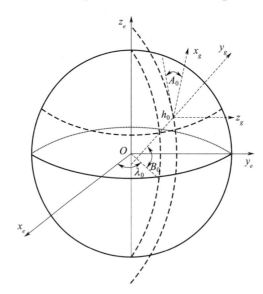

图 2-3　发射坐标系示意图

2.2.5　发射惯性坐标系

发射惯性坐标系（Launch-Centered Inertial Frame，LCI）在发射瞬间与发射系相重合，之后发射惯性坐标系保持在惯性空间不变，不随地球一起旋转。发射惯性坐标系在发射时刻适用发射系定义，其原点相对地心惯性坐标系保持不动。

发射惯性坐标系简称发惯系或 a 系。通常，发射惯性坐标系是运载火箭制导计算的主要坐标系，导航计算、导引计算和姿态角解算均在此坐标系内进行，所以该坐标系也称为制导计算坐标系。

2.2.6　发射地心惯性坐标系

飞行器起飞瞬间，发射地心惯性坐标系（Launch Earth‑Centered Inertial Frame，LECI）坐标原点与地心地固坐标系坐标原点重合，各坐标轴与地心地固坐标系各轴也相应重合。飞行器起飞后，发射地心惯性坐标系的各轴在惯性空间保持不动。发射地心惯性坐标系简称 t 系。

2.2.7　当地水平坐标系

当地水平坐标系又可以根据坐标系轴向选取的不同，称为"东北天"坐标系（East‑North‑Up Frame，ENU）、"北天东"坐标系（North‑Up‑East Frame，NUE）等。以东北天坐标系为例：

1）坐标原点为载体所在位置；

2）x 轴指向正东；

3）y 轴指向正北；

4）z 轴垂直于载体所在大地平面指向天，三轴构成右手直角坐标系。

当地水平坐标系的位置用纬经高（B，λ，h）表示。上述各坐标系关系如图 2‑4 所示。

本书采用当地"东北天"水平坐标系，当地水平坐标系简称水平系或 l 系。

2.3　坐标系转换

一个矢量从一个坐标系转换到另一个坐标系，可以使用方向余弦矩阵、欧拉角和四元数等方法，这些方法都涉及旋转矩阵，也叫作转换矩阵或者方向余弦矩阵（DCM）。转换矩阵的定义及相关性质在第 2.1 节中已经提到。本节将介绍第 2.2 节中的坐标系之间常用的坐标转换。

2.3.1　欧拉角与转换矩阵

通过 3 次坐标轴的旋转可以实现两个坐标系的转换。例如，从参考系 a_1 到坐标系 a_4 的转换：首先绕 z 轴旋转 γ 角，然后绕新获得的 x 轴旋转 β 角，最后绕旋转后的 y 轴旋转 α 角，其中，α，β，γ 称为欧拉角。

将一个矢量 $\boldsymbol{r}^{a_1} = [x^{a_1}，y^{a_1}，z^{a_1}]^{\mathrm{T}}$ 由 a_1 系投射到 a_4 系，两个坐标系在空间中的指

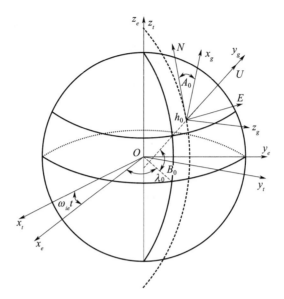

图 2-4　坐标系关系图

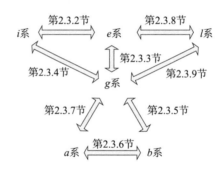

图 2-5　本节坐标系转换关系总览

向是不同的。用上述的 3 次旋转使得 a_1 系和 a_4 系重合，每次旋转都对应一个方向余弦矩阵。

1）第一步旋转：假设矢量 $\boldsymbol{r}$ 在 a_1 系的 xOy 平面的投影（记为 $\boldsymbol{r}_1$）与 x 轴的夹角为 θ_1。将 a_1 系绕其 z 轴旋转 γ 角获得中间坐标系 a_2，如图 2-6 所示。

根据图 2-6 所示，新的坐标系 a_2 由 $[x^{a_2}，y^{a_2}，z^{a_2}]^{\mathrm{T}}$ 表示，其值分别为

$$\left.\begin{aligned} x^{a_2} &= r_1\cos(\theta_1-\gamma) \\ y^{a_2} &= r_1\sin(\theta_1-\gamma) \end{aligned}\right\} \tag{2-34}$$

因为绕 z 轴旋转，所以

$$z^{a_2} = z^{a_1} \tag{2-35}$$

根据以下三角恒等式

$$\left.\begin{aligned} \sin(A\pm B) &= \sin A\cos B\pm\cos A\sin B \\ \cos(A\pm B) &= \cos A\cos B\mp\sin A\sin B \end{aligned}\right\} \tag{2-36}$$

式（2-34）可以写成

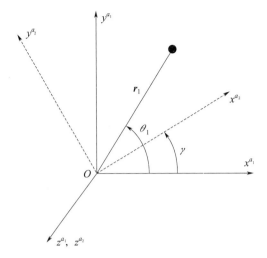

图 2-6　a_1 系绕其 z 轴的第一次旋转

$$x^{a_2} = r_1 \cos\theta_1 \cos\gamma + r_1 \sin\theta_1 \sin\gamma \\ y^{a_2} = r_1 \sin\theta_1 \cos\gamma - r_1 \cos\theta_1 \sin\gamma \Big\} \tag{2-37}$$

矢量 $\boldsymbol{r}_1$ 在 x-y 平面的投影坐标可以表示为

$$x^{a_1} = r_1 \cos\theta_1 \\ y^{a_1} = r_1 \sin\theta_1 \Big\} \tag{2-38}$$

代入式 (2-38)，得

$$x^{a_2} = x^{a_1} \cos\gamma + y^{a_1} \sin\gamma \\ y^{a_2} = -x^{a_1} \sin\gamma + y^{a_1} \cos\gamma \Big\} \tag{2-39}$$

已知

$$z^{a_2} = z^{a_1} \tag{2-40}$$

将上述方程写成矩阵形式

$$\begin{bmatrix} x^{a_2} \\ y^{a_2} \\ z^{a_2} \end{bmatrix} = \begin{bmatrix} \cos\gamma & \sin\gamma & 0 \\ -\sin\gamma & \cos\gamma & 0 \\ 0 & 0 & 1 \end{bmatrix} \begin{bmatrix} x^{a_1} \\ y^{a_1} \\ z^{a_1} \end{bmatrix} \tag{2-41}$$

$$= \boldsymbol{R}_{a_1}^{a_2} \begin{bmatrix} x^{a_1} \\ y^{a_1} \\ z^{a_1} \end{bmatrix} = \boldsymbol{R}_z(\gamma) \begin{bmatrix} x^{a_1} \\ y^{a_1} \\ z^{a_1} \end{bmatrix}$$

式中，$\boldsymbol{R}_{a_1}^{a_2}$ 是初等方向余弦矩阵，代表将 a_1 系绕 z 轴旋转 γ 角转换到 a_2 系的转换关系。为了描述方便，本书将绕 z 轴旋转 γ 角的方向余弦矩阵称为 $\boldsymbol{R}_z(\gamma)$。

2）第二步旋转：将 a_2 系的 yOz 平面绕 x 轴旋转 β 角得到中间系 a_3 系，如图 2-7 所示。

采用与第一次旋转类似的方式，可以获得用坐标 $[x^{a_2}, y^{a_2}, z^{a_2}]^{\mathrm{T}}$ 表示的新坐标 $[x^{a_3}, y^{a_3}, z^{a_3}]^{\mathrm{T}}$，即

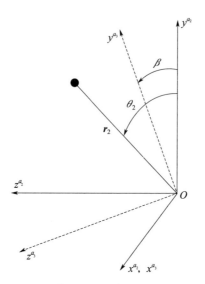

图 2-7　绕 a_2 系 x 轴的第二次旋转

$$\begin{bmatrix} x^{a_3} \\ y^{a_3} \\ z^{a_3} \end{bmatrix} = \begin{bmatrix} 1 & 0 & 0 \\ 0 & \cos\beta & \sin\beta \\ 0 & -\sin\beta & \cos\beta \end{bmatrix} \begin{bmatrix} x^{a_2} \\ y^{a_2} \\ z^{a_2} \end{bmatrix}$$

$$= \boldsymbol{R}_{a_2}^{a_3} \begin{bmatrix} x^{a_2} \\ y^{a_2} \\ z^{a_2} \end{bmatrix} = \boldsymbol{R}_x(\beta) \begin{bmatrix} x^{a_2} \\ y^{a_2} \\ z^{a_2} \end{bmatrix} \qquad (2-42)$$

式中，$\boldsymbol{R}_{a_2}^{a_3}$ 是初等方向余弦矩阵，代表将 a_2 系绕 x 轴旋转 β 角转换到 a_3 系的转换关系。为了描述方便，本书中将绕 x 轴旋转 β 角的方向余弦矩阵称为 $\boldsymbol{R}_x(\beta)$。

3）第三步旋转：将 a_3 系的 xOz 平面绕 y 轴旋转 α 角得到 a_4 系，如图 2-8 所示。用坐标 $[x^{a_4}, y^{a_4}, z^{a_4}]^T$ 表示最终坐标，即

$$\begin{bmatrix} x^{a_4} \\ y^{a_4} \\ z^{a_4} \end{bmatrix} = \begin{bmatrix} \cos\alpha & 0 & -\sin\alpha \\ 0 & 1 & 0 \\ \sin\alpha & 0 & \cos\alpha \end{bmatrix} \begin{bmatrix} x^{a_3} \\ y^{a_3} \\ z^{a_3} \end{bmatrix}$$

$$= \boldsymbol{R}_{a_3}^{a_4} \begin{bmatrix} x^{a_3} \\ y^{a_3} \\ z^{a_3} \end{bmatrix} = \boldsymbol{R}_y(\alpha) \begin{bmatrix} x^{a_3} \\ y^{a_3} \\ z^{a_3} \end{bmatrix} \qquad (2-43)$$

式中，$\boldsymbol{R}_{a_3}^{a_4}$ 是初等方向余弦矩阵，代表将 a_3 系绕 y 轴旋转 α 角转换到 a_4 系的转换关系。为了描述方便，本书中将绕 y 轴旋转 α 角的方向余弦矩阵称为 $\boldsymbol{R}_y(\alpha)$。

将 3 次转换的方向余弦矩阵相乘得到一个单独的转换矩阵 $\boldsymbol{R}_{a_1}^{a_4}$，即

$$\boldsymbol{R}_{a_1}^{a_4} = \boldsymbol{R}_{a_3}^{a_4} \boldsymbol{R}_{a_2}^{a_3} \boldsymbol{R}_{a_1}^{a_2} = \boldsymbol{R}_y(\alpha) \boldsymbol{R}_x(\beta) \boldsymbol{R}_z(\gamma) \qquad (2-44)$$

最终的方向余弦矩阵 $\boldsymbol{R}_{a_1}^{a_4}$ 为

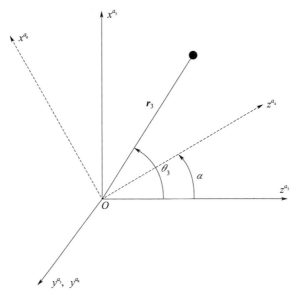

图 2 - 8　a_3 系绕 y 轴的第三次旋转

$$\boldsymbol{R}_{a_1}^{a_4} = \begin{bmatrix} \cos\alpha & 0 & -\sin\alpha \\ 0 & 1 & 0 \\ \sin\alpha & 0 & \cos\alpha \end{bmatrix} \begin{bmatrix} 1 & 0 & 0 \\ 0 & \cos\beta & \sin\beta \\ 0 & -\sin\beta & \cos\beta \end{bmatrix} \begin{bmatrix} \cos\gamma & \sin\gamma & 0 \\ -\sin\gamma & \cos\gamma & 0 \\ 0 & 0 & 1 \end{bmatrix} \tag{2-45}$$

$$\boldsymbol{R}_{a_1}^{a_4} = \begin{bmatrix} \cos\alpha\cos\gamma - \sin\alpha\sin\beta\sin\gamma & \cos\alpha\sin\gamma + \sin\alpha\sin\beta\cos\gamma & -\sin\alpha\cos\beta \\ -\cos\beta\sin\gamma & \cos\beta\cos\gamma & \sin\beta \\ \sin\alpha\cos\gamma + \cos\alpha\sin\beta\sin\gamma & \sin\alpha\sin\gamma - \cos\alpha\sin\beta\cos\gamma & \cos\alpha\cos\beta \end{bmatrix}$$

$$\tag{2-46}$$

a_4 系到 a_1 系的转换矩阵为

$$\boldsymbol{R}_{a_4}^{a_1} = (\boldsymbol{R}_{a_1}^{a_4})^{-1} = (\boldsymbol{R}_{a_1}^{a_4})^{\mathrm{T}} = (\boldsymbol{R}_{a_3}^{a_4} \boldsymbol{R}_{a_2}^{a_3} \boldsymbol{R}_{a_1}^{a_2})^{\mathrm{T}} = (\boldsymbol{R}_{a_1}^{a_2})^{\mathrm{T}} (\boldsymbol{R}_{a_2}^{a_3})^{\mathrm{T}} (\boldsymbol{R}_{a_3}^{a_4})^{\mathrm{T}} \tag{2-47}$$

方向余弦矩阵是正交阵，其逆与转置相等。应当注意的是，最终的转换矩阵取决于旋转的顺序，因为显然 $\boldsymbol{R}_{a_2}^{a_3} \boldsymbol{R}_{a_1}^{a_2} \neq \boldsymbol{R}_{a_1}^{a_2} \boldsymbol{R}_{a_2}^{a_3}$，这也说明了旋转的不可交换性。旋转顺序由应用的需求决定，对此在本节的后几个小节会详细讨论。

当 θ 为小值时，可利用以下近似公式

$$\cos\theta \approx 1,\ \sin\theta \approx \theta \tag{2-48}$$

并且忽略高阶小量相乘的积，由式（2-46）可以得到方向余弦矩阵

$$\boldsymbol{R}_{a_1}^{a_4} \approx \begin{bmatrix} 1 & \gamma & -\alpha \\ -\gamma & 1 & \beta \\ \alpha & -\beta & 1 \end{bmatrix} = \begin{bmatrix} 1 & 0 & 0 \\ 0 & 1 & 0 \\ 0 & 0 & 1 \end{bmatrix} - \begin{bmatrix} 0 & -\gamma & \alpha \\ \gamma & 0 & -\beta \\ -\alpha & \beta & 0 \end{bmatrix} \tag{2-49}$$

$$\boldsymbol{R}_{a_1}^{a_4} = \boldsymbol{I} - \boldsymbol{\Psi}$$

式中，$\boldsymbol{\Psi}$ 是小欧拉角的反对称矩阵，应用小角度假设以后，旋转的顺序不再影响最终的转换结果。同样可以得到

$$\boldsymbol{R}_{a_4}^{a_1} \approx \begin{bmatrix} 1 & \gamma & -\alpha \\ -\gamma & 1 & \beta \\ \alpha & -\beta & 1 \end{bmatrix}^{\mathrm{T}} = \boldsymbol{I} + \boldsymbol{\Psi} = \boldsymbol{I} - \boldsymbol{\Psi}^{\mathrm{T}} \qquad (2-50)$$

2.3.2 地心惯性坐标系与地心地固坐标系

由于地球的自转，地心地固坐标系相对地心惯性坐标系的角速度矢量为

$$\boldsymbol{\omega}_{ie}^{e} = \begin{bmatrix} 0 & 0 & \omega_{ie} \end{bmatrix}^{\mathrm{T}} \qquad (2-51)$$

式中，ω_{ie} 是地球自转速率。

地心惯性坐标系到地心地固坐标系的转换只需绕地心惯性坐标系 z 轴旋转一次，旋转角为 $\omega_e t$，t 为旋转时间。旋转矩阵为初等方向余弦矩阵 $\boldsymbol{R}_i^e$，即

$$\boldsymbol{R}_i^e = \boldsymbol{R}_z(\omega_{ie}t) = \begin{bmatrix} \cos\omega_{ie}t & \sin\omega_{ie}t & 0 \\ -\sin\omega_{ie}t & \cos\omega_{ie}t & 0 \\ 0 & 0 & 1 \end{bmatrix} \qquad (2-52)$$

反之，从地心地固坐标系到地心惯性坐标系的转换可以通过转换矩阵 $\boldsymbol{R}_e^i$ 实现，$\boldsymbol{R}_e^i$ 是 $\boldsymbol{R}_i^e$ 的逆，又因为转换矩阵是正交的，所以

$$\boldsymbol{R}_e^i = (\boldsymbol{R}_i^e)^{-1} = (\boldsymbol{R}_i^e)^{\mathrm{T}} \qquad (2-53)$$

2.3.3 发射坐标系与地心地固坐标系

发射坐标系到地心地固坐标系的方向余弦矩阵为 $\boldsymbol{R}_e^g$，地心地固坐标系旋转到发射坐标系，由 3 次旋转获得，涉及飞行器初始经度 λ_0、地理纬度 B_0 和航向 A_0，各次旋转描述为

$$\boldsymbol{R}_e^g = \boldsymbol{R}_y[-(90° + A_0)]\boldsymbol{R}_x(B_0)\boldsymbol{R}_z(\lambda_0 - 90°) \qquad (2-54)$$

式（2-54）为地心地固坐标系到发射坐标系的方向余弦矩阵，两者的转换关系为

$$\boldsymbol{R}_e^g = \begin{bmatrix} -\sin A_0 \sin\lambda_0 - \cos A_0 \sin B_0 \cos\lambda_0 & \sin A_0 \cos\lambda_0 - \cos A_0 \sin B_0 \sin\lambda_0 & \cos A_0 \cos B_0 \\ \cos B_0 \cos\lambda_0 & \cos B_0 \sin\lambda_0 & \sin B_0 \\ -\cos A_0 \sin\lambda_0 + \sin A_0 \sin B_0 \cos\lambda_0 & \cos A_0 \cos\lambda_0 + \sin A_0 \sin B_0 \sin\lambda_0 & -\sin A_0 \cos B_0 \end{bmatrix}$$

$$(2-55)$$

$$\boldsymbol{R}_g^e = (\boldsymbol{R}_e^g)^{\mathrm{T}} \qquad (2-56)$$

2.3.4 地心惯性坐标系与发射坐标系

地心惯性坐标系到发射坐标系的方向余弦矩阵为 $\boldsymbol{R}_i^g$，可将此旋转分解为从地心惯性坐标系到地心地固坐标系和从地心地固坐标系到发射坐标系两步旋转，$\boldsymbol{R}_i^g$ 由式（2-52）与式（2-54）相乘得到

$$\boldsymbol{R}_i^g = \boldsymbol{R}_e^g \boldsymbol{R}_i^e \qquad (2-57)$$

2.3.5 发射坐标系与载体坐标系

发射坐标系到载体坐标系的方向余弦矩阵为 $\boldsymbol{R}_g^b$，飞行器在发射坐标系的姿态角由俯

仰角 φ^g、偏航角 ψ^g 和滚转角 γ^g 3 个欧拉角描述，按照先绕 z 轴俯仰 φ^g，再绕 y 轴偏航 ψ^g，后绕 x 轴滚转 γ^g 的 3-2-1 旋转顺序，由发射坐标系旋转到载体坐标系的姿态矩阵如式 (2-58)～式 (2-60) 所示。

$$\boldsymbol{R}_g^b = \boldsymbol{R}_x(\gamma^g)\boldsymbol{R}_y(\psi^g)\boldsymbol{R}_z(\varphi^g) \tag{2-58}$$

$$\boldsymbol{R}_g^b = \begin{bmatrix} 1 & 0 & 0 \\ 0 & \cos\gamma^g & \sin\gamma^g \\ 0 & -\sin\gamma^g & \cos\gamma^g \end{bmatrix}\begin{bmatrix} \cos\psi^g & 0 & -\sin\psi^g \\ 0 & 1 & 0 \\ \sin\psi^g & 0 & \cos\psi^g \end{bmatrix}\begin{bmatrix} \cos\varphi^g & \sin\varphi^g & 0 \\ -\sin\varphi^g & \cos\varphi^g & 0 \\ 0 & 0 & 1 \end{bmatrix} \tag{2-59}$$

$$\boldsymbol{R}_g^b = \begin{bmatrix} \cos\psi^g\cos\varphi^g & \cos\psi^g\sin\varphi^g & -\sin\psi^g \\ \sin\gamma^g\sin\psi^g\cos\varphi^g - \cos\gamma^g\sin\varphi^g & \sin\gamma^g\sin\psi^g\sin\varphi^g + \cos\gamma^g\cos\varphi^g & \sin\gamma^g\cos\psi^g \\ \cos\gamma^g\sin\psi^g\cos\varphi^g + \sin\gamma^g\sin\varphi^g & \cos\gamma^g\sin\psi^g\sin\varphi^g - \sin\gamma^g\cos\varphi^g & \cos\gamma^g\cos\psi^g \end{bmatrix} \tag{2-60}$$

在计算 3 个欧拉角时，通常采用 $\boldsymbol{R}_b^g$，$\boldsymbol{R}_b^g = (\boldsymbol{R}_g^b)^{\mathrm{T}}$，如式 (2-61) 所示，俯仰角 φ^g、偏航角 ψ^g 和滚转角 γ^g 的计算方法如式 (2-62) 所示。

$$\boldsymbol{R}_b^g = \begin{bmatrix} \cos\psi^g\cos\varphi^g & \sin\gamma^g\sin\psi^g\cos\varphi^g - \cos\gamma^g\sin\varphi^g & \cos\gamma^g\sin\psi^g\cos\varphi^g + \sin\gamma^g\sin\varphi^g \\ \cos\psi^g\sin\varphi^g & \sin\gamma^g\sin\psi^g\sin\varphi^g + \cos\gamma^g\cos\varphi^g & \cos\gamma^g\sin\psi^g\sin\varphi^g - \sin\gamma^g\cos\varphi^g \\ -\sin\psi^g & \sin\gamma^g\cos\psi^g & \cos\gamma^g\cos\psi^g \end{bmatrix} \tag{2-61}$$

$$\left. \begin{aligned} \psi^g &= \arcsin[-\boldsymbol{R}_b^g(3,1)] \\ \varphi^g &= \arctan2[\boldsymbol{R}_b^g(2,1), \boldsymbol{R}_b^g(1,1)] \\ \gamma^g &= \arctan2[\boldsymbol{R}_b^g(3,2), \boldsymbol{R}_b^g(3,3)] \end{aligned} \right\} \tag{2-62}$$

2.3.6　发射惯性坐标系与载体坐标系

发射惯性坐标系到载体坐标系的方向余弦矩阵为 $\boldsymbol{R}_a^b$，飞行器在发射坐标系的姿态角由俯仰角 φ^a、偏航角 ψ^a 和滚转角 γ^a 3 个欧拉角描述，按照先绕 z 轴俯仰 φ^a，再绕 y 轴偏航 ψ^a，后绕 x 轴滚转 γ^a 的 3-2-1 旋转顺序，由发射惯性坐标系旋转到载体坐标系的姿态矩阵如式 (2-63) 和式 (2-64) 所示。

$$\boldsymbol{R}_a^b = \boldsymbol{R}_x(\gamma^a)\boldsymbol{R}_y(\psi^a)\boldsymbol{R}_z(\varphi^a) \tag{2-63}$$

$$\boldsymbol{R}_a^b = \begin{bmatrix} \cos\psi^a\cos\varphi^a & \cos\psi^a\sin\varphi^a & -\sin\psi^a \\ \sin\gamma^a\sin\psi^a\cos\varphi^a - \cos\gamma^a\sin\varphi^a & \sin\gamma^a\sin\psi^a\sin\varphi^a + \cos\gamma^a\cos\varphi^a & \sin\gamma^a\cos\psi^a \\ \cos\gamma^a\sin\psi^a\cos\varphi^a + \sin\gamma^a\sin\varphi^a & \cos\gamma^a\sin\psi^a\sin\varphi^a - \sin\gamma^a\cos\varphi^a & \cos\gamma^a\cos\psi^a \end{bmatrix} \tag{2-64}$$

在计算 3 个欧拉角时，通常采用 $\boldsymbol{R}_b^a$，$\boldsymbol{R}_b^a = (\boldsymbol{R}_a^b)^{\mathrm{T}}$，如式 (2-65) 所示，俯仰角 φ^a、偏航角 ψ^a 和滚转角 γ^a 的计算方法如式 (2-66) 所示。

$$\boldsymbol{R}_b^a = \begin{bmatrix} \cos\psi^a\cos\varphi^a & \sin\gamma^a\sin\psi^a\cos\varphi^a - \cos\gamma^a\sin\varphi^a & \cos\gamma^a\sin\psi^a\cos\varphi^a + \sin\gamma^a\sin\varphi^a \\ \cos\psi^a\sin\varphi^a & \sin\gamma^a\sin\psi^a\sin\varphi^a + \cos\gamma^a\cos\varphi^a & \cos\gamma^a\sin\psi^a\sin\varphi^a - \sin\gamma^a\cos\varphi^a \\ -\sin\psi^a & \sin\gamma^a\cos\psi^a & \cos\gamma^a\cos\psi^a \end{bmatrix} \tag{2-65}$$

$$\left.\begin{array}{l} \psi^a = \arcsin[-\boldsymbol{R}_b^a(3,1)] \\ \varphi^a = \arctan2[\boldsymbol{R}_b^a(2,1),\ \boldsymbol{R}_b^a(1,1)] \\ \gamma^a = \arctan2[\boldsymbol{R}_b^a(3,2),\ \boldsymbol{R}_b^a(3,3)] \end{array}\right\} \qquad (2-66)$$

发射惯性坐标系与发射坐标系的姿态定义与姿态矩阵形式完全相同，但发射惯性坐标系和发射坐标系在定义上是不同的，这使得描述姿态角参照的对象不同，飞行过程中姿态角的值也不相同。

2.3.7 发射惯性坐标系与发射坐标系

发射惯性坐标系到发射坐标系间的方向余弦矩阵为 $\boldsymbol{R}_a^g$，发射惯性坐标系与发射坐标系之间的差异主要是地球自转引起的。发射惯性坐标系在发射瞬间与发射坐标系是重合的，由于地球旋转，使固定在地球上的发射坐标系在惯性空间的方位发生变化。记从发射瞬时到所讨论时刻的时间间隔为 t，则发射坐标系绕地轴转动 $\omega_{ie}t$ 角。

发射惯性坐标系与发射坐标系之间的关系如图 2-9 所示。先将 $O_a x_a y_a z_a$ 与 $Oxyz$ 分别绕 y_a，y 轴转动角 A_0，这使得 x_a 轴，x 轴转到发射点 O_a，O 所在子午面内，此时 z_a 轴与 z 轴即转到垂直于各自子午面在过发射点的纬圈的切线方向。然后再绕各自新的侧轴（z 轴）转 B_0 角，从而得新的坐标系 $O_a \xi_a \eta_a \zeta_a$ 及 $O\xi\eta\zeta$，此时 ξ_a 轴与 ξ 轴均平行于地球转动轴。最后，将新的坐标系与各自原有坐标系固连，这样，$O_a \xi_a \eta_a \zeta_a$ 仍然为惯性坐标系，$Oxyz$ 也仍然为随地球一起转动的相对坐标系。

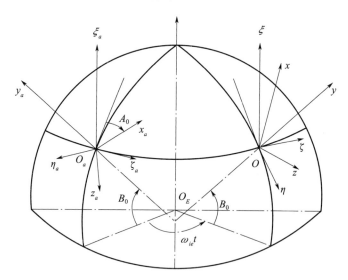

图 2-9　发射惯性坐标系与发射坐标系之间的关系

根据上述坐标系关系可以得到

$$\begin{bmatrix} \xi_a^0 \\ \eta_a^0 \\ \zeta_a^0 \end{bmatrix} = \boldsymbol{A} \begin{bmatrix} x_a^0 \\ y_a^0 \\ z_a^0 \end{bmatrix} \tag{2-67}$$

$$\begin{bmatrix} \xi^0 \\ \eta^0 \\ \zeta^0 \end{bmatrix} = \boldsymbol{A} \begin{bmatrix} x^0 \\ y^0 \\ z^0 \end{bmatrix} \tag{2-68}$$

式中

$$\boldsymbol{A} = \boldsymbol{R}_z(B_0)\boldsymbol{R}_y(A_0) = \begin{bmatrix} \cos B_0 \cos A_0 & \sin B_0 & \cos B_0 \sin A_0 \\ -\sin B_0 \cos A_0 & \cos B_0 & \sin B_0 \sin A_0 \\ \sin A_0 & 0 & \cos A_0 \end{bmatrix} \tag{2-69}$$

在任意时刻 t ，两个坐标系之间存在一个绕 ξ_a 的欧拉角 $\omega_e t$ ，故

$$\begin{bmatrix} \xi^0 \\ \eta^0 \\ \zeta^0 \end{bmatrix} = \boldsymbol{B} \begin{bmatrix} \xi_a^0 \\ \eta_a^0 \\ \zeta_a^0 \end{bmatrix} \tag{2-70}$$

式中

$$\boldsymbol{B} = \boldsymbol{R}_x(\omega_{ie}t) = \begin{bmatrix} 1 & 0 & 0 \\ 0 & \cos\omega_{ie}t & \sin\omega_{ie}t \\ 0 & -\sin\omega_{ie}t & \cos\omega_{ie}t \end{bmatrix} \tag{2-71}$$

根据转换矩阵的传递性，综合式（2-67）、式（2-68）及式（2-70）可得

$$\begin{bmatrix} x^0 \\ y^0 \\ z^0 \end{bmatrix} = \boldsymbol{R}_a^g \begin{bmatrix} x_a^0 \\ y_a^0 \\ z_a^0 \end{bmatrix} \tag{2-72}$$

则发射惯性坐标系与发射坐标系之间的方向余弦矩阵 $\boldsymbol{R}_a^g$ 为

$$\boldsymbol{R}_a^g = \boldsymbol{A}^{-1}\boldsymbol{B}\boldsymbol{A} \tag{2-73}$$

由于 $\boldsymbol{A}$ 为方向余弦矩阵，具有 $\boldsymbol{A}^{-1} = \boldsymbol{A}^{\mathrm{T}}$ 的性质，即

$$\boldsymbol{A}^{-1} = (\boldsymbol{R}_z(B_0)\boldsymbol{R}_y(A_0))^{\mathrm{T}} = (\boldsymbol{R}_y(A_0))^{\mathrm{T}}(\boldsymbol{R}_z(B_0))^{\mathrm{T}} = \boldsymbol{R}_y(-A_0)\boldsymbol{R}_z(-B_0) \tag{2-74}$$

将式（2-69）、式（2-71）和式（2-74）代入式（2-73），运用矩阵乘法可得到矩阵 $\boldsymbol{R}_a^g$ 中的每个元素

$$\boldsymbol{R}_a^g = \boldsymbol{R}_y(-A_0)\boldsymbol{R}_z(-B_0)\boldsymbol{R}_x(\omega_{ie}t)\boldsymbol{R}_z(B_0)\boldsymbol{R}_y(A_0) \tag{2-75}$$

令 g_{ij} 表示 $\boldsymbol{R}_a^g$ 中的第 i 行第 j 列元素，即

$$\boldsymbol{R}_a^g = \begin{bmatrix} g_{11} & g_{12} & g_{13} \\ g_{21} & g_{22} & g_{23} \\ g_{31} & g_{32} & g_{33} \end{bmatrix} \tag{2-76}$$

式中

$$
\left.
\begin{aligned}
g_{11} &= \cos^2 A_0 \, \cos^2 B_0 (1 - \cos\omega_{ie} t) + \cos\omega_{ie} t \\
g_{12} &= \cos A_0 \sin B_0 \cos B_0 (1 - \cos\omega_{ie} t) - \sin A_0 \cos B_0 \sin\omega_{ie} t \\
g_{13} &= -\sin A_0 \cos B_0 \, \cos^2 B_0 (1 - \cos\omega_{ie} t) - \sin B_0 \sin\omega_{ie} t \\
g_{21} &= \cos A_0 \sin B_0 \cos B_0 (1 - \cos\omega_{ie} t) + \sin A_0 \cos B_0 \sin\omega_{ie} t \\
g_{22} &= \sin^2 B_0 (1 - \cos\omega_{ie} t) + \cos\omega_{ie} t \\
g_{23} &= -\sin A_0 \sin B_0 \cos B_0 (1 - \cos\omega_{ie} t) + \cos A_0 \cos B_0 \sin\omega_{ie} t \\
g_{31} &= -\sin A_0 \cos A_0 \, \cos^2 B_0 (1 - \cos\omega_{ie} t) + \sin B_0 \sin\omega_{ie} t \\
g_{32} &= -\sin A_0 \sin B_0 \cos B_0 (1 - \cos\omega_{ie} t) - \cos A_0 \cos B_0 \sin\omega_{ie} t \\
g_{33} &= \sin^2 A_0 \, \cos^2 B_0 (1 - \cos\omega_{ie} t) + \cos\omega_{ie} t
\end{aligned}
\right\}
\tag{2-77}
$$

2.3.8 地心地固坐标系与当地水平坐标系

如图 2-10 所示，要将地心地固坐标系和当地水平坐标系对齐，可采用 3 次旋转得到：首先，绕地心地固坐标系的 z 轴旋转 λ，使地心地固坐标系的 $x-z$ 面与当地水平坐标系的 $N-U$ 面对齐；其次，绕新的地心地固坐标系的 y 轴旋转 $90° - B$，使地心地固坐标系的 z 轴与当地水平坐标系对齐；最后，绕地心地固坐标系的 z 轴旋转 $90°$，使地心地固坐标系和当地水平坐标系的 x 轴和 y 轴各自对齐。

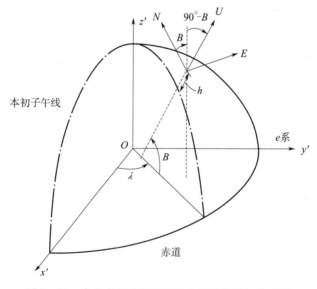

图 2-10 当地水平坐标系和地心地固坐标系的关系

从地心地固坐标系到当地水平坐标系的转换矩阵 $\boldsymbol{R}_e^l$ 为

$$
\boldsymbol{R}_e^l = \boldsymbol{R}_z\left(\frac{\pi}{2}\right) \boldsymbol{R}_y\left(\frac{\pi}{2} - B\right) \boldsymbol{R}_z(\lambda)
\tag{2-78}
$$

即

$$\boldsymbol{R}_e^l = \begin{bmatrix} 0 & 1 & 0 \\ -1 & 0 & 0 \\ 0 & 0 & 1 \end{bmatrix} \begin{bmatrix} \cos\left(\dfrac{\pi}{2}-B\right) & 0 & -\sin\left(\dfrac{\pi}{2}-B\right) \\ 0 & 1 & 0 \\ \sin\left(\dfrac{\pi}{2}-B\right) & 0 & \cos\left(\dfrac{\pi}{2}-B\right) \end{bmatrix} \begin{bmatrix} \cos\lambda & \sin\lambda & 0 \\ -\sin\lambda & \cos\lambda & 0 \\ 0 & 0 & 1 \end{bmatrix}$$

$$= \begin{bmatrix} 0 & 1 & 0 \\ -1 & 0 & 0 \\ 0 & 0 & 1 \end{bmatrix} \begin{bmatrix} \sin B & 0 & -\cos B \\ 0 & 1 & 0 \\ \cos B & 0 & \sin B \end{bmatrix} \begin{bmatrix} \cos\lambda & \sin\lambda & 0 \\ -\sin\lambda & \cos\lambda & 0 \\ 0 & 0 & 1 \end{bmatrix}$$

$$= \begin{bmatrix} 0 & 1 & 0 \\ -\sin B & 0 & \cos B \\ \cos B & 0 & \sin B \end{bmatrix} \begin{bmatrix} \cos\lambda & \sin\lambda & 0 \\ -\sin\lambda & \cos\lambda & 0 \\ 0 & 0 & 1 \end{bmatrix} = \begin{bmatrix} -\sin\lambda & \cos\lambda & 0 \\ -\sin B\cos\lambda & -\sin B\sin\lambda & \cos B \\ \cos B\cos\lambda & \cos B\sin\lambda & \sin B \end{bmatrix}$$

$$(2-79)$$

$\boldsymbol{R}_e^l$ 称为位置矩阵，从当地水平坐标系到地心地固坐标系的转换矩阵为

$$\boldsymbol{R}_l^e = (\boldsymbol{R}_e^l)^{-1} = (\boldsymbol{R}_e^l)^{\mathrm{T}} = \begin{bmatrix} -\sin\lambda & -\sin B\cos\lambda & \cos B\cos\lambda \\ \cos\lambda & -\sin B\sin\lambda & \cos B\sin\lambda \\ 0 & \cos B & \sin B \end{bmatrix} \qquad (2-80)$$

2.3.9　发射坐标系与当地水平坐标系

从发射坐标系到当地水平坐标系的方向余弦矩阵为 $\boldsymbol{R}_g^l$，可将此旋转分解为从发射坐标系到地心地固坐标系和从地心地固坐标系到当地水平坐标系两步旋转，$\boldsymbol{R}_g^l$ 由式（2－56）与式（2－79）相乘得到

$$\boldsymbol{R}_g^l = \boldsymbol{R}_e^l \boldsymbol{R}_g^e \qquad (2-81)$$

2.4　四元数

早在 1843 年，哈密顿（William Rowan Hamilton，1805—1865）就在数学中引入了四元数（Quaternion）。直到 20 世纪 60 年代，随着空间技术、计算机技术，特别是捷联惯性导航技术的发展，四元数的优越性才日渐引起人们的重视。

2.4.1　四元数的基础知识

四元数 $\boldsymbol{Q}$ 的定义为

$$\boldsymbol{Q} = q_0 1 + q_1 \boldsymbol{i} + q_2 \boldsymbol{j} + q_3 \boldsymbol{k} \qquad (2-82)$$

式中，q_0，q_1，q_2，q_3 为 4 个实数；1 是实数部分的基；$\boldsymbol{i}$，$\boldsymbol{j}$，$\boldsymbol{k}$ 为四元数的另外 3 个基。四元数的基具有双重性质，即向量代数中的向量性质及复数运算中的虚数性质，因此有些文献中又将四元数称为超复数。四元数的基满足下列关系

$$\left. \begin{array}{l} \boldsymbol{i}^2 = \boldsymbol{j}^2 = \boldsymbol{k}^2 = -1 \\ \boldsymbol{ij} = \boldsymbol{k}, \boldsymbol{ji} = -\boldsymbol{k} \\ \boldsymbol{jk} = \boldsymbol{i}, \boldsymbol{kj} = -\boldsymbol{i} \\ \boldsymbol{ki} = \boldsymbol{j}, \boldsymbol{ik} = -\boldsymbol{j} \end{array} \right\} \qquad (2-83)$$

2.4.2 四元数的表示方法

四元数有下列几种表示方法：

1）矢量形式：$Q = q_0 + q$。

2）复数形式：$Q = q_0 1 + q_1 i + q_2 j + q_3 k$。

式中，Q 可视为一个超复数，其共轭复数为：$Q^* = q_0 1 - q_1 i - q_2 j - q_3 k$。

3）三角形式：$Q = \cos\dfrac{\theta}{2} + u \sin\dfrac{\theta}{2}$。

4）指数形式：$Q = e^{u\frac{\theta}{2}}$。

5）矩阵形式：$Q = \begin{bmatrix} q_0 \\ q_1 \\ q_2 \\ q_3 \end{bmatrix}$。

四元数的大小用矩阵的范数表示：$\|Q\| = \sqrt{q_0^2 + q_1^2 + q_2^2 + q_3^2}$ 或 $\|Q\| = \sqrt{Q \otimes Q^*}$；若 $\|Q\| = 1$，则称 Q 为规范四元数。

2.4.3 四元数的运算

设 $Q = q_0 + q_1 i + q_2 j + q_3 k$，$P = p_0 + p_1 i + p_2 j + p_3 k$ 表示两个四元数。

1）四元数的加减

$$Q \pm P = (q_0 \pm p_0) + (q_1 \pm p_1)i + (q_2 \pm p_2)j + (q_3 \pm p_3)k \tag{2-84}$$

2）四元数的乘法如下：

与标量 a 相乘

$$aQ = aq_0 + aq_1 i + aq_2 j + aq_3 k \tag{2-85}$$

四元数相乘

$$\begin{aligned} P \otimes Q &= (p_0 + p_1 i + p_2 j + p_3 k) \otimes (q_0 + q_1 i + q_2 j + q_3 k) \\ &= (p_0 q_0 - p_1 q_1 - p_2 q_2 - p_3 q_3) + (p_0 q_1 + p_1 q_0 + p_2 q_3 - p_3 q_2)i + \\ &\quad (p_0 q_2 + p_2 q_0 + p_3 q_1 - p_1 q_3)j + (p_0 q_3 + p_3 q_0 + p_1 q_2 - p_2 q_1)k \\ &= r_0 + r_1 i + r_2 j + r_3 k \end{aligned}$$

$$\tag{2-86}$$

写成矩阵形式为

$$\begin{bmatrix} r_0 \\ r_1 \\ r_2 \\ r_3 \end{bmatrix} = \begin{bmatrix} p_0 & -p_1 & -p_2 & -p_3 \\ p_1 & p_0 & -p_3 & p_2 \\ p_2 & p_3 & p_0 & -p_1 \\ p_3 & -p_2 & p_1 & p_0 \end{bmatrix} \begin{bmatrix} q_0 \\ q_1 \\ q_2 \\ q_3 \end{bmatrix} = M(P)Q \tag{2-87}$$

或

$$\begin{bmatrix} r_0 \\ r_1 \\ r_2 \\ r_3 \end{bmatrix} = \begin{bmatrix} q_0 & -q_1 & -q_2 & -q_3 \\ q_1 & q_0 & q_3 & -q_2 \\ q_2 & -q_3 & q_0 & q_1 \\ q_3 & q_2 & -q_1 & q_0 \end{bmatrix} \begin{bmatrix} p_0 \\ p_1 \\ p_2 \\ p_3 \end{bmatrix} = \boldsymbol{M}'(\boldsymbol{Q})\boldsymbol{P} \tag{2-88}$$

其中，$\boldsymbol{M}(\boldsymbol{P})$ 的构成形式是：第一列是四元数的本身，第一行是 $\boldsymbol{P}$ 共轭四元数的转置；划去第一行和第一列余下的部分为

$$\boldsymbol{V}_P = \begin{bmatrix} p_0 & -p_3 & p_2 \\ p_3 & p_0 & -p_1 \\ -p_2 & p_1 & p_0 \end{bmatrix} \tag{2-89}$$

将其称作 $\boldsymbol{M}(\boldsymbol{P})$ 的核，它是由四元数 $\boldsymbol{P}$ 的元构成的反对称矩阵。同理，$\boldsymbol{M}'(\boldsymbol{Q})$ 的核为

$$\boldsymbol{V}'_Q = \begin{bmatrix} q_0 & q_3 & -q_2 \\ -q_3 & q_0 & q_1 \\ q_2 & -q_1 & q_0 \end{bmatrix} \tag{2-90}$$

可见，$\boldsymbol{M}(\boldsymbol{Q})$ 与 $\boldsymbol{M}'(\boldsymbol{Q})$ 构成相似，但核不同。

由以上分析可得四元数的乘法的矩阵表示形式，即

$$\left. \begin{aligned} \boldsymbol{P} \otimes \boldsymbol{Q} &= \boldsymbol{M}(\boldsymbol{P})\boldsymbol{Q} \\ \boldsymbol{P} \otimes \boldsymbol{Q} &= \boldsymbol{M}'(\boldsymbol{Q})\boldsymbol{P} \end{aligned} \right\} \tag{2-91}$$

由于 $\boldsymbol{M}(\boldsymbol{P})$ 与 $\boldsymbol{M}'(\boldsymbol{P})$ 的核不同，所以四元数的乘法不满足交换律，即

$$\boldsymbol{P} \otimes \boldsymbol{Q} = \boldsymbol{M}(\boldsymbol{P})\boldsymbol{Q} \neq \boldsymbol{M}'(\boldsymbol{P})\boldsymbol{Q} = \boldsymbol{Q} \otimes \boldsymbol{P} \tag{2-92}$$

四元数乘法满足分配律和结合律，即

$$\left. \begin{aligned} \boldsymbol{P} \otimes (\boldsymbol{Q}+\boldsymbol{R}) &= \boldsymbol{P} \otimes \boldsymbol{Q} + \boldsymbol{P} \otimes \boldsymbol{R} \\ \boldsymbol{P} \otimes \boldsymbol{Q} \otimes \boldsymbol{R} &= (\boldsymbol{P} \otimes \boldsymbol{Q}) \otimes \boldsymbol{R} = \boldsymbol{P} \otimes (\boldsymbol{Q} \otimes \boldsymbol{R}) \end{aligned} \right\} \tag{2-93}$$

3）四元数的除法——求逆。如果 $\boldsymbol{P} \otimes \boldsymbol{R} = 1$，则称 $\boldsymbol{R}$ 为 $\boldsymbol{P}$ 的逆，记作 $\boldsymbol{R} = \boldsymbol{P}^{-1}$。

根据四元数的定义可知

$$\boldsymbol{P} \otimes \boldsymbol{P}^* = \| \boldsymbol{P} \| \tag{2-94}$$

所以 $\boldsymbol{P} \otimes \dfrac{\boldsymbol{P}^*}{\| \boldsymbol{P} \|} = 1$，$\dfrac{\boldsymbol{P}^*}{\| \boldsymbol{P} \|}$ 即为 $\boldsymbol{P}$ 的逆。

2.4.4　转动四元数定理

设 $\boldsymbol{Q}$ 和 $\boldsymbol{R}$ 为两个非标量的四元数

$$\boldsymbol{Q} = q_0 + \boldsymbol{q} = \sqrt{\| \boldsymbol{Q} \|}(\cos\boldsymbol{\theta} + \boldsymbol{i}\sin\boldsymbol{\theta}) \tag{2-95}$$

$$\boldsymbol{R} = r_0 + \boldsymbol{r} = \sqrt{\| \boldsymbol{R} \|}(\cos\boldsymbol{\Phi} + \boldsymbol{e}\sin\boldsymbol{\Phi}) \tag{2-96}$$

则 $\boldsymbol{R}' = \boldsymbol{Q} \otimes \boldsymbol{R} \otimes \boldsymbol{Q}^{-1} = r'_0 + \boldsymbol{r}'$ 表示另一个四元数。该四元数的向量部分是将 $\boldsymbol{R}$ 的向量部分绕 $\boldsymbol{q}$ 方向沿锥面转过 $2\boldsymbol{\theta}$ 角，且 $\boldsymbol{R}$ 与 $\boldsymbol{R}'$ 的范数及它们的标量部分相等。该定理可以用图 2-11 形象地表示。

从上述定理可以看出，一次转动可用四元数表示，即

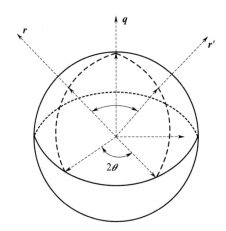

图 2 - 11　四元数转动定理示意图

$$\boldsymbol{R}' = \boldsymbol{Q} \otimes \boldsymbol{R} \otimes \boldsymbol{Q}^{-1} \tag{2-97}$$

式中，$\boldsymbol{Q}$ 为转动四元数，$\boldsymbol{Q} \otimes \left(\ \right) \otimes \boldsymbol{Q}^{-1}$ 是由转动四元数给出的转动算子，它确定了将向量 $\boldsymbol{r}$ 绕向量 $\boldsymbol{q}$ 转过 $2\boldsymbol{\theta}$ 角的转动。这样就可以用四元数进行坐标或向量变换。通常可以用单位四元数 $\boldsymbol{Q}$ 表示转动，且将转动角度取为 $\boldsymbol{\theta}$，于是有

$$\boldsymbol{Q} = \cos\frac{\boldsymbol{\theta}}{2} + \boldsymbol{\zeta}\sin\frac{\boldsymbol{\theta}}{2} \tag{2-98}$$

它表示绕 $\boldsymbol{\zeta}$ 轴进行 $\boldsymbol{\theta}$ 角的转动。

2.4.5　四元数与姿态矩阵的关系

方向余弦矩阵可以用来表示两个坐标系之间的变换。既然四元数可以表示向量的转动，那么同样也可以用四元数来实现两个坐标系之间的变换。下面推导四元数与方向余弦矩阵之间的关系。

动系 $Oxyz$ 相对定系 $Ox_iy_iz_i$ 的关系如图 2 - 12 所示，其单位向量分别为 $\boldsymbol{i}_1$，$\boldsymbol{j}_1$，$\boldsymbol{k}_1$；$\boldsymbol{i}_2$，$\boldsymbol{j}_2$，$\boldsymbol{k}_2$。设某单位向量 $\overrightarrow{OM}$，它在定系和动系内的投影为

$$\left.\begin{aligned} \overrightarrow{OM} &= x_i\boldsymbol{i}_1 + y_i\boldsymbol{j}_1 + z_i\boldsymbol{k}_1 \\ \overrightarrow{OM} &= x\boldsymbol{i}_2 + y\boldsymbol{j}_2 + z\boldsymbol{k}_2 \end{aligned}\right\} \tag{2-99}$$

坐标系 $Oxyz$ 可以看成是定系 $Ox_iy_iz_i$ 绕 $\boldsymbol{q}$ 轴转动 $\boldsymbol{\theta}$ 而获得的。根据向量投影的相对关系可知，当向量 $\overrightarrow{OM}$ 不动而动系 $Oxyz$ 相对定系 $Ox_iy_iz_i$ 绕 $\boldsymbol{q}$ 轴转动 $\boldsymbol{\theta}$ 角后 $\overrightarrow{OM}$ 在两坐标系的投影，与坐标系 $Ox_iy_iz_i$ 不动而向量 $\overrightarrow{OM}$ 绕 $\boldsymbol{q}$ 轴转动 $\boldsymbol{\theta}$ 角得到的向量 $\boldsymbol{R}$ 在定系 $Ox_iy_iz_i$ 内的投影是相等的，其可以用图 2 - 13 表示。

设四元数

$$\left.\begin{aligned} \boldsymbol{R} &= 0 + x\boldsymbol{i}_1 + y\boldsymbol{j}_1 + z\boldsymbol{k}_1 \\ \boldsymbol{R}_i &= 0 + x_i\boldsymbol{i}_1 + y_i\boldsymbol{j}_1 + z_i\boldsymbol{k}_1 \end{aligned}\right\} \tag{2-100}$$

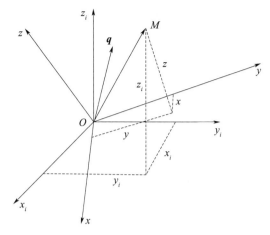

图 2-12　向量在定系和动系内投影的示意图

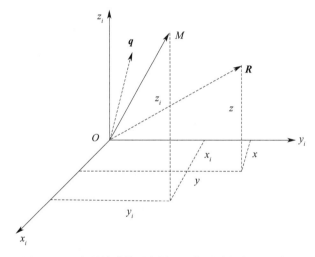

图 2-13　向量转动前后在同一坐标系内的投影示意图

若采用相反的方向转动，将矢量 $\mathbf{R}$ 绕 $\mathbf{q}$ 轴转动 $\boldsymbol{\theta}$ 角后得到矢量 $\mathbf{R}_i$，根据四元数旋转定理，有

$$\mathbf{R}_i = \mathbf{Q} \otimes \mathbf{R} \otimes \mathbf{Q}^{-1} \tag{2-101}$$

式中，$\mathbf{Q} = q_0 + q_1 \mathbf{i}_1 + q_2 \mathbf{j}_1 + q_3 \mathbf{k}_1$，$\mathbf{Q}^{-1} = q_0 - q_1 \mathbf{i}_1 - q_2 \mathbf{j}_1 - q_3 \mathbf{k}_1$，根据四元数的运算规则可以得到下式

$$\begin{bmatrix} x_i \\ y_i \\ z_i \end{bmatrix} = \begin{bmatrix} q_0^2 + q_1^2 - q_2^2 - q_3^2 & 2(q_1q_2 - q_0q_3) & 2(q_1q_3 + q_0q_2) \\ 2(q_1q_2 + q_0q_3) & q_0^2 - q_1^2 + q_2^2 - q_3^2 & 2(q_2q_3 - q_0q_1) \\ 2(q_1q_3 - q_0q_2) & 2(q_2q_3 + q_0q_1) & q_0^2 - q_1^2 - q_2^2 + q_3^2 \end{bmatrix} \begin{bmatrix} x \\ y \\ z \end{bmatrix}$$

$$\tag{2-102}$$

由式（2-102）可以看出转动四元数 $\mathbf{Q}$ 与方向余弦矩阵之间有着对应关系。

同理，若将 2.3.1 节在 a_4 系的向量在 a_1 系表示，即绕 $\mathbf{q}$ 轴转动，则

$$\begin{bmatrix} x_{a_1} \\ y_{a_1} \\ z_{a_1} \end{bmatrix} = \boldsymbol{R}_{a_4}^{a_1} \begin{bmatrix} x_{a_4} \\ y_{a_4} \\ z_{a_4} \end{bmatrix} \tag{2-103}$$

式中，姿态矩阵

$$\boldsymbol{R}_{a_4}^{a_1} = \begin{bmatrix} q_0^2 + q_1^2 - q_2^2 - q_3^2 & 2(q_1q_2 - q_0q_3) & 2(q_1q_3 + q_0q_2) \\ 2(q_1q_2 + q_0q_3) & q_0^2 - q_1^2 + q_2^2 - q_3^2 & 2(q_2q_3 - q_0q_1) \\ 2(q_1q_3 - q_0q_2) & 2(q_2q_3 + q_0q_1) & q_0^2 - q_1^2 - q_2^2 + q_3^2 \end{bmatrix} \tag{2-104}$$

式（2-104）和式（2-47）在数值上相等。

2.5　姿态、速度位置微分

2.5.1　姿态矩阵的微分

如果一个坐标系 k 相对另一个坐标系 m 以角速度 $\boldsymbol{\omega}$ 转动，两个坐标系之间的转换矩阵由一组时变函数组成。转换矩阵的时间变化率 $\dot{\boldsymbol{R}}_k^m$ 可以用一组微分方程描述，发生时间变化的坐标系通常是变量上标所代表的坐标系。

在 t 时刻，两个坐标系 m 系和 k 系之间的方向余弦矩阵是 $\boldsymbol{R}_k^m(t)$，在 δt 时间后，k 系旋转到新的位置，得到时刻 $t + \delta t$ 时的方向余弦矩阵 $\boldsymbol{R}_k^m(t + \delta t)$。由此可以得到 $\boldsymbol{R}_k^m$ 的微分为

$$\dot{\boldsymbol{R}}_k^m = \lim_{\delta t \to 0} \frac{\delta \boldsymbol{R}_k^m}{\delta t} \tag{2-105}$$

$$\dot{\boldsymbol{R}}_k^m = \lim_{\delta t \to 0} \frac{\boldsymbol{R}_k^m(t + \delta t) - \boldsymbol{R}_k^m(t)}{\delta t} \tag{2-106}$$

m 系在时刻 $t + \delta t$ 的变换是时刻 t 的变换经过微变后得到的，时间间隔为 δt，因此，$\boldsymbol{R}_k^m(t + \delta t)$ 可以写成两个矩阵的乘积，即

$$\boldsymbol{R}_k^m(t + \delta t) = \delta \boldsymbol{R}^m \boldsymbol{R}_k^m(t) \tag{2-107}$$

由式（2-49）可得小角度变换的公式

$$\delta \boldsymbol{R}^m = \boldsymbol{I} - \boldsymbol{\Psi}^m \tag{2-108}$$

将式（2-108）代入式（2-107），得

$$\boldsymbol{R}_k^m(t + \delta t) = (\boldsymbol{I} - \boldsymbol{\Psi}^m)\boldsymbol{R}_k^m(t) \tag{2-109}$$

然后将式（2-109）代入式（2-106），得

$$\dot{\boldsymbol{R}}_k^m = \lim_{\delta t \to 0} \frac{(\boldsymbol{I} - \boldsymbol{\Psi}^m)\boldsymbol{R}_k^m(t) - \boldsymbol{R}_k^m(t)}{\delta t}$$

$$= \lim_{\delta t \to 0} \frac{-\boldsymbol{\Psi}^m \boldsymbol{R}_k^m(t)}{\delta t} \tag{2-110}$$

$$= -\left(\lim_{\delta t \to 0} \frac{\boldsymbol{\Psi}^m}{\delta t}\right)\boldsymbol{R}_k^m(t)$$

当 $\delta t \to 0$ 时，$\boldsymbol{\Psi}^m / \delta t$ 是 m 系相对 k 系在时间增量 δt 内角速度的反对称矩阵形式。由于取极限，角速度也可以被引用到 k 系

$$\lim_{\delta t \to 0} \frac{\boldsymbol{\Psi}^m}{\delta t} = \boldsymbol{\Omega}_{km}^m \tag{2-111}$$

将式（2-111）代入式（2-110），得

$$\dot{\boldsymbol{R}}_k^m = -\boldsymbol{\Omega}_{km}^m \boldsymbol{R}_k^m \tag{2-112}$$

由于 $\boldsymbol{\Omega}_{km}^m = -\boldsymbol{\Omega}_{mk}^m$，得

$$\dot{\boldsymbol{R}}_k^m = \boldsymbol{\Omega}_{mk}^m \boldsymbol{R}_k^m \tag{2-113}$$

由式（2-14）得

$$\boldsymbol{\Omega}_{mk}^m = \boldsymbol{R}_k^m \boldsymbol{\Omega}_{mk}^k \boldsymbol{R}_m^k \tag{2-114}$$

将式（2-114）代入式（2-113），得

$$\dot{\boldsymbol{R}}_k^m = \boldsymbol{R}_k^m \boldsymbol{\Omega}_{mk}^k \boldsymbol{R}_m^k \boldsymbol{R}_k^m \tag{2-115}$$

最终，得到重要的方向余弦矩阵变化率公式为

$$\dot{\boldsymbol{R}}_k^m = \boldsymbol{R}_k^m \boldsymbol{\Omega}_{mk}^k \tag{2-116}$$

式（2-116）表明：转换矩阵的微分与两个坐标系之间的相对旋转角速度 $\boldsymbol{\omega}$ 有关。例如：若已知载体坐标系和地心惯性坐标系之间的初始姿态矩阵 $\boldsymbol{R}_b^i$，就可以通过利用陀螺仪的输出 $\boldsymbol{\omega}_{ib}^b$ 更新姿态矩阵，即 $\dot{\boldsymbol{R}}_b^i = \boldsymbol{R}_b^i \boldsymbol{\Omega}_{ib}^b$。

2.5.2　惯性坐标系中位置矢量的微分

对于一个位置矢量 $\boldsymbol{r}^b$，从载体坐标系到地心惯性坐标系的转换为

$$\boldsymbol{r}^i = \boldsymbol{R}_b^i \boldsymbol{r}^b \tag{2-117}$$

对等号两侧分别微分，得

$$\dot{\boldsymbol{r}}^i = \dot{\boldsymbol{R}}_b^i \boldsymbol{r}^b + \boldsymbol{R}_b^i \dot{\boldsymbol{r}}^b \tag{2-118}$$

用式（2-116）做代换 $\dot{\boldsymbol{R}}_b^i = \boldsymbol{R}_b^i \boldsymbol{\Omega}_{ib}^b$，代入式（2-118），得

$$\dot{\boldsymbol{r}}^i = (\boldsymbol{R}_b^i \boldsymbol{\Omega}_{ib}^b) \boldsymbol{r}^b + \boldsymbol{R}_b^i \dot{\boldsymbol{r}}^b \tag{2-119}$$

整理后，得

$$\dot{\boldsymbol{r}}^i = \boldsymbol{R}_b^i (\dot{\boldsymbol{r}}^b + \boldsymbol{\Omega}_{ib}^b \boldsymbol{r}^b) \tag{2-120}$$

此式描述了速度矢量从载体坐标系到地心惯性坐标系的变换，习惯上称为哥氏（Coriolis）方程，反映了绝对速度 $\dot{\boldsymbol{r}}^i$、相对速度 $\dot{\boldsymbol{r}}^b$ 和牵连速度 $\boldsymbol{\Omega}_{ib}^b \boldsymbol{r}^b$ 之间的相互关系。

2.5.3　惯性坐标系中速度矢量的微分

速度矢量的微分可以通过式（2-120）获得，即对式（2-120）进行微分，得

$$\ddot{\boldsymbol{r}}^i = \dot{\boldsymbol{R}}_b^i \dot{\boldsymbol{r}}^b + \boldsymbol{R}_b^i \ddot{\boldsymbol{r}}^b + \dot{\boldsymbol{R}}_b^i \boldsymbol{\Omega}_{ib}^b \boldsymbol{r}^b + \boldsymbol{R}_b^i (\dot{\boldsymbol{\Omega}}_{ib}^b \boldsymbol{r}^b + \boldsymbol{\Omega}_{ib}^b \dot{\boldsymbol{r}}^b) \tag{2-121}$$

$$= \dot{\boldsymbol{R}}_b^i \dot{\boldsymbol{r}}^b + \boldsymbol{R}_b^i \ddot{\boldsymbol{r}}^b + \dot{\boldsymbol{R}}_b^i \boldsymbol{\Omega}_{ib}^b \boldsymbol{r}^b + \boldsymbol{R}_b^i \dot{\boldsymbol{\Omega}}_{ib}^b \boldsymbol{r}^b + \boldsymbol{R}_b^i \boldsymbol{\Omega}_{ib}^b \dot{\boldsymbol{r}}^b$$

由式（2-116）得

$$\ddot{r}^i = \dot{R}_b^i \dot{r}^b + R_b^i \ddot{r}^b + \dot{R}_b^i \Omega_{ib}^b r^b + R_b^i \dot{\Omega}_{ib}^b r^b + R_b^i \Omega_{ib}^b \dot{r}^b$$

$$= R_b^i \Omega_{ib}^b \dot{r}^b + R_b^i \ddot{r}^b + R_b^i \Omega_{ib}^b \Omega_{ib}^b r^b + R_b^i \dot{\Omega}_{ib}^b r^b + R_b^i \Omega_{ib}^b \dot{r}^b \qquad (2-122)$$

$$= R_b^i (\Omega_{ib}^b \dot{r}^b + \ddot{r}^b + \Omega_{ib}^b \Omega_{ib}^b r^b + \dot{\Omega}_{ib}^b r^b + \Omega_{ib}^b \dot{r}^b)$$

$$= R_b^i (2\Omega_{ib}^b \dot{r}^b + \ddot{r}^b + \Omega_{ib}^b \Omega_{ib}^b r^b + \dot{\Omega}_{ib}^b r^b)$$

整理后得

$$\ddot{r}^i = R_b^i (\ddot{r}^b + 2\Omega_{ib}^b \dot{r}^b + \dot{\Omega}_{ib}^b r^b + \Omega_{ib}^b \Omega_{ib}^b r^b) \qquad (2-123)$$

式中，$\ddot{r}^b$ 是载体坐标系中运动载体的加速度（The Acceleration of Moving Object）；Ω_{ib}^b 是载体的陀螺仪测得的角速度的反对称矩阵；$2\Omega_{ib}^b \dot{r}^b$ 是哥氏加速度（The Coriolis Acceleration）；$\dot{\Omega}_{ib}^b r^b$ 是切向加速度；$\Omega_{ib}^b \Omega_{ib}^b r^b$ 是向心加速度（The Centripetal Acceleration）。

2.6　地球几何学

地球的真实形状不规则，内部质量分布也不均匀。大地水准面是地球重力等位面，是光滑但不规则的封闭曲面。在惯性导航算法中，为了工程计算方便，通常把地球近似为一个椭球体，该椭球称为参考椭球。参考椭球在导航中有两个方面的应用：第一，依据参考椭球建立大地坐标系，作为描述飞行器纬度、经度和高度的基准；第二，以参考椭球作为中心引力体计算重力，得到地球重力场的近似模型，用于惯性导航解算。

2.6.1　基本概念

为了后文说明方便，现定义如下：

物理地表：地形（Terrain）是客观存在的，是地球与其外层大气的分界面，是地球的实际表面。

几何描述：大地水准面（Geoid）是重力等位面，由大地测量得到，可以被认为是理想海平面延伸到陆地的部分。该平面是一个光滑的表面，但是形状是不规则的，不能用简单的数学表达式描述，所以不能用于导航计算中分析需求。大地水准面的法线方向为真垂线方向。

参考椭球：参考椭球面（Ellipsoid）是一个数学定义的椭球表面，其旋转轴为椭圆短轴并且与地球平均自转轴一致。椭球体的中心与地球质心重合，椭球体表面是椭球重力水准面。参考旋转椭球体和大地水准体非常接近，在垂直方向上最大的误差为 150 m，该椭球体法线方向和真垂线方向相差不超过 3″。

参考椭球是最适合导航计算的地球几何模型，它的形状由两个几何参数确定，分别是半长轴（a）和半短轴（b），如图 2-14 所示。在图 2-14 中，正交高度（正高，Orthometric Height）H 是已知点 P 到大地水准面的高度。大地水准面的高度 N 是沿椭球的法线方向上椭球表面到大地水准面的距离。大地高（Ellipsoidal Height，椭球高度）h 是正高和大地水准面高度的和（$h = H + N$）。大地水准面的高度 N 通过数据库来求解，如 EGM96、EGM2008 等。

本书使用的世界大地坐标系 WGS‐84 中定义的基本参数见表 2‐1 和表 2‐2。

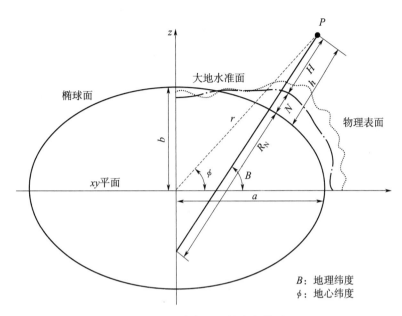

图 2‐14　地球表面和椭球参数对比

表 2‐1　大地坐标系 WGS‐84 中定义的基本参数

半长轴(等效半径)/m	$a = 6\,378\,137.0$
扁率的倒数	$\dfrac{1}{f} = 298.257\,223\,563$
地球自转速率/(rad/s)	$\omega_{ie} = 7.292\,115 \times 10^{-5}$
万有引力常数/(m³/s)	$GM = 3.986\,004\,418 \times 10^{14}$

表 2‐2　大地坐标系 WGS‐84 中定义的导出参数

偏心率 e	0.081 819 190 842 621 5
J_2	0.001 082 629 821 31
J_4	−0.000 002 370 911 20
J_6	0.000 000 006 083 46
J_8	0.000 000 000 014 27
椭球面正常重力位 U_0 /(m²/s²)	62 636 851.714 6
赤道正常重力 g_a /(m/s²)	9.780 325 335 9
两极正常重力 g_p /(m/s²)	9.832 184 937 9
平均正常重力/(m/s²)	9.797 643 222
纬度 45°正常重力/(m/s²)	9.806 197 769

2.6.2　卯酉圈曲率半径和子午圈曲率半径

在导航中，大地子午圈和卯酉圈是椭球面上两个重要的"圈"。过地面某点 P 作椭球的垂线 $\overrightarrow{PK}$，称为法线，包含过 P 点法线的平面叫作法截面，法截面与椭球面的截线叫作法截线。P 点的法截线与椭球短轴构成的平面称为大地子午面，它是一个特殊的法截面，与椭球面的截线称为 P 点的大地子午圈。过 P 点与大地子午面正交的法截面称为 P 点的卯酉面，它与椭球面的截线称为 P 点的卯酉圈。大地子午圈和卯酉圈确定了导航平台在地球表面或附近运动的经纬度。

卯酉圈曲率半径（Normal Radius）沿东西方向定义，计算公式为

$$R_N = \frac{a}{(1 - e^2 \sin^2 B)^{\frac{1}{2}}} \tag{2-124}$$

大地子午圈曲率半径（Meridian Radius）沿南北方向定义，计算公式为

$$R_M = \frac{a(1 - e^2)}{(1 - e^2 \sin^2 B)^{\frac{3}{2}}} \tag{2-125}$$

以上两式用于空间直角坐标系与大地坐标系间的转换。

2.7　地心地固坐标系中的坐标类型

地心地固坐标系中有两种坐标类型，分别是空间直角坐标系和大地坐标系。空间直角坐标系即传统的笛卡儿坐标系，使用矢量 $[x, y, z]^{\mathrm{T}}$ 表示一个点的位置。大地坐标系一般用矢量 $[B, \lambda, h]^{\mathrm{T}}$ 来表示一个点的位置，分别为纬度、经度和高度。两种坐标以及它们之间的关系如图 2-15 所示。

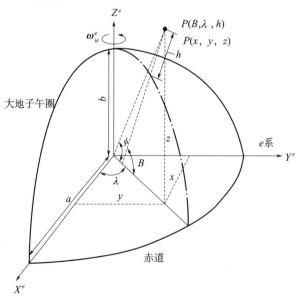

图 2-15　地心地固坐标系中的坐标类型及其关系

2.7.1　大地坐标向空间直角坐标的转换

在导航领域中，大地坐标向空间直角坐标的转换是必要的。转换关系为

$$\begin{bmatrix} x^e \\ y^e \\ z^e \end{bmatrix} = \begin{bmatrix} (R_N + h)\cos B\cos\lambda \\ (R_N + h)\cos B\sin\lambda \\ [R_N(1 - e^2) + h]\sin B \end{bmatrix} \tag{2-126}$$

式中，$[x^e, y^e, z^e]^T$ 是地心地固坐标系中的空间直角坐标；R_N 是卯酉圈曲率半径；h 是高度；B 是纬度；λ 是经度；e 是偏心率。

2.7.2　空间直角坐标向大地坐标的转换

空间直角坐标向大地坐标的转换不能直接进行，因为分析结果是一个四阶方程。常用的方法有迭代算法、直接法和封闭算法等。本书介绍迭代算法和直接法。

2.7.2.1　迭代算法

式（2-126）建立了地心地固坐标系中大地坐标和空间直角坐标的关系。

大地经度

$$\lambda = \arctan 2(y^e, x^e) \tag{2-127}$$

高度关系如图 2-15 所示。求得高度表达式为

$$h = \frac{\sqrt{(x^e)^2 + (y^e)^2}}{\cos B} - R_N \tag{2-128}$$

由式（2-126）可以得到

$$(x^e)^2 + (y^e)^2 = (R_N + h)^2\cos B^2(\cos^2\lambda + \sin^2\lambda) \tag{2-129}$$

$$\sqrt{(x^e)^2 + (y^e)^2} = (R_N + h)\cos B \tag{2-130}$$

结合式（2-130）和式（2-128）可得

$$\frac{z^e}{\sqrt{(x^e)^2 + (y^e)^2}} = \frac{[R_N(1 - e^2) + h]}{(R_N + h)}\tan B \tag{2-131}$$

$$B = \arctan\left\{\frac{z^e(R_N + h)}{[R_N(1 - e^2) + h]\sqrt{(x^e)^2 + (y^e)^2}}\right\} \tag{2-132}$$

迭代算法应用如下：

1）初始化高度

$$h_0 = 0 \tag{2-133}$$

2）从已知测量值中选择一个任意的纬度值或选用一个近似值为

$$B_0 = \arctan\left[\frac{z^e}{P^e(1 - e^2)}\right] \tag{2-134}$$

式中

$$P^e = (R_N + h)\cos B$$

3）大地经度计算公式为

$$\lambda = \arctan2(y^e, x^e) \quad\quad (2-135)$$

4）从 $i = 1$ 开始迭代

$$R_{N_i} = \frac{a}{(1 - e^2 \sin^2 B_{i-1})^{\frac{1}{2}}} \quad\quad (2-136)$$

$$h_i = \frac{\sqrt{(x^e)^2 + (y^e)^2}}{\cos B_{i-1}} - R_{N_i} \quad\quad (2-137)$$

$$B_i = \arctan\left\{\frac{z^e}{\sqrt{(x^e)^2 + (y^e)^2}} \cdot \frac{(R_{N_i} + h_i)}{R_{N_i}(1 - e^2) + h_i}\right\} \quad\quad (2-138)$$

5）对比 B_i，B_{i-1} 和 h_i，h_{i-1}：如果收敛度足够，则结束迭代，否则将新值代入步骤 4）继续迭代。

2.7.2.2　直接法

直接法计算公式并不是精确公式，但在 $h < 1\ 000$ km 时，可提供小于厘米级的精度。

首先计算辅助量：$\theta = \arctan\dfrac{z^e a}{pb}$，参考 2.7.2.1 中的变量则有

$$\left. \begin{array}{l} B = \arctan\dfrac{z^e + b\ (e')^2 \sin^3\theta}{p - a\ (e')^2 \cos^3\theta} \\[3mm] \lambda = \arctan\dfrac{y^e}{x^e} \\[3mm] h = \dfrac{p}{\cos B} - R_N \end{array} \right\} \quad\quad (2-139)$$

式中

$$p = \sqrt{(x^e)^2 + (y^e)^2}, \ (e')^2 = \frac{a^2 - b^2}{b^2} \quad\quad (2-140)$$

第 3 章　临近空间飞行器正常重力模型

重力包含地球引力和离心力两部分，引力由地球质量引起，离心力由地球自转引起。离心力并非真实存在的力，而是描述物体的参考系与地球固连时，随地球自转产生的等效力。因此，离心力在导航算法选用的参考系为惯性坐标系（地心惯性坐标系、发射惯性坐标系等）时不用考虑，选用的导航参考系与地球固连（发射系等）时则需要考虑。

惯性器件无法敏感重力，导航系统只能通过重力模型获得重力加速度的信息，重力加速度误差是导航加速度误差来源之一。惯性导航系统是通过积分间接测量飞行器姿态、速度和位置的系统，重力加速度误差积分后引起速度和位置误差。地球真实形状和地球质量分布情况的复杂，使得地球重力场的高精度的重力模型计算十分复杂。讨论适用于临近空间飞行器导航需求的高精度重力模型是很有必要的。

由于传统的航空惯性导航重力模型以椭球面重力为基准采用外推法拟合重力随高度的变化情况，模型误差在 20 km 以上显著增大，不再适用于临近空间惯性导航算法。本章讨论临近空间飞行器惯性导航算法使用的正常重力模型。

本章内容包括高阶地球重力场模型、正常重力模型及其精度分析。在高阶地球重力场内容中，球谐函数用无穷级数描述任意质量分布的物体外部的引力位，是引力位的通解，也是高阶引力场使用的数学模型。将地球理想化为参考椭球，计算得到的重力称为正常重力，球谐函数描述质量分布均匀的参考椭球的引力时，简化为 J_2、J_4 等模型，简化后的球谐函数仅保留有偶次带谐项。另一个常用的正常重力模型 Somigliana 公式则是通过建立椭球坐标系，使该坐标系的一个坐标面与参考椭球的表面重合，将球谐函数解转换为椭球坐标系下的解，利用重力垂直于参考椭球表面的性质，得到椭球表面正常重力，外推得到低空正常重力的近似值。最后分析了 J_2、J_4 模型和 Somigliana 公式在临近空间的精度，给出了临近空间惯性导航正常重力模型选择的依据，再以高阶引力场为地球引力基准生成飞行轨迹，导航仿真说明了正常重力模型用于临近空间导航的限制条件。

3.1　高阶地球重力场建模

本节介绍球谐函数，球谐函数是引力位的通解，为级数形式，目前已有达到 2 190 阶球谐系数的地球引力场模型数据库。以下将介绍引力位球谐函数解，及由球谐函数引力位求解引力矢量的方法。

3.1.1　球谐函数

球谐函数是无穷级数形式的有限区域内任意质量分布的质体引力位的通解。工程上，高阶球谐模型能以很高的精度描述地球引力场,可用于高精度惯性导航、重力匹配导航等场合。

依据重力为保守力这一性质,法国科学家勒让德(Legendre)在 17 世纪推导了质体引力位通解,即球谐函数。该通解为级数形式,通解中含有与地球质量分布有关的待定系数,大地测量学家为确定这些待定系数做了大量工作并取得了丰硕成果。依据 GOCE 等引力测量卫星提供的数据,EGM - 2008、EIGEN - 6C4、CHAMP 等高阶地球引力场数据库相继建立,球谐系数达到 2 190 阶。

本小节介绍地球引力场通解,引力场为保守力场,满足拉普拉斯(Laplace)方程,在球坐标系下解拉普拉斯方程得到引力场球谐函数解,该解为引力场的级数形式的通解。

对于保守力 $\boldsymbol{F}$,都可以找到一个标量函数 V,它只是点所在位置的函数,并且满足以下性质

$$\boldsymbol{F} = \text{grad} V \qquad (3-1)$$

式中,grad 表示对标量函数求梯度。标量函数 V 又称位函数,矢量函数 $\boldsymbol{F}$ 又称场函数,$\boldsymbol{F}$ 可以由位函数 V 唯一确定。引力为保守力,满足该性质。

求解地球周围引力位函数通解时需借助质体引力位的性质:质体对外部点的引力位满足拉普拉斯方程。质体外的引力位函数在笛卡儿坐标系下满足以下关系式

$$\Delta V = \frac{\partial^2 V}{\partial x^2} + \frac{\partial^2 V}{\partial y^2} + \frac{\partial^2 V}{\partial z^2} = 0 \qquad (3-2)$$

在球坐标系下满足以下关系式

$$\Delta V = \frac{\partial^2 V}{\partial r^2} + \frac{2}{r} \frac{\partial V}{\partial r} + \frac{1}{r^2} \frac{\partial^2 V}{\partial \theta^2} + \frac{1}{r^2 \tan\theta} \frac{\partial V}{\partial \theta} + \frac{1}{r^2 \sin^2\theta} \frac{\partial^2 V}{\partial \lambda^2} = 0 \qquad (3-3)$$

式中,r 为到坐标原点的距离;λ 为经度;θ 为地心纬度的余角;θ 与地心纬度 ϕ 的关系为 $\theta = 90° - \phi$。球坐标系为原点在地球中心的正交曲面坐标系,如图 3-1 所示。

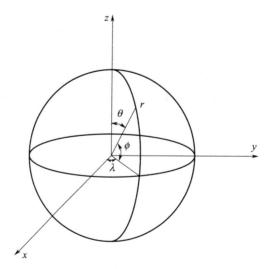

图 3-1　地心球坐标系示意图

假定式（3-3）中的位函数 V 为引力位，解拉普拉斯方程，得到地球引力位表达式

$$V = \frac{GM}{r}\left[1 + \sum_{n=2}^{\infty}\sum_{m=0}^{n}\left(\frac{a}{r}\right)^n(C_{n,m}\cos m\lambda + S_{n,m}\sin m\lambda)P_{n,m}(\sin\phi)\right] \quad (3-4)$$

式中，ϕ，λ 为地心纬度和经度；$P_{n,m}(\sin\phi)$ 为缔合勒让德函数（Associated Legendre Function），当 $m=0$ 时，为勒让德函数，记为 $P_n(\sin\phi)$。

$m=0$ 时，$\sin m\lambda = 0$，$\cos m\lambda = 1$，随经度变化的项变为常数，$C_{n,0}$，$S_{n,0}$ 称为带谐系数，且 $J_n = -C_{n,0}$；其中，$n \neq m$ 时，对应解随经度和纬度变化，$C_{n,m}$，$S_{n,m}$ 称为田谐系数，$n=m$ 时，$P_{n,n}(\sin\phi)$ 为常数，对应解不随纬度变化，$C_{n,n}$，$S_{n,n}$ 为扇谐系数。

勒让德函数 $P_n(\sin\phi)$ 是按以下规律导出的函数

$$P_n(x) = \frac{1}{2^n n!}\frac{\mathrm{d}(x^2-1)^n}{\mathrm{d}x^n} \quad (3-5)$$

式中

$$\frac{\mathrm{d}^n(x^2-1)^n}{\mathrm{d}x^n} = \sum_{m=0}^{n/2}(2n-2m)(2n-2m-1)\cdots(n-2m+1)C_n^m(-1)^m x^{n-2m}$$
$$(3-6)$$

$P_{n,m}(\sin\phi)$ 为缔合勒让德函数，按以下规律导出

$$P_{n,m}(x) = (1-x^2)^{\frac{1}{m}}\frac{\mathrm{d}^n P_n(x)}{\mathrm{d}x^n} \quad (3-7)$$

$C_{n,m}$，$S_{n,m}$ 为待定系数，取决于地球的质量分布，是描述地球引力的关键。式（3-4）既适用于重力，也适用于引力。EGM-2008、EIGEN-6C4、GOCE 等模型采用重力测量卫星、海平面高度观测等方式获得重力/引力测量数据求解得到 $C_{n,m}$，$S_{n,m}$。

3.1.2　球谐模型引力

式（3-4）给出了球谐函数引力位的表达式，实际应用中需要的是引力矢量的表达式。引力矢量可根据式（3-1）求得

$$\boldsymbol{g} = \mathrm{grad}V(r,\phi,\lambda) = \frac{\partial V}{\partial r}\boldsymbol{i} + \frac{1}{r}\frac{\partial V}{\partial \phi}\boldsymbol{j} + \frac{1}{r\cos\phi}\frac{\partial V}{\partial \lambda}\boldsymbol{k} \quad (3-8)$$

根据式（3-8）可以得到球坐标系 3 个坐标切线方向引力分量的大小。将式（3-4）代入式（3-8）即可得到引力表达式

$$\left.\begin{array}{l}
g_\lambda = \dfrac{1}{r\cos\phi}\dfrac{\partial V}{\partial \lambda} = \dfrac{GM}{r^2\cos\phi}\displaystyle\sum_{n=1}^{\infty}\left(\dfrac{a}{r}\right)^n\sum_{m=0}^{n}m(-C_{n,m}\sin m\lambda + S_{n,m}\cos m\lambda)P_{n,m}(\sin\phi) \\[4mm]
g_\phi = \dfrac{1}{r}\dfrac{\partial V}{\partial \phi} = \dfrac{GM}{r^2}\displaystyle\sum_{n=1}^{\infty}\left(\dfrac{a}{r}\right)^n\sum_{m=0}^{n}(C_{n,m}\cos m\lambda + S_{n,m}\sin m\lambda)\dfrac{\mathrm{d}P_{n,m}(\sin\phi)}{\mathrm{d}\phi} \\[4mm]
g_r = \dfrac{\partial V}{\partial r} = -\dfrac{GM}{r^2}\displaystyle\sum_{n=1}^{\infty}(n+1)\left(\dfrac{a}{r}\right)^n\sum_{m=0}^{n}(C_{n,m}\cos m\lambda + S_{n,m}\sin m\lambda)P_{n,m}(\sin\phi)
\end{array}\right\}$$
$$(3-9)$$

当给定地球外一点，将其位置信息转化为 λ，ϕ，r，将 ϕ 代入各阶 $P_{n,m}(\sin\phi)$，再

将 $P_{n,m}(\sin\phi)$ 与 λ，r 以及 $C_{n,m}$，$S_{n,m}$ 一同代入式（3-9）即完成了球谐引力的求解。下面以 EIGEN-6C4 模型为例进行仿真分析。

现取高度为 20 km（椭球高度），经纬度网格 $1°×1°$ 的节点位置计算引力，在当地水平坐标系下绘制引力曲面，东、北、天向分量如图 3-2～图 3-4 所示。

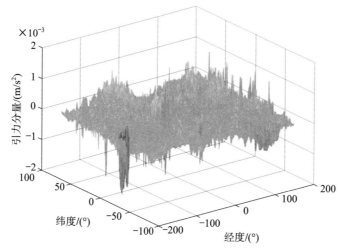

图 3-2　东向引力分量曲面

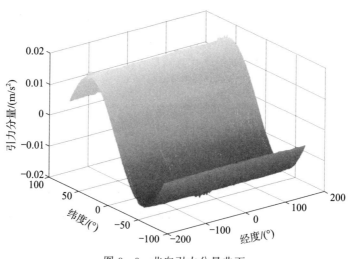

图 3-3　北向引力分量曲面

可见在 20 km 高度上地球引力天向引力分量是引力的主要成分，东向引力分量只有天向引力分量的约万分之一。北向引力分量达到了天向引力分量的约千分之一。

引力随地球纬度不同有非常显著的变化，这种变化是由地球扁率表征的质量分布不均引起的。将地球简化为参考椭球保留了地球扁率，正常重力模型就是将地球简化为参考椭球后得到的重力模型，因此能够反映重力随纬度的变化，下一节将对比常用的正常重力模型，即 J_2 模型、J_4 模型和 Somigliana 公式，探讨临近空间正常重力模型的选择。

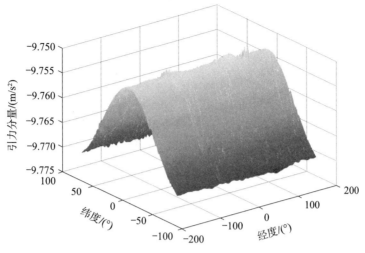

图 3 - 4　天向引力分量曲面

此外注意到，北向和天向曲面上还存在一些小的起伏扰动，这些扰动由地形起伏等因素引起，是参考椭球模型所忽略的引力分量。从图 3 - 2～图 3 - 4 结果来看，地球引力扰动比地球扁率对重力的影响小得多。扰动分量由球谐模型的中阶和高阶项建模，实时计算这些项对导航计算机的性能提出了很高的要求。

3.2　临近空间正常重力模型

3.2.1　J_2 和 J_4 模型

J_2 和 J_4 模型是通解式（3 - 4）用于描述参考椭球引力时简化至仅有偶次带谐项，并截断高阶项得到的模型，接下来介绍简化过程以及引力计算公式。

式（3 - 4）用于参考椭球引力可进行简化。参考椭球质量在经度方向分布均匀，产生的引力不随经度变化。球谐函数式随经度变化的项系数应为零，仅剩不随经度变化的项，称为带谐项。即 $m \neq 0$ 的系数 $C_{n,m}$，$S_{n,m}$ 都为 0。$m = 0$ 时，$C_{n,m}\cos m\lambda + S_{n,m}\sin m\lambda$ 变为常数 J_n，$P_{n,0}(\sin\phi)$ 为勒让德多项式，记为 $P_n(\sin\phi)$，$P_n(\sin\phi)$ 仅随纬度变化。式（3 - 4）变为

$$V_{(r,\phi)} = \frac{GM}{r}\sum_{n=0}^{\infty}\left(\frac{a}{r}\right)^n J_n P_n(\sin\phi) \tag{3 - 10}$$

此外，旋转椭球还具有在赤道两侧对称的特性，引力位也应该在赤道两侧对称。n 为奇数的带谐项中的 $P_n(\sin\phi)$ 项，即奇数次带谐项不关于赤道对称，可推知旋转椭球引力位中不含奇数次带谐项。得到的椭球引力场的无穷级数表达式为

$$V_{(r,\phi)} = \frac{GM}{r}\left[1 - \sum_{n=1}^{\infty} J_{2n}\left(\frac{a}{r}\right)^{2n} P_{2n}(\sin\phi)\right] \tag{3 - 11}$$

由于带谐系数与地球模型有关，不同的地球模型下带谐系数有差异。

J_{2n} 模型求解引力矢量时一般通过以下代换将其转换至地心地固坐标系下

$$\left.\begin{array}{c} \sin\phi = \dfrac{z}{r} \\[2mm] r = \sqrt{x^2 + y^2 + z^2} \end{array}\right\} \tag{3-12}$$

$$V = \frac{GM}{r}\left[1 - \sum_{n=1}^{\infty} J_{2n}\left(\frac{a}{r}\right)^{2n} P_{2n}\left(\frac{z}{r}\right)\right] \tag{3-13}$$

第 2 章的表 2-2 给出了 J_2，J_4 和 J_6 等参数的值。在弹道设计和计算中，J_6 及更高阶带谐系数比 J_4 小两个数量级以上，比 J_2 小四个数量级以上，在低空影响远没有地球引力扰动影响显著。工程上一般只取式（3-13）中 J_2 或 J_4 为止即可满足精度需求。将 $n=2$ 和 $n=4$ 以及式（3-12）中 $\sin\phi = \dfrac{z}{r}$ 代入式（3-5），得到勒让德函数 P_2 和 P_4 表达式

$$\begin{aligned} P_2\left(\frac{z}{r}\right) &= \frac{3}{2}\left(\frac{z}{r}\right)^2 - \frac{1}{2} \\[2mm] P_4\left(\frac{z}{r}\right) &= \frac{35}{8}\left(\frac{z}{r}\right)^4 - \frac{30}{8}\left(\frac{z}{r}\right)^2 + \frac{3}{8} \end{aligned} \tag{3-14}$$

将式（3-14）代入式（3-13），得到 J_4 引力位表达式为

$$V = \frac{GM}{r}\left[1 - \frac{J_2 a^2}{2r^2}\left(-1 + 3\frac{z^2}{r^2}\right) - \frac{J_4 a^4}{8r^4}\left(3 - \frac{30z^2}{r^2} + \frac{35z^4}{r^4}\right)\right] \tag{3-15}$$

为了方便求偏导，写成以下形式

$$V = \frac{GM}{r} - GMJ_2 a^2\left(\frac{3}{2}\frac{z^2}{r^5} - \frac{1}{2}\frac{z^2}{r^5}\right) - GMJ_4 a^4\left(\frac{35}{8}\frac{z^4}{r^9} - \frac{30}{8}\frac{z^2}{r^7} + \frac{3}{8}\frac{1}{r^5}\right) \tag{3-16}$$

对引力位函数求梯度即是引力矢量，地心地固坐标系下梯度为

$$\boldsymbol{g} = \mathrm{grad}V = \frac{\partial V}{\partial x}\boldsymbol{i} + \frac{\partial V}{\partial y}\boldsymbol{j} + \frac{\partial V}{\partial z}\boldsymbol{k} \tag{3-17}$$

对 V 求偏导实际上是对式（3-16）中不同幂次的 z^m/r^n 求偏导，可以看出该项对 x，y 求偏导结果形式相同，而对 z 求偏导是不同的，z^m/r^n 分别对 x 、z 求偏导的，结果如下

$$\frac{\partial}{\partial x}\left(\frac{z^m}{r^n}\right) = \frac{\mathrm{d}}{\mathrm{d}r}\left(\frac{z^m}{r^n}\right)\frac{\partial r}{\partial x} = -n\frac{z^m}{r^{n+2}}x \tag{3-18}$$

$$\frac{\partial}{\partial z}\left(\frac{z^m}{r^n}\right) = \frac{\mathrm{d}}{\mathrm{d}r}\left(\frac{z^m}{r^n}\right)\frac{\partial \rho}{\partial z} + \frac{\mathrm{d}}{\mathrm{d}z}\left(\frac{z^m}{r^n}\right) = -n\frac{z^m}{r^{n+2}}z + m\frac{z^{m-1}}{r^n} \tag{3-19}$$

$$\begin{aligned} \boldsymbol{g} = {} & -\frac{GM}{r^3}\left[1 + J_2\frac{3a^2}{2r^2}\left(1 - \frac{5z^2}{r^2}\right) + J_4\frac{15a^4}{8r^6}\left(-1 + \frac{14z^2}{r^2} - \frac{21z^4}{r^4}\right)\right]\begin{bmatrix} x \\ y \\ z \end{bmatrix} - \\[3mm] & \frac{GM}{r^3}\left[J_2\frac{3a^2}{r^2} + J_4\frac{5a^4}{2r^4}\left(\frac{7z^2}{r^2} - 3\right)\right]\begin{bmatrix} 0 \\ 0 \\ z \end{bmatrix} \end{aligned}$$

$$\tag{3-20}$$

为了计算方便，常常把引力加速度投射在载体地心矢量 $\boldsymbol{r}$ 与地球自转 $\boldsymbol{\omega}_{ie}$ 方向。矢量 $\boldsymbol{r}$ 与 $[x,\,y,\,z]^{\mathrm{T}}$ 共线，矢量 $\boldsymbol{\omega}_{ie}$ 与 $[0,\,0,\,z]^{\mathrm{T}}$ 共线，且都是单位向量

$$\boldsymbol{g}=g_r\boldsymbol{r}+g_{\boldsymbol{\omega}_{ie}}\boldsymbol{\omega}_{ie} \tag{3-21}$$

将式（3-19）代入式（3-21），则

$$\left.\begin{aligned}
g_r &= -\frac{GM}{r^3}\left[1+J_2\frac{3a^2}{2r^2}\left(1-\frac{5z^2}{r^2}\right)+J_4\frac{15a^4}{8r^6}\left(-1+\frac{14z^2}{r^2}-\frac{21z^4}{r^4}\right)\right]\\
g_{\omega_{ie}} &= -\frac{GM}{r^3}\left[J_2\frac{3a^2}{r^2}+J_4\frac{5a^4}{2r^4}\left(\frac{7z^2}{r^2}-3\right)\right]
\end{aligned}\right\} \tag{3-22}$$

以上模型根据导航系统提供载体地心位置单位矢量 $\boldsymbol{r}$ 与地球自转角速度单位矢量 $\boldsymbol{\omega}_{ie}$，通过式（3-21）即可得到在导航坐标系下描述的引力矢量。引力与离心力相加得到重力。

3.2.2　Somigliana 公式

地球表面的物体同时受到引力和离心力的作用，这两种作用塑造地表形态，使得地球表面接近于重力的等位面。假设认为，参考椭球表面是重力的等位面，而球坐标系的坐标面为球面，若能将引力位通解转换至图 3-5 所示的椭球坐标系下，且让椭球坐标系的坐标面与参考椭球重合，则可以求得地球表面的重力公式。

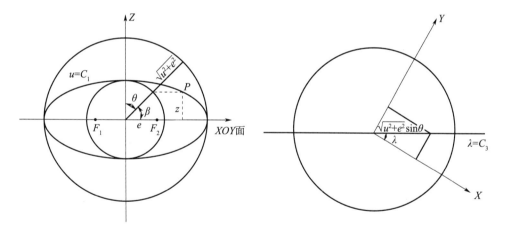

图 3-5　椭球坐标系

Somigliana 公式是基于椭球谐函数推导的重力公式。椭球谐函数是式（3-2）拉普拉斯方程转换到椭球坐标系 (θ,λ,u) 下的通解，椭球谐函数的形式为

$$V_{(u,\theta,\lambda)}=\sum_{n=0}^{\infty}\sum_{m=0}^{n}Q_{n,m}\left(i\,\frac{u}{e}\right)(a_{n,m}\cos m\lambda+b_{n,m}\sin m\lambda)P_{n,m}(\cos\theta) \tag{3-23}$$

式中，u 为极半径；e 为地球偏心率；θ 为归化纬度余纬；λ 为经度；$Q_{n,m}$ 为第二类勒让德函数。考虑到椭球引力不随经度变化，式（3-23）简化为

$$V_{(u,\theta)}=\sum_{n=0}^{\infty}A_nQ_n\left(i\,\frac{u}{e}\right)P_n(\cos\theta) \tag{3-24}$$

在椭球坐标系中，取 $u = b$（b 为参考椭球短半径），确定的曲面为参考椭球表面，则

$$V_{(b,\theta)} = \sum_{n=0}^{\infty} \sum_{k=0}^{n} A_n Q_n \left(i\,\frac{b}{e} \right) P_n(\cos\theta) \tag{3-25}$$

记离心力位为 $Q_{(\mu,\theta)}$，表达式为

$$Q_{(\mu,\theta)} = \frac{1}{3}\omega_{ie}^2(u^2 + e^2) - \frac{1}{3}\omega_{ie}^2(u^2 + e^2)P_2(\cos\theta) \tag{3-26}$$

重力位 $U_{(u,\theta)}$ 为引力位 $V_{(u,\theta)}$ 和离心力位 $Q_{(u,\theta)}$ 之和

$$\begin{aligned} U_{(u,\theta)} &= V_{(u,\theta)} + Q_{(u,\theta)} \\ &= \sum_{n=0}^{\infty} A_n Q_n \left(i\,\frac{u}{E} \right) P_n(\cos\theta) + \frac{1}{3}\omega_{ie}^2(u^2 + e^2) - \frac{1}{3}\omega_{ie}^2(u^2 + e^2)P_2(\cos\theta) \end{aligned} \tag{3-27}$$

水准椭球表面（$u = b$）是重力位的等位面，设其位值为 U_0，则有

$$\sum_{n=0}^{\infty} A_n Q_n \left(i\,\frac{b}{e} \right) P_n(\cos\theta) + \frac{1}{3}\omega_{ie}^2 a^2 - \frac{1}{3}\omega_{ie}^2 a^2 P_2(\cos\theta) = U_0 \tag{3-28}$$

要使等式成立，条件是各阶勒让德函数的系数为零，即

$$\left. \begin{aligned} A_0 Q_0 \left(i\,\frac{b}{e} \right) + \frac{1}{3}\omega_{ie}^2 a^2 - U_0 &= 0 \\ A_2 Q_2 \left(i\,\frac{b}{e} \right) - \frac{1}{3}\omega_{ie}^2 a^2 &= 0 \\ A_1 = A_3 = A_4 = \cdots &= 0 \end{aligned} \right\} \tag{3-29}$$

解得

$$\left. \begin{aligned} A_0 &= \frac{1}{Q_0 \left(i\,\dfrac{b}{e} \right)} \left(U_0 - \frac{1}{3}\omega_{ie}^2 a^2 \right) \\ A_2 &= \frac{1}{Q_2 \left(i\,\dfrac{b}{e} \right)} \frac{1}{3}\omega_{ie}^2 a^2 \end{aligned} \right\} \tag{3-30}$$

将以上结果代入引力位函数

$$V_{(u,\theta)} = \left(U_0 - \frac{1}{3}\omega_{ie}^2 a^2 \right) \frac{Q_0 \left(i\,\dfrac{u}{e} \right)}{Q_0 \left(i\,\dfrac{b}{e} \right)} + \frac{1}{3}\omega_{ie}^2 a^2 \frac{Q_2 \left(i\,\dfrac{u}{e} \right)}{Q_2 \left(i\,\dfrac{b}{e} \right)} P_2(\cos\theta) \tag{3-31}$$

Q_0 和 Q_2 表达式为

$$Q_0 \left(i\,\frac{u}{e} \right) = \operatorname{arcth} i\,\frac{u}{e} = -i\arctan\frac{e}{u} \tag{3-32}$$

$$\begin{aligned} Q_2 \left(i\,\frac{u}{e} \right) &= \left(\frac{3}{2}i^2\frac{u^2}{e^2} - \frac{1}{2} \right) \operatorname{arcth} i\,\frac{u}{e} - \frac{3}{2}i\,\frac{u}{e} \\ &= \frac{1}{2}i \left[\left(1 + 3\frac{u^2}{e^2} \right) \arctan\frac{e}{u} - 3\frac{u}{e} \right] \end{aligned} \tag{3-33}$$

将式 (3 - 33) 记为 iq

$$q = \frac{1}{2}\left[\left(1 + 3\frac{u^2}{e^2}\right)\arctan\frac{e}{u} - 3\frac{u}{e}\right]$$

取 $u = b$ 时，记为 q_0。

U_0 可由参考椭球 4 个基本参数导出

$$U_0 = \frac{GM}{e}\arctan\frac{e}{b} + \frac{1}{3}\omega_{ie}^2 a^2 \tag{3-34}$$

式 (3 - 32) ～式 (3 - 34) 以及 P_2 代换后引力位表达式为

$$\left.\begin{array}{l} V_{(u,\theta)} = \dfrac{GM}{e}\arctan\dfrac{e}{u} + \dfrac{1}{3}\omega_{ie}^2 a^2 \dfrac{q}{q_0}\left(\cos^2\theta - \dfrac{1}{3}\right) \\[3mm] U_{(u,\theta)} = \dfrac{GM}{e}\arctan\dfrac{e}{u} + \dfrac{1}{3}\omega_{ie}^2 a^2 \dfrac{q}{q_0}\left(\cos^2\theta - \dfrac{1}{3}\right) + \dfrac{1}{2}\omega_{ie}^2(u^2 + e^2)\sin^2\theta \end{array}\right\} \tag{3-35}$$

以下由式 (3 - 35) 正常重力位求正常重力表达式。

设 S_u 为参考椭球面的法线方向，椭球面上重力沿 S_u 方向指向地球。g_u 表示重力在 S_u 方向的分量，则有

$$-g_u = \frac{\partial U_{(u,\theta)}}{\partial S_u} = \frac{\partial U_{(u,\theta)}}{\partial u}\frac{\mathrm{d}u}{\mathrm{d}S_u} \tag{3-36}$$

其中，椭球坐标系中的 $\mathrm{d}u$ 需要经过尺度变换才能得到 $\mathrm{d}S_u$，变换式为

$$\frac{\mathrm{d}u}{\mathrm{d}S_u} = \sqrt{\frac{u^2 + e^2}{u^2 + e^2\cos\theta}} \tag{3-37}$$

重力位 $U_{(u,\theta)}$ 对 u 的偏导数为

$$\frac{\partial U_{(u,\theta)}}{\partial u} = -\left[\frac{GM}{u^2 + e^2} - \frac{\omega_{ie}^2 a^2}{q_0}\frac{\mathrm{d}q}{\mathrm{d}u}\left(\frac{1}{2}\cos^2\theta - \frac{1}{6}\right) - \omega_{ie}^2 u\sin^2\theta\right] \tag{3-38}$$

将式 (3 - 37) 和式 (3 - 38) 代入式 (3 - 36)，且令 $u = b$，记 $q' = \dfrac{a^2}{e}\dfrac{\mathrm{d}u}{\mathrm{d}q}$，有

$$g_0 = \sqrt{\frac{a^2}{b^2 + e^2\cos^2\theta}}\left[\frac{GM}{a^2} + \frac{a^2\omega_{ie}^2 e}{a^2}\frac{q_0'}{q_0}\left(\frac{1}{2}\cos^2\theta - \frac{1}{6}\right) - \omega_{ie}^2 b\sin^2\theta\right] \tag{3-39}$$

记

$$\left.\begin{array}{l} \kappa = \dfrac{\omega_{ie}^2 a^2 b}{GM} \\[3mm] e' = \dfrac{e}{b} \\[3mm] \beta = 90° - \theta \end{array}\right\} \tag{3-40}$$

这里 β 是归化纬度，将式 (3 - 40) 代入式 (3 - 39)，得

$$g_0 = \frac{GM}{a\sqrt{a^2\sin\beta + b^2\cos\beta}}\left[\left(1 + \frac{1}{3}\kappa e'\frac{q_0'}{q_0}\right)\sin^2\beta + \left(1 - \kappa - \frac{1}{6}\kappa e'\frac{q_0'}{q_0}\right)\cos^2\beta\right]$$

$$\tag{3-41}$$

分别令 β 为 0° 和 90°，得到椭球赤道处重力 g_a 和极点处重力 g_p 分别为

$$
\left.\begin{array}{l}
g_a = \dfrac{GM}{ab}\left(1 - \kappa - \dfrac{1}{6}\kappa e' \dfrac{q'_0}{q_0}\right) \\[3mm]
g_p = \dfrac{GM}{a^2}\left(1 + \dfrac{1}{3}\kappa e' \dfrac{q'_0}{q_0}\right)
\end{array}\right\}
\tag{3-42}
$$

则 g_0 可以写为

$$
g_0 = \frac{ag_p \sin^2\beta + bg_a \cos\beta}{\sqrt{a^2\sin\beta + b^2\cos\beta}}
\tag{3-43}
$$

第 2 章表 2 - 2 中给出了赤道正常重力 g_a 和两极正常重力 g_p 的值。椭球坐标系中的纬度是归化纬度，应用中常转为地理纬度 B

$$
\tan\beta = \frac{b}{a}\tan B
\tag{3-44}
$$

进而有

$$
\left.\begin{array}{l}
\cos^2\beta = \dfrac{a^2\cos^2 B}{a^2\cos^2 B + b^2\sin^2 B} \\[3mm]
\sin^2\beta = \dfrac{b^2\sin^2 B}{a^2\cos^2 B + b^2\sin^2 B}
\end{array}\right\}
\tag{3-45}
$$

将式（3-45）代入式（3-43），经过运算得

$$
g_B = \frac{bg_p \sin^2 B + ag_a \cos^2 B}{\sqrt{a^2\cos^2 B + b^2\sin^2 B}}
\tag{3-46}
$$

该式即为 Somigliana 公式，是椭球面的正常重力公式。使用中把式（3-46）展开为级数式

$$
g_B = g_a(1 + f_2\sin^2 B + f_4\sin^4 B + f_6\sin^6 B)
\tag{3-47}
$$

记 $\alpha = \dfrac{a-b}{a}$，式（3-47）中

$$
\left.\begin{array}{l}
f_2 = -\alpha + \dfrac{5}{2}\kappa + \dfrac{1}{2}\alpha^2 - \dfrac{26}{7}\kappa\alpha + \dfrac{15}{4}\kappa^2 + \dfrac{59}{149}\kappa\alpha^2 - \dfrac{9}{2}\kappa^2\alpha + \dfrac{45}{8}\kappa^3 \\[3mm]
f_4 = -\dfrac{1}{2}\alpha^2 + \dfrac{5}{2}\kappa\alpha + \dfrac{1}{2}\alpha^3 - \dfrac{139}{28}\kappa\alpha^2 + \dfrac{15}{4}\kappa^2\alpha \\[3mm]
f_6 = -\dfrac{1}{2}\alpha^3 + \dfrac{75}{4}\kappa^2\alpha
\end{array}\right\}
\tag{3-48}
$$

结合式（3-40）中的代换以及第 2 章表 2 - 1 和表 2 - 2 中提供的参数计算得 $f_1 = 0.005\ 279\ 0$，$f_2 = 0.000\ 023\ 6$、$f_6 = 7.29 \times 10^{-7}$，可见 f_6 的影响小于 $1\ \mu g$。将 g_a 及式（3-48）代入式（3-47），得

$$
g_B = 9.780\ 325\ 3 \times (1 + 0.005\ 279\ 0\sin^2 B + 0.000\ 023\ 6\sin^4 B)
\tag{3-49}
$$

为了将式（3-46）应用于椭球表面以上的点，需要讨论正常重力垂直梯度，考虑椭球表面重力对高度偏导的一阶泰勒展开，即

$$
g_h = g_B - 0.308\ 6 \times (1 + 0.000\ 7\cos 2B)h
\tag{3-50}
$$

椭球面正常重力沿高度方向，但随着高度增加，重力方向逐渐改变为指向地心，正常

重力真垂线（即重力方向）和地理垂线（即高度方向）之间的夹角可近似表示为

$$\eta_2 = \frac{\xi h \sin 2B}{g_h} \tag{3-51}$$

式中，$\xi = 8.08 \times 10^{-9}\,\mathrm{s}^{-2}$；$\eta_2$ 为小量，一般认为 $\sin\eta_2 = \eta_2$。根据此夹角可以补偿重力北向分量

$$\boldsymbol{g}^g = \begin{bmatrix} 0 \\ -g_h \sin\eta_2 \\ -g_h \cos\eta_2 \end{bmatrix} = \begin{bmatrix} 0 \\ -\xi h \sin 2B \\ -g_h \end{bmatrix} \tag{3-52}$$

3.2.3　正常重力模型误差分析

（1）直接对比分析重力模型误差

J_2 和 J_4 模型（重力）在临近空间受截断误差影响，Somigliana 公式在临近空间受外推误差影响，不是临近空间内的精确的正常重力模型。利用式（3-20）和式（3-52），将重力转换至当地水平坐标系下，绘制高度 20 km 正常重力随纬度变化的曲线图，如图 3-6 所示。

图 3-6 中绘制了 20 km 和 100 km 高度上，Somigliana 公式外推重力和 J_4 模型（重力）以及 EIGEN-6C4 高阶球谐模型重力随纬度的变化情况。球谐模型取了经度为 45°E 和 135°W 两处为代表。在 20 km 高度 J_4 模型（重力）、Somigliana 公式与 EIGEN-6C4 模型重力数值接近，J_4 模型和 Somigliana 公式之间天向分量差异约 0.03 mg。而 Somigliana 公式在 100 km 可见天向分量与 J_4 模型和高阶重力场有约 0.7 mg 的差异，因此认为地球表面正常重力在高度方向的外推公式是适用于传统航空领域的重力模型，但在临近空间精度差于 J_4 模型。

比较结果，支持 J_4 模型作为临近空间惯性导航正常重力模型，现在比较它与 EIGEN-6C4 模型的差异。J_4 模型与高阶重力模型重力矢量相减，得到 20 km 高度全球的重力扰动，取其模值，并绘制扰动大小为 0.02 mg、0.06 mg、0.1 mg 的三条等值线（g 为重力加速度），如图 3-7 所示。可见 J_4 模型的误差在全球多数范围内小于 0.1 mg。

50 km 和 100 km 高度的重力扰动较 20 km 有所减小，如图 3-8 所示。J_4 模型与高阶重力模型在 100 km 高度上误差大于 0.06 mg 的区域只有很少一部分，有较大一部分区域误差小于 0.02 mg。

综合以上结果，认为 J_4 模型适用于临近空间正常重力计算，较好描述了地球扁率对重力的影响。从以上结果中可分析地形起伏等因素引起的引力扰动随经度变化情况，由于采用参考椭球简化地球模型，J_4 模型等重力模型不能反映地球真实的重力随经度的变化情况，在 20 km 高度引起的误差最大能达到 0.1 mg 以上，在 100 km 高度引起的误差最大能达到 0.6 mg 以上。

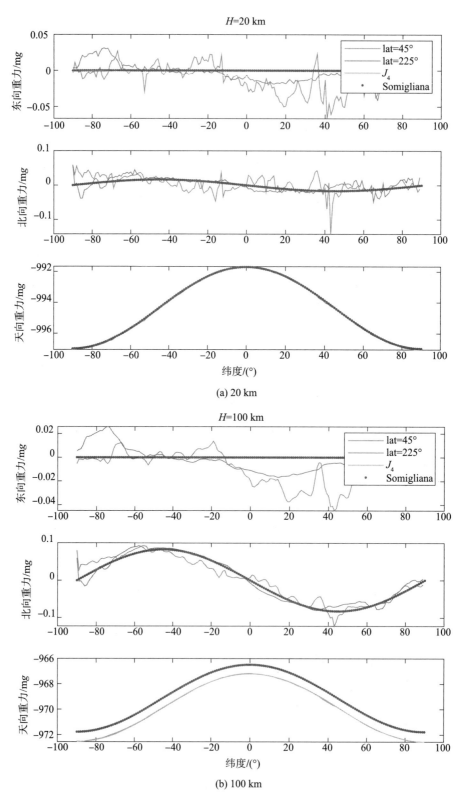

(a) 20 km

(b) 100 km

图 3-6　J_4 模型和 Somigliana 公式随纬度变化（见彩插）

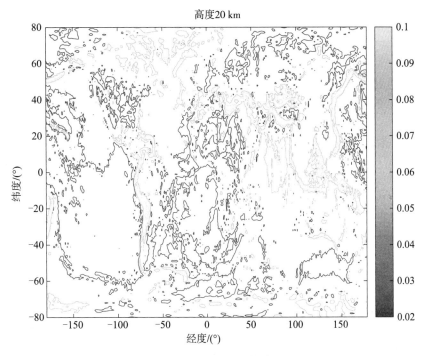

图 3-7　高度 20 km 重力扰动等值线（见彩插）

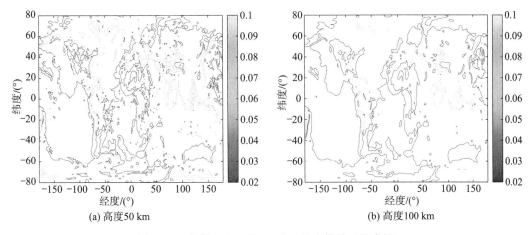

图 3-8　高度 50 km 及 100 km 重力扰动（见彩插）

（2）导航仿真分析重力模型误差

在直接对比的结果中，认为 J_4 模型较适用于临近空间的正常重力模型。以下通过惯性导航仿真，分析两类正常重力模型简化造成的误差。采用弹道为临近空间助推-滑翔弹道，如图 3-9 所示，弹道最高点高度约为 67 km，滑翔段高度约在 30 km。

在生成轨迹时使用式（3-4）计算 2 190 阶重力，作为重力基准，就将重力模型误差加入惯性导航系统中。

仅加入重力模型误差，使用 J_4 模型、Somigliana 公式，以及 36 阶、100 阶、250 阶

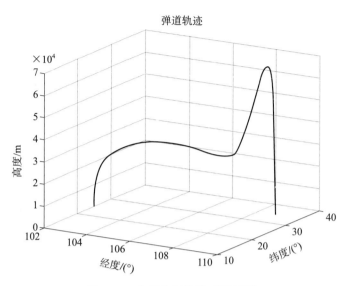

图 3 - 9　临近空间助推-滑翔弹道

的 EIGEN - 6C4 球谐模型作为导航重力模型，检验正常重力模型的简化是否适合临近空间惯性导航。以图 3 - 9 弹道为基准弹道，仿真验证 5 种模型的导航误差。得到的导航结果见表 3 - 1。

表 3 - 1　5 种重力模型引起的导航误差

重力模型	三轴位置误差/m			三轴速度误差/(m/s)		
	x 轴	y 轴	z 轴	x 轴	y 轴	z 轴
J_4 正常重力	−50.234	−312.111	153.161	−0.132	−0.639	0.210
Somigliana 公式	49.499	659.803	126.335	0.238	1.366	0.115
36 阶 EIGEN - 6C4	−25.765	−59.083	64.201	−0.022	−0.098	0.059
100 阶 EIGEN - 6C4	−22.620	−56.482	4.913	−0.023	−0.081	0.005
250 阶 EIGEN - 6C4	−4.1539	−12.5309	5.8856	−0.008	−0.019	0.008

　　结果表明，临近空间 Somigliana 公式外推模型的精度差于 J_4 模型，Somigliana 公式外推误差是该模型在临近空间主要的误差来源之一，影响了其精度。EIGEN - 6C4 模型的前 36 阶、100 阶和 250 阶截断模型的精度都好于 J_4 模型。在 1 100 s 的仿真中，250 阶模型最终位置误差在 20 m 以内。J_4 模型简化产生的位置误差达到了 344 m，速度误差达到了 0.69 m/s。此误差主要来自椭球假设的简化。

　　综上，Somigliana 公式在临近空间下层，适用性较好，而在上层误差较大。J_4 模型和 EIGEN - 6C4 模型的适用范围覆盖整个临近空间，其中，EIGEN - 6C4 模型能达到的精度较高，提高计算阶数能够有效提升模型精度，但也会使计算的时间增加。

　　正常重力模型计算相对简单，其中，J_4 模型在临近空间的适用性较好。但在实际导航应用中，重力模型精度必须与惯性器件的测量精度相匹配，重力模型误差不应成为惯导系统的主要误差来源。J_4 模型在 20 km 高度上的误差最大能达到 0.1 mg，若惯性器件的测量精度与之相近，则重力模型误差就会成为惯导系统主要的误差来源之一，重力模型精度就需要提高。而当加速度计精度远低于 0.1 mg 时，J_4 模型就是适用的。再分别加入不同的陀螺仪和加速度计误差，与重力模型误差产生的影响做比较。主要误差参数见表 3 - 2。

表 3 - 2　仿真误差主要参数设置

组编号	陀螺仪常值漂移/[(°)/h](1σ)	加速度计常值漂移/m g (1σ)	重力模型
第一组	0	0	J_4模型
第二组	0.01	0.01	J_4模型
第三组	0.01	0.1	J_4模型
第四组	0.1	0.01	J_4模型
第五组	0.1	0.1	J_4模型

以表 3 - 2 中的误差参数建立标准惯性器件误差模型，做了五组仿真得到的速度误差和位置误差如图 3 - 10 和图 3 - 11 所示。

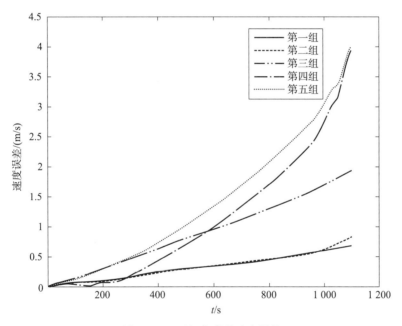

图 3 - 10　五组仿真的速度误差

可以看见第一组和第二组仿真的曲线之间相差不大，第一组仿真不考虑惯性器件误差，第二组仿真使用高精度惯性器件模型。仿真结果表明，J_4 模型引起的误差远大于表 3 - 2 中第二组仿真惯性器件模型引起的误差，此时重力模型误差是惯导系统误差的主要来源，惯性器件的性能无法得到充分的发挥，此时 J_4 模型已不适应临近空间导航需求，要采用高阶球谐函数重力模型，或与之同等精度的其他重力模型，以避免重力模型误差成为惯导系统的主要误差来源。

在第三至第五组仿真结果中，惯性器件误差仍是惯导系统的主要误差来源。第五组仿真的位置误差达到了 1 500 m 左右，此时的重力模型误差在总误差中的占比为 1/5～1/4，

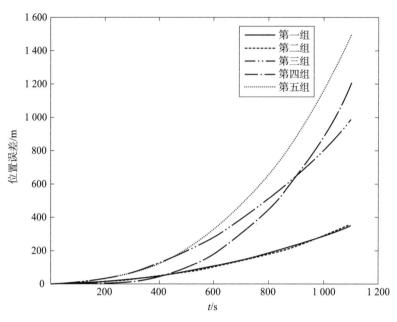

图 3 - 11　五组仿真的位置误差

在可接受范围内。可以得出结论,对于采用加速度计常值漂移在 0.1 mg 以上、陀螺仪常值漂移在 0.1 (°)/h 以上的惯导系统,可以使用 J_4 模型作为导航模型。

惯导系统器件、重力模型精度比较低的情况,需要使用卫星导航等其他导航方式辅助修正,抑制纯惯导误差快速发散,以保证导航系统正常工作。

至此,本章介绍了高精度重力场模型和正常重力模型的建模方法,同时仿真分析了 J_4 模型和 Somigliana 公式在临近空间使用的限制,给出了选择重力模型的依据。除本章介绍的几种全局模型外,还有一些在局部地区有效的模型,如球冠谐模型、插值模型等,能在局部地区以更快的计算速度达到同样的精度。是否能达到临近空间飞行器对精度和覆盖范围的要求,还需要展开讨论。

第 4 章　捷联惯导系统

惯性仪表技术是惯性导航的关键技术之一。载体加速度和姿态的测量是由一套安装在载体上的惯性传感器完成的，称为惯性测量单元（IMU）。IMU 包括两组相互正交的惯性传感器（ISA），分别是三轴陀螺仪和三轴加速度计。IMU 与导航计算机构成了捷联惯性导航系统（SINS），再配置上 GNSS 卫星接收机，构成 SINS/GNSS 组合导航系统，如图 4-1 所示。本章介绍陀螺仪和加速度计、捷联惯导系统和常用的捷联惯导算法机械编排。

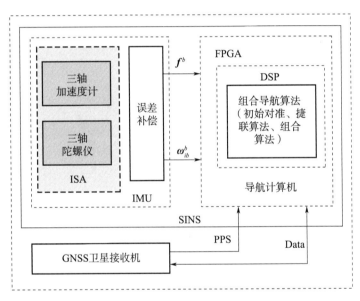

图 4-1　SINS/GNSS 组合导航系统原理框图

4.1　陀螺仪

陀螺仪是测量相对惯性参考系角速度的传感器。对角速度进行积分，就可以得到相对初始基准角的角度变化值。陀螺仪按照工作机理可以分为 3 大类：第一类是以经典力学为基础的陀螺仪，其遵循角动量守恒原理，通常称为机械转子陀螺仪，如液浮陀螺仪、挠性陀螺仪和静电陀螺仪等；第二类是利用哥氏效应的振动陀螺仪，如音叉振动陀螺仪、半球谐振陀螺仪、压电振动陀螺仪、硅微陀螺仪等；第三类是以近代量子力学和相对论为理论基础的陀螺仪，利用萨格奈克（Sagnac）效应，如激光陀螺仪、光纤陀螺仪、光波导陀螺仪等。其中，激光陀螺仪和光纤陀螺仪两种光学陀螺仪应用较为广泛。

4.1.1　光学陀螺仪的工作原理

光学陀螺仪的工作原理最早是在 1913 年由法国物理学家萨格奈克提出的,他建议采用环形光路的干涉仪来测量角速度,这一原理被后人称为萨格奈克效应。图 4 - 2 所示为萨格奈克效应示意图,在闭合的光环路中有顺时针和逆时针的两束光独立传播。当光环路相对惯性空间静止不动时,两束光传播的光程长度是相同的。如果光环路围绕其垂直面有转动,顺、逆两束光传播的光程长度就会发生变化,使两束光发生相位移动,进而产生光的干涉条纹,据此干涉条纹,就可以测出旋转角速度的大小。

1925 年,科学家们做了一个实验,即用光干涉仪来测量地球自转角速度。当时采用的是普通光,供实验用的闭合光路有一个足球场大,但两束光的光程差却小到根本无法测量。1962 年,采用相干光源的激光器问世,激光在环形谐振腔内会产生增益并构成激光振荡器,从而极大地提高了对转动角速度测量的灵敏度,使得萨格奈克效应开始真正进入应用领域。1963 年,世界上第一个激光陀螺仪样机研制成功。

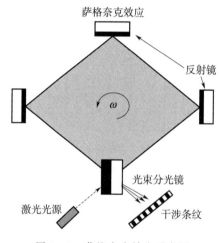

图 4 - 2　萨格奈克效应示意图

4.1.2　激光陀螺仪

激光陀螺仪实际上是一种环形激光器,没有高速旋转的机械转子,而是利用激光技术来测量物体相对惯性空间的角速度,具有实际上的速率陀螺仪的功能。图 4 - 3(a)所示为激光陀螺仪原理简图。实际上的激光陀螺仪是由封闭式谐振腔体构成的环形激光器、反射镜、半透半反镜、合光棱镜、光电检测器、供电电源以及磁屏蔽外壳等部分组成的,图 4 - 3(b)所示为激光陀螺仪结构简图。

激光陀螺仪由于其工作原理而存在“闭锁区”。所谓闭锁区,指的是在低输入速率下陀螺仪输出特性呈现非线性,即出现不敏感区。克服激光陀螺仪的闭锁区闭锁,是使其从理论走向实用的关键所在。设计人员已成功研制出各种克服闭锁的偏频技术(如机械抖动式偏频、磁镜式偏频、四频差动式偏频),并将其应用到各种类型的激光陀螺仪中。

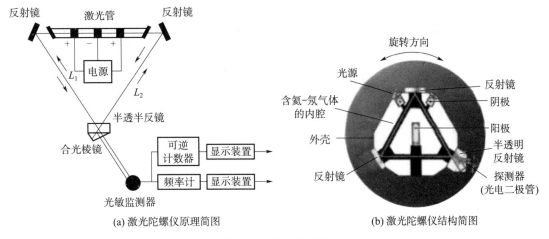

| (a) 激光陀螺仪原理简图 | (b) 激光陀螺仪结构简图 |

图 4 - 3　激光陀螺仪

激光陀螺仪从实验室阶段到生产阶段，走过了 20 年的漫长历程。以下三大关键技术上的重大突破，使激光陀螺仪的性能较研制初期提高了两个数量级以上，并延长了使用寿命：

1）采用零膨胀系数石英玻璃作为激光腔体和反射镜基片的材料；

2）采用硬涂覆工艺解决反光镜多层介质膜的镀膜技术；

3）采用光胶连接和接触焊的密封方法避免气体的污染和泄漏。

激光陀螺仪具有可靠性高、寿命长、动态测量范围大、启动快、功耗低、耐冲击、抗过载能力强、直接数字输出等优点，是捷联式惯导系统的首选元件。激光陀螺仪的精度普遍可达到 0.01 (°)/h，零闭锁激光陀螺仪性能优于 0.001 (°)/h。

4.1.3　光纤陀螺仪

20 世纪 70 年代，利用光的全反射原理制成的光导纤维（简称光纤）迅速发展，促使人们构想采用多匝光纤线圈制成供激光传播的环路，来取代激光陀螺仪的谐振腔。如果将光束沿光纤传播，就省去了技术难度很大的激光陀螺仪谐振腔体和反射镜的加工；光纤可以绕成许多圈，从而很容易将光路面积增大成百上千倍，以提高陀螺仪的灵敏度。在激光陀螺仪开始研制后的 20 年，同样以萨格奈克效应为基础的光纤陀螺仪问世了。

图 4 - 4 所示为光纤陀螺仪的工作原理图。光纤陀螺仪由两大部分组成，即光学部分和信号处理电路部分。光学部分包含光电子器件和光纤器件。按照光纤陀螺仪光学系统的构成，目前进入实用的光纤陀螺仪主要有两类：全光纤型（图 4 - 5）和集成光学器件型（图 4 - 6）。后者是把除光源和光纤线圈以外的光学分立元件全部组合在一起，构成集成光学器件，从而简化了光纤陀螺仪的结构，极大地提高了光纤陀螺仪的可靠性，并进一步缩小了体积，降低了成本，实现的技术基础是大规模集成光路技术在近年来的发展。由于集成光学器件在信号处理中可以采用数字闭环技术，易于实现高精度和高稳定性，是目前最常用的光纤陀螺仪构成模式。

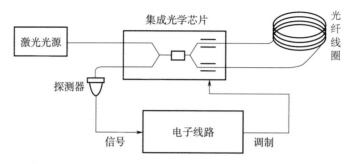

图 4-4　光纤陀螺仪的工作原理图

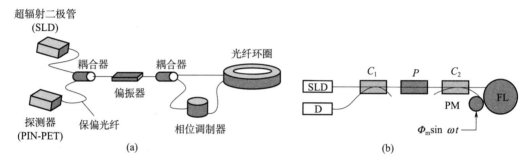

图 4-5　全光纤型陀螺仪示意图

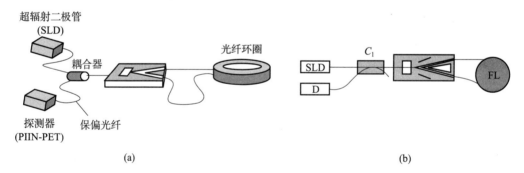

图 4-6　集成光学器件型光纤陀螺仪示意图

光纤陀螺仪与激光陀螺仪的性能差异如下：

1）光纤陀螺仪没有激光陀螺仪某些固有的缺点，如气体、反射镜以及低速的闭锁；

2）激光陀螺仪的光路被保持在一个坚硬的构件中，而光纤陀螺仪的光路在光纤中，因而光纤陀螺仪对环境效应（如温度变化）敏感得多；

3）激光陀螺仪相比光纤陀螺仪具有更高的标度因数稳定性；

4）由于玻璃体积的弯曲损耗限制了封装件的紧凑性，而且很难获得线性的标度因数性能，因而相对光纤陀螺仪而言，制作小尺寸、低成本的激光陀螺仪比较困难。

总的来说，光纤陀螺仪的出现对激光陀螺仪构成了强有力的挑战，其性能正在从早期的速率级、战术级走向今日的惯性级。近年来，表征光纤陀螺仪精度的角度随机游走性能已接近10^{-4}（°）$/\mathrm{h}^{-\frac{1}{2}}$，这表明光纤陀螺仪已进入战略级研制阶段，有望在不久的将来取代激光陀螺仪和静电陀螺仪。从长远看，随着光纤通信技术集成光学技术和光纤传感器技术的发展，更多的先进科技成果将被应用于光纤陀螺仪的研制中。

4.2 加速度计

4.2.1 比力与比力测量

在日常生活中，运载体（飞机、火箭、舰船、车辆等）的运动是常见的。有运动，就会有位移和速度的变化，也就会有加速度。通常，将利用检测物体质量的惯性力或力矩来感受、输出飞行器线加速度或角加速度信息的装置称为加速度计。1942 年，德国在其发射的 V－2 火箭上首次将加速度计用于发动机的点火控制，这一事件开辟了惯性导航技术这一崭新的学科领域。加速度计是伴随着陀螺仪技术和惯导系统技术的发展而发展起来的。

加速度是物体运动的一种状态，加速度计是通过测量加速度产生的惯性力来得到加速度的，因此，加速度计实质上是测力计，测量的理论基础是牛顿定律。物体在宇宙空间，不可避免地受到力的作用，地球引力作用称为重力，还有太阳、月球以及其他天体的引力作用。当物体加速运动时，就会产生惯性力。在加速度计工作过程中，惯性质量除了受引力和惯性力的作用外，还受非引力、非惯性力等其他约束力，如弹簧的弹性力、反馈控制电路作用的电磁力等，这些力与引力和惯性力相平衡。

分析运动载体的受力时，可以把载体所受的力 $\boldsymbol{F}$ 分为两部分：一部分是各种天体的引力 $\boldsymbol{F}_g$；另一部分是作用于该物体的其他力，将其统称为非引力 $\boldsymbol{f}_m$，即

$$\boldsymbol{F} = \boldsymbol{F}_g + \boldsymbol{f}_m \qquad (4-1)$$

若载体相对惯性空间的运动加速度为 $\boldsymbol{a}_i$，根据牛顿第二定律，有

$$\boldsymbol{F} = m\boldsymbol{a}_i \qquad (4-2)$$

式中，m 为载体的质量。此时有

$$\boldsymbol{F}_g + \boldsymbol{f}_m = m\boldsymbol{a}_i \qquad (4-3)$$

整理得

$$\frac{\boldsymbol{F}_g}{m} + \frac{\boldsymbol{f}_m}{m} = \boldsymbol{a}_i \qquad (4-4)$$

我们关心的是载体运动加速度 $\boldsymbol{a}_i$，若能测得引力 $\boldsymbol{F}_g$、非引力 $\boldsymbol{f}_m$，容易得到加速度 $\boldsymbol{a}_i$。但是，天体的引力实际上是无法直接测量的，而非引力部分能通过一定的办法测出。我们赋予单位质量的物体受力中的非引力部分一个名词——比力（Specific Force），记为 $\boldsymbol{f}$，有

$$\boldsymbol{f} = \frac{\boldsymbol{f}_m}{m} = \boldsymbol{a}_i - \frac{\boldsymbol{F}_g}{m} = \boldsymbol{a}_i - \boldsymbol{G} \qquad (4-5)$$

式中，$\boldsymbol{G}$ 为单位质量物体所受的引力，即引力加速度。式（4－5）表明，作用于单位质量

物体的比力向量等于该物体的绝对加速度与引力加速度向量之差。

在地球表面附近，引力主要是地球引力，故有 $G = g$，因此

$$f = a - g \tag{4-6}$$

图 4-7 所示为单轴加速度计的基本力学模型，这种结构的加速度计也称为线加速度计。如图 4-7 (a) 所示，它一般由惯性测量质量 m（也称为敏感质量）、支承弹簧、位移传感器、阻尼器和仪表壳体组成。惯性测量质量借助弹簧支承在仪表壳体内，阻尼器的一端也连接到壳体上。惯性测量质量受到支承的限制，只能沿敏感轴方向做线位移，这个轴也称为加速度计的输入轴。图 4-7 (b) 所示为加速度计感受载体运动加速度 a 时的工作状态示意图。惯性测量质量 m 的惯性力压缩弹簧，使之产生变形量 x。惯性力 ma 与弹簧的弹性力 kx 大小相等，方向相反，故通过测量位移量 x 即可获得加速度 a。

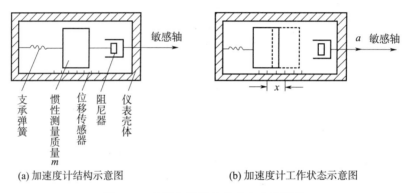

(a) 加速度计结构示意图　　　　　　　(b) 加速度计工作状态示意图

图 4-7　单轴加速度计的基本力学模型

加速度计有多种分类方法：按工作方式分类，有线位移式加速度计、摆式加速度计、振动式加速度计、光电式加速度计和陀螺摆式加速度计等；按支承方式分类，有机械支承加速度计、液浮加速度计、气浮加速度计、挠性加速度计、磁悬浮加速度计和静电加速度计等；按信号敏感方式分类，有电容式加速度计、电感式加速度计、压阻式加速度计、压电式加速度计和光电式加速度计等；按用途分类，有导航用加速度计、调平用加速度计、重力测量用加速度计、冲击测量用加速度计以及角加速度测量用加速度计等。

4.2.2　挠性加速度计

挠性加速度计是一种检测质量由挠性结构支承的加速度计，是一种摆式加速度计，它的摆组件弹性地连接在某种类型的挠性支承上。挠性支承消除了轴承的摩擦力矩，当摆组件的偏转角很小时，由此引入的微小弹性力矩往往可以忽略，所以仪表精度得到提高。

图 4-8 所示为挠性加速度计结构原理图及实物照片，其中，挠性杆（摆组件）通常由铍青铜、石英和金合金等低迟滞、高稳定性的弹性材料制成，它沿输入轴方向具有非常小的刚度。一般用于加速度计的挠性支承有片簧式、圆柱挠性杆式和整体式 3 种类型。根据挠性支承的形式制成的加速度计有线位移式、单轴摆式和双轴摆式 3 种。其壳体内可以充有一定黏度的硅油为摆组件提供流体阻力，改善仪表的动态特性，或者采用电阻尼或充

气压膜阻尼，形成"干式加速度计"，以实现小型化和降低成本。

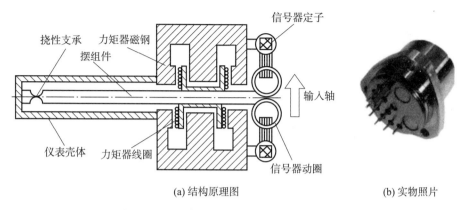

(a) 结构原理图   (b) 实物照片

图 4-8 挠性加速度计结构原理图及实物照片

挠性加速度计具有结构简单、可靠性高和加工装配简便等特点，其阈值（最小感量）可达到 $10^{-6}g$ ，月稳定性可达到 $10^{-5}g$ ，最大可测 $50g$ 的加速度，是一种高精度、低成本的惯性元件。

4.3 惯性仪表误差的数学模型

惯性传感器误差数学模型十分复杂，测量原理不同，数学模型也不同，以下主要从捷联惯性导航算法和组合导航算法实现的角度，介绍惯性仪表的数学模型。

（1）陀螺仪测量模型

陀螺仪是角速度传感器，角速度的测量可以由以下方程建模

$$\widetilde{\boldsymbol{\omega}}_{ib}^{b} = \boldsymbol{\omega}_{ib}^{b} + \boldsymbol{b}_g + \boldsymbol{S}_g\boldsymbol{\omega}_{ib}^{b} + \boldsymbol{N}_g\boldsymbol{\omega}_{ib}^{b} + \boldsymbol{\varepsilon}_g \qquad (4-7)$$

式中，$\widetilde{\boldsymbol{\omega}}_{ib}^{b}$ 为陀螺仪测量矢量；$\boldsymbol{\omega}_{ib}^{b}$ 为真实角速度矢量；$\boldsymbol{b}_g$ 为陀螺仪漂移矢量（零次项）；$\boldsymbol{S}_g$ 为标度因子误差矩阵（一次项）；$\boldsymbol{N}_g$ 为陀螺仪非正交的矩阵；$\boldsymbol{\varepsilon}_g$ 为陀螺仪噪声矢量。矩阵 $\boldsymbol{S}_g$ 和 $\boldsymbol{N}_g$ 分别如下

$$\boldsymbol{S}_g = \begin{bmatrix} s_{g,x} & 0 & 0 \\ 0 & s_{g,y} & 0 \\ 0 & 0 & s_{g,z} \end{bmatrix}, \quad \boldsymbol{N}_g = \begin{bmatrix} 0 & \theta_{g,xy} & \theta_{g,yz} \\ \theta_{g,yx} & 0 & \theta_{g,yz} \\ \theta_{g,zx} & \theta_{g,zy} & 0 \end{bmatrix}$$

式中，$s_{(\cdot),(\cdot)}$ 为陀螺仪的标度因子误差；$\theta_{(\cdot),(\cdot)}$ 为定义陀螺仪各轴不重合度的小角度。

（2）加速度计测量模型

加速度计的性能指标与表征陀螺仪的指标很相近，如零偏、标度因子稳定度、随机噪声。比力的测量可以由以下方程进行建模

$$\widetilde{\boldsymbol{f}}^{b} = \boldsymbol{f}^{b} + \boldsymbol{b}_a + \boldsymbol{S}_1\boldsymbol{f}^{b} + \boldsymbol{S}_2(\boldsymbol{f}^{b})^2 + \boldsymbol{N}_a\boldsymbol{f}^{b} + \delta\boldsymbol{g} + \boldsymbol{\varepsilon}_a \qquad (4-8)$$

式中，$\widetilde{\boldsymbol{f}}^{b}$ 为加速度计测量矢量；$\boldsymbol{f}^{b}$ 为真实比力矢量；$\boldsymbol{b}_a$ 为加速度计零偏矢量（零次项）；$\boldsymbol{S}_1$ 为线性标度因子误差矩阵（一次项）；$\boldsymbol{S}_2$ 为非线性标度因子误差矩阵（二次项）；$\boldsymbol{N}_a$ 为表征

加速度计各轴非正交的矩阵；δg 为不规则重力加速度矢量（与理论加速度的偏差）；ε_a 为加速度计的噪声矢量。矩阵 N_a，S_1，S_2 分别为

$$N_a = \begin{bmatrix} 0 & \theta_{a,xy} & \theta_{a,xz} \\ \theta_{a,yx} & 0 & \theta_{a,yz} \\ \theta_{a,zx} & \theta_{a,zy} & 0 \end{bmatrix}, S_1 = \begin{bmatrix} s_{1,x} & 0 & 0 \\ 0 & s_{1,y} & 0 \\ 0 & 0 & s_{1,z} \end{bmatrix}, S_2 = \begin{bmatrix} s_{2,x} & 0 & 0 \\ 0 & s_{2,y} & 0 \\ 0 & 0 & s_{2,z} \end{bmatrix}$$

式中，$s_{(\cdot),(\cdot)}$ 为加速度计的标度因子误差；$\theta_{(\cdot),(\cdot)}$ 为定义加速度计各轴不重合度的小角度。

对于这两个惯性传感器，通常认为标度因子和零偏是恒定的（在一定的时间），但在不同的传感器之间却是不相关的未知量。

4.4　典型的捷联惯导系统

以下以西安中科华芯测控有限公司的 HX–INS–F05 光纤导航系统为例进行介绍。HX–INS–F05 是一款典型的小型化惯性组合导航系统，由三轴一体化光纤 IMU、导航计算机和卫星接收机等组成，可选择里程计、高度计等其他辅助设备进行组合，可为运载体实时提供速度、位置以及姿态等导航信息。

4.4.1　HX–INS–F05 系统的组成

HX–INS–F05 光纤捷联惯导系统由电子舱、IMU、系统结构件和可选外设组成，具体组成框图如图 4–9 所示，安装分布如图 4–10 所示。

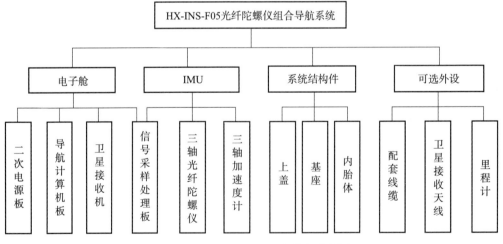

图 4–9　HX–INS–F05 部件组成框图

HX–INS–F05 系统各部件的组成及功能如下：

（1）电子舱

1）导航计算机板：为导航系统相关算法及任务管理提供硬件平台。完成导航解算及姿态信息输出，完成实现 IMU 数据、温度信息以及上位机信息的获取，同时实现导航信息输出、系统工作状态监控、加速度计采样电路及温度传感器采样电路的控制。

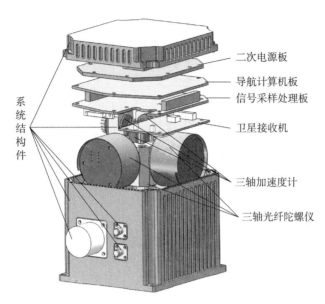

二次电源板

导航计算机板
信号采样处理板

卫星接收机

三轴加速度计

三轴光纤陀螺仪

系统结构件

图 4 - 10　HX - INS - F05 部件安装分布图

2）二次电源板：为 IMU、导航计算机提供 4 路二次电源，具备输入端保护、浪涌防护、EMC 防护等功能，输出端具有电源滤波，可满足各单元对电源噪声的要求。

3）卫星接收机：卫星接收机实时接收卫星导航系统的状态，将位置、速度和时间等信息发送给导航计算机。

（2）IMU

IMU 实现传感器的数据采集及输出处理。主要包括三轴光纤陀螺仪组件、三轴加速度计、信号采样处理板（包含 I/F 转换电路）及结构件等。

（3）系统结构件

整体结构采用一体成型设计，为各部件提供支持，实现电磁屏蔽等功能，主要包括箱体、台体、接插件及螺钉等辅件。

（4）可选外设

同时，系统预留多种外设接口，外部连接卫星接收天线、气压计、高度计或里程计等外设，即可实现组合导航。

4.4.2　HX - INS - F05 工作原理

HX - INS - F05 光纤捷联惯导系统的基本工作原理：在系统供电后，陀螺敏感载体的 3 个轴向角速度，输出测量信息；加速度计敏感载体的 3 个轴向加速度，经过加速度 I/F 量化电路处理后，输出测量信息到导航计算机。导航计算机在接收到初始对准指令后，实时进行导航解算并接收卫星导航接收机的位置、速度信息或外界速度、位置信息，通过滤波估计的方法完成初始对准，即建立起系统的数学平台。初始对准完成后转入导航状态，进行惯性导航解算；导航计算机实时接收卫星接收机状态、测量结果等信息，通过卡尔曼滤波算法得到组合导航结果。工作原理框图如图 4 - 11 所示。

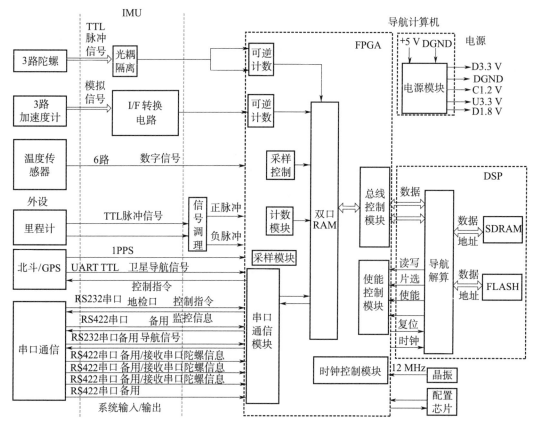

图 4 - 11 HX - INS - F05 工作原理框图

4.4.3 HX - INS - F05 详细组成部件

4.4.3.1 导航计算机板

导航计算机板以 DSP 及 FPGA 为核心器件，完成 IMU 数据、北斗/GPS 卫星导航数据，以及上位机信息的获取，同时实现导航信息输出、系统工作状态监控、卫星接收机输出信息的控制。导航计算机上设计有两组双排电插座，用于与 IMU 的信息采样处理板进行对插连接；设计有 5 个结构安装孔，用于该板在 IMU 上的安装，如图 4 - 12 所示。

4.4.3.2 二次电源板

二次电源板中包括电源滤波器、电源反接保护电路、DC - DC 模块 3 部分，它将输入系统的直流电（18～36 V）进行滤波及反接保护后，转换成一组＋5 V 电压输出给导航计算机板及卫星接收机供电、一组±5 V 电压输出给三轴光纤陀螺仪供电、一组±15 V 电压输出给信息采样处理板及三轴加速度计供电，每组电源输出都采用带隔离的 DC - DC 模块。二次电源板安装在结构上盖板合适的位置，在保障散热的原则下尽量缩小总体尺寸。二次电源板供电流程框图如图 4 - 13 所示。

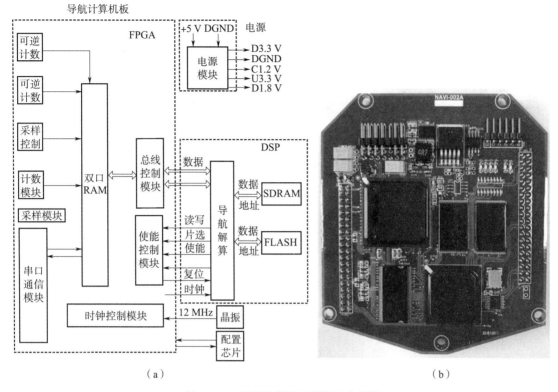

图 4 - 12　导航计算机板框图和实物图

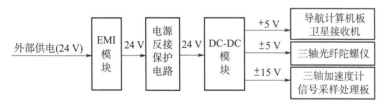

图 4 - 13　二次电源板供电流程框图

4.4.3.3　卫星接收机

如图 4 - 14 所示，卫星接收机天线含 GPS/BD2 频点，卫星频点经过下变频处理输出至信号处理单元，信号处理单元对信号进行捕获、跟踪和伪距测量等，导航信息处理根据测量得到的伪距、星历原始信息等解算出载体的位置、速度和时间信息。卫星接收机实时接收卫星导航系统状态和测量结果等信息，并发送给导航计算机，导航计算机通过卫星测量信息来估计惯导系统与卫星接收机误差，通过卡尔曼滤波算法得到组合导航结果。

4.4.3.4　IMU

IMU 主要实现传感器的数据采集及输出处理。IMU 由信号采样处理板、三轴光纤陀螺仪以及三轴加速度计组成。

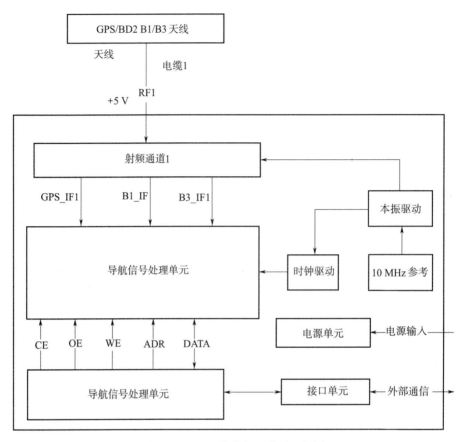

图 4 - 14　卫星接收机组成原理框图

（1）信号采样处理板

信号采样处理板中设计有三轴光纤陀螺仪脉冲信号采样的光耦隔离电路、三轴加速度计采样的 I/F 转换电路、6 路温度传感器数字采样接口（用于陀螺仪内部温度及加速度计温度的采样）、4 路 RS232 电平转换电路、4 路 RS422 电平转换电路；设计有卫星导航接收机的结构安装孔和电连接插座，可将卫星导航接收机直接安装在采样板上；设计有与导航计算机配套互相对插的两组双列直插插头，用于两板之间的电气连接；还设计有与导航计算机完全相同的 4 个结构安装孔，用于该板在 IMU 上的安装。另外，所有系统对外和对内的信号连接都通过采样板转接完成。信号采样处理板工作原理框图如图 4 - 15 所示。

信号采样处理板中最为重要的部分是 I/F 转换电路，I/F 转换电路包含积分电路、基准电流源、逻辑控制电路、切换电路 4 个部分：

1）积分电路：用于对输入电流进行积分；

2）基准电流源：用于产生标准的电流源；

3）逻辑控制电路：用于接收积分器产生的电压信号，同时进行数字脉冲输出；

4）切换电路：用于接收逻辑控制电路产生的控制信号，控制基准电流源的方向。

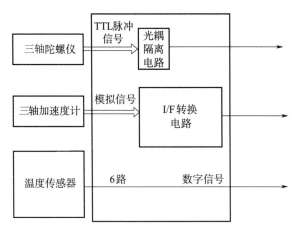

图 4 - 15　信号采样处理板工作原理框图

当无输入电流时，整个电路处于平衡状态，逻辑控制电路无数字脉冲输出；当有电流输入时，积分电路对输入电流进行实时积分，并形成电压信号。达到设定的电压值后，逻辑控制电路开始工作，控制切换电路将相应的基准电流源反馈至积分电路，与输入电流进行中和，保证转换电路能够持续工作。同时逻辑控制电路将输入电路信号转换为相应的数字脉冲信号进行输出。I/F 转换电路的工作原理框图如图 4 - 16 所示。

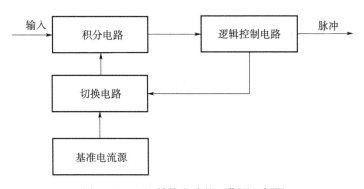

图 4 - 16　I/F 转换电路的工作原理框图

（2）三轴光纤陀螺仪

三轴光纤陀螺仪敏感载体的三维转动角速率，由陀螺控制板将信号解调后输出到采样处理板。三轴光纤陀螺仪由光路和陀螺控制板两部分组成。

①光路

通过光纤环敏感载体的三维转动角速率，通过探测器将其输出到陀螺控制板，并且对光源进行实时监控（图 4 - 17）。

光路在设计上采用了复用技术，三轴复用一个光源。有源器件 SLD 光源和光电探测器采用外部供电，其中，SLD 光源通过温控驱动板单 5 V 供电，探测器采用电源板±5 V 供电。SLD 光源发出的光经过 1×3 耦合器后将光分为三束，每一束光经过两个 2×2 耦合器后，光传向集成光学芯片（Y 波导），在芯片内部光束经过偏振器后，形成唯一的偏振

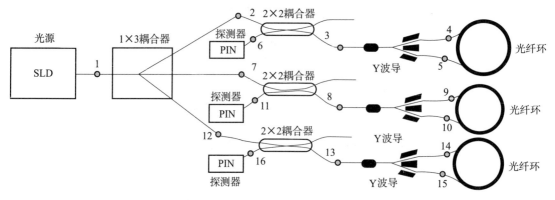

图 4 - 17　三轴光纤陀螺仪光路原理图

态，保证经耦合器分束后的两束光具有相同的偏振态。由于光纤环的转动，两束以相反方向传播的光之间产生萨格奈克相移，使两束光波之间的干涉光强发生变化。这一随萨格奈克相移变化而变化的光强，在光电探测器处被检测出来，经过处理后对应于相应转动角速度 Ω 。光路的组成如下：

1）探测器：光电探测器的作用是将接收到的光信号转换成相应的电信号。常用的光电探测器主要有半导体 PIN 光电二极管以及雪崩光电二极管两种。PIN 光电二极管有很高的量子效率，它产生的电子数目非常接近输入光子的数目，其电子流具有和光子流的理论值相同的散粒噪声。此外，PIN 光电二极管还具有光电转换线性度好、不需要很高的工作电压、响应速度快、温度系数小、性能稳定、价格低、使用简单等优点，其中，Si - PIN 的截止波长为 1.06 μm，只能用于 0.85 μm 的短波长光检测；Ge - PIN 和 InGaAs - PIN 的截止波长为 1.7 μm，可用于 1.31 μm、1.55 μm 的长波长光检测。雪崩光电二极管通过雪崩倍增效应能使光电流发生倍增，因而具有比 PIN 更高的探测灵敏度，但其线性工作范围比较窄。对于此光纤陀螺系统而言，SLD 光源的输出功率足够大，探测器所能接收到的光信号相对较强，选择使用 PIN 光电二极管。为了方便后续信号处理，提高集成度，采用将 PIN 光电二极管和 FET 前置放大器集成在一起的 PINFET 模块。

2）光源：光纤陀螺仪组件要求光源具有体积小、可靠性高、寿命长的特点。选择光纤陀螺仪组件用光源要遵循以下原则：a）提供足够大的光功率（信噪比）；b）宽的发射光谱（在波长一定的情况下，光谱宽度越大，相干长度越小。相干长度小有利于降低光纤陀螺仪中信号光与反射光之间偏振交叉耦合干涉引起的误差和降低瑞利反射噪声）；c）良好的波长稳定性。

3）Y 波导：Y 波导是以铌酸锂晶体为基底的 Y 分支多功能集成光学器件，即把偏振器、分束器、相位调制器集成到铌酸锂晶体上。其具有以下功能：a）实现了宽带高速相位调制器的功能；b）具有很高的偏振消光比；c）实现了光波的分束功能。在光纤陀螺仪中作为相位调制器使用时采用推挽的结构形式，即在中央电极和外电极之间施加驱动电压，上下两分支在同一时刻产生相反的相位调制，使相位调制效率提高一倍，且通过差分方式消除了单边调制的响应非线性。

4）光纤环：光纤环由保偏光纤绕制而成，能有效解决非偏振光的干涉信号混乱问题，大大减小了光纤去偏引起的噪声问题。保偏光纤经过严格的强力筛选，具有良好的稳定性与可靠性。

5）耦合器：耦合器在整个光路中起到分束的作用。

②陀螺控制板

陀螺控制板的工作原理：三轴光纤陀螺仪中的光纤环所处的载体角速率变化会引起干涉光相位变化，最终引起干涉光强变化。光电探测器采集光强信息，经过前级放大、模数转换（A-D），在输出方波的两个相邻半周期上进行采样，前半个周期的数字量减去后半个周期的数字量，得出数字解调信号；解调信号经过积分产生闭环回路的反馈信号。数字阶梯波与方波偏置调制信号数字叠加，经过数模转换（D-A），通过模拟电压施加到 Y 波导，以实现闭环控制。具体原理如图 4-18 所示。同时，将该数字量存储在寄存器中转换为脉冲信号作为陀螺输出。

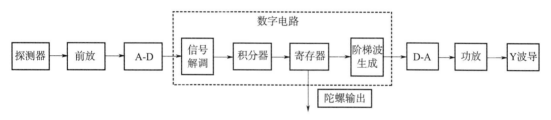

图 4-18　陀螺控制板输出原理框图

（3）加速度计

三轴挠性加速度计主要是采集载体的三维加速度信息，通过信号采样处理板中的 I/F 转换电路将加速度计输入的模拟信号转换为脉冲信号输出给导航计算机解算。图 4-19 所示为 HX-INS-F05 石英加速度计实物图。

图 4-19　HX-INS-F05 石英加速度计实物图

4.4.3.5　系统结构件

系统结构件采用一体成型设计，为各部件安装提供支持，实现电磁屏蔽等功能，满足机械安装接口以及质心的要求。系统结构件主要包括上盖板、内胎体、基座以及接插件、螺钉等辅件，系统结构件的组成如图 4-20 所示。上盖板为电源板提供安装位置，电源模块直接通过导热橡胶垫与上盖板接触，为电源板提供良好的导热环境。内胎体为整个 IMU 提供安装支撑。基座是整个系统的主体，是系统的核心支撑件，为其他所有零部件安装提供支持。

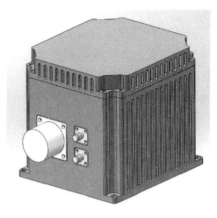

图 4-20　HX-INS-F05 结构外形图

4.5　航空捷联惯导算法机械编排

前面主要讲述了惯性导航中的基本概念和惯性仪表的基础知识。接下来主要从理论分析的角度分别推导地心惯性坐标系、地心地固坐标系和当地水平坐标系下的捷联惯导基本方程。

惯导的机械编排是将 IMU 的输出信息解算为位置、速度和姿态信息。IMU 的输出信息包含三轴陀螺仪测得的三轴旋转角速度 $\boldsymbol{\omega}_{ib}^b$ 和三轴加速度计测得的三轴比力 $\boldsymbol{f}^b$。IMU 的输出信息是相对惯性坐标系下的测量值，这是一个由指定初始值 $\boldsymbol{Att}_0$，$\boldsymbol{v}_0$，$\boldsymbol{p}_0$ 开始迭代输出的递归过程。图 4-21 所示为捷联惯导解算的基本流程。

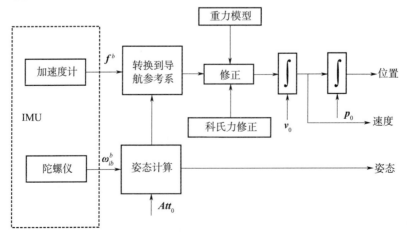

图 4-21　捷联惯导解算的基本流程

以下分别介绍不同参考坐标系下的惯导机械编排。

4.5.1　地心惯性坐标系中的捷联惯导机械编排

在捷联惯导算法中，加速度计的输出称为比力 f^b，转换到地心惯性坐标系中为 f^i，且满足式（4-9）

$$f^i = a^i - \overline{g}^i \qquad (4-9)$$

式中，a^i 是被测物体的加速度；$\overline{g}^i$ 是引力矢量。在地心惯性坐标系下，令 $a^i = \ddot{p}^i$，式（4-9）可写作

$$\ddot{p}^i = f^i + \overline{g}^i \qquad (4-10)$$

式中，$\ddot{p}^i$ 是惯性坐标系原点到运动平台位置矢量的二阶微分。为了解算方便，二阶微分方程组可以转化成一阶微分方程组，即

$$\dot{p}^i = v^i \qquad (4-11)$$

$$\dot{v}^i = f^i + \overline{g}^i \qquad (4-12)$$

假设载体坐标系与惯性测量组件的三轴指向相同，那么加速度计观测量 f^b 可以通过载体坐标系和惯性坐标系之间的转换矩阵 R_b^i 转换到地心惯性坐标系中，即

$$f^i = R_b^i f^b \qquad (4-13)$$

式中，R_b^i 是一个 3×3 的姿态转换矩阵，表示载体坐标系向地心惯性坐标系的姿态变换。

引力矢量与地球相关，通常定义在地心地固坐标系或当地水平坐标系，可以通过转换矩阵 R_e^i 或 R_l^i 转换到惯性坐标系。引力矢量由地心地固坐标系到当地水平坐标系的转换为

$$\overline{g}^i = R_e^i \overline{g}^e \qquad (4-14)$$

将式（4-13）和式（4-14）代入式（4-12），得到惯性坐标系下的速度微分方程为

$$\dot{v}^i = R_b^i f^b + R_e^i \overline{g}^e \qquad (4-15)$$

由式（2-103）转换矩阵的变化率方程可得地心惯性坐标系下姿态微分方程为

$$\dot{R}_b^i = R_b^i \Omega_{ib}^b \qquad (4-16)$$

式中，Ω_{ib}^b 是三轴陀螺仪输出角速度 ω_{ib}^b 矢量的反对称矩阵，其定义为

$$\omega_{ib}^b = \begin{bmatrix} \omega_x \\ \omega_y \\ \omega_z \end{bmatrix} \rightarrow \Omega_{ib}^b = \begin{bmatrix} 0 & -\omega_z & \omega_y \\ \omega_z & 0 & -\omega_x \\ -\omega_y & \omega_x & 0 \end{bmatrix} \qquad (4-17)$$

式中，ω_x，ω_y，ω_z 是陀螺仪的三轴输出值。

式（4-11）、式（4-15）和式（4-16）组成的微分方程组，为地心惯性坐标系中的导航方程

$$\begin{bmatrix} \dot{p}^i \\ \dot{v}^i \\ \dot{R}_b^i \end{bmatrix} = \begin{bmatrix} v^i \\ R_b^i f^b + R_e^i \overline{g}^e \\ R_b^i \Omega_{ib}^b \end{bmatrix} \qquad (4-18)$$

式中，f^b 和 ω_{ib}^b 是 IMU 的三轴观测量；Ω_{ib}^b 为 ω_{ib}^b 的反对称矩阵。地心地固坐标系中的引力 $\overline{g}^e$ 已知，利用式（4-18）可以解算出运动载体的位置 p、速度 v 和姿态信息 R_b^i，这些均

是捷联惯导输出的导航参数。图 4 - 22 所示为地心惯性坐标系中惯导算法流程图。

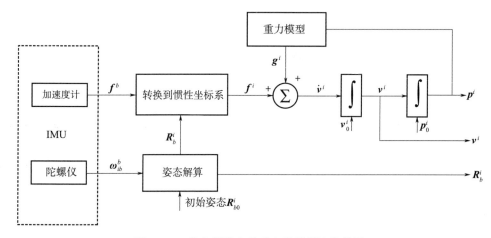

图 4 - 22　地心惯性坐标系中惯导算法流程图

4.5.2　地心地固坐标系中的捷联惯导机械编排

地心地固坐标系中的位置矢量 $\boldsymbol{p}^e$ 可以通过转换矩阵 $\boldsymbol{R}_e^i$ 转换到地心惯性坐标系，$\boldsymbol{p}^i$ 可表示为

$$\boldsymbol{p}^i = \boldsymbol{R}_e^i \boldsymbol{p}^e \qquad (4-19)$$

参考式（2-110），式（4-19）二次微分后得

$$\ddot{\boldsymbol{p}}^i = \boldsymbol{R}_e^i (\ddot{\boldsymbol{p}}^e + 2\boldsymbol{\Omega}_{ie}^e \dot{\boldsymbol{p}}^e + \dot{\boldsymbol{\Omega}}_{ie}^e \boldsymbol{p}^e + \boldsymbol{\Omega}_{ie}^e \boldsymbol{\Omega}_{ie}^e \boldsymbol{p}^e) \qquad (4-20)$$

将式（4-20）代入式（4-10），得

$$\boldsymbol{R}_e^i (\ddot{\boldsymbol{p}}^e + 2\boldsymbol{\Omega}_{ie}^e \dot{\boldsymbol{p}}^e + \dot{\boldsymbol{\Omega}}_{ie}^e \boldsymbol{p}^e + \boldsymbol{\Omega}_{ie}^e \boldsymbol{\Omega}_{ie}^e \boldsymbol{p}^e) = \boldsymbol{f}^i + \overline{\boldsymbol{g}}^i \qquad (4-21)$$

将式（4-13）和式（4-14）代入式（4-21），得

$$\boldsymbol{R}_e^i (\ddot{\boldsymbol{p}}^e + 2\boldsymbol{\Omega}_{ie}^e \dot{\boldsymbol{p}}^e + \dot{\boldsymbol{\Omega}}_{ie}^e \boldsymbol{p}^e + \boldsymbol{\Omega}_{ie}^e \boldsymbol{\Omega}_{ie}^e \boldsymbol{p}^e) = \boldsymbol{R}_b^i \boldsymbol{f}^b + \boldsymbol{R}_e^i \overline{\boldsymbol{g}}^e \qquad (4-22)$$

由于地球的自转速率 ω_{ie} 是近似常值，所以 $\dot{\boldsymbol{\Omega}}_{ie}^e \boldsymbol{p}^e = \boldsymbol{0}$。又知，$\boldsymbol{R}_b^i = \boldsymbol{R}_e^i \boldsymbol{R}_b^e$，式（4-22）进一步写成

$$\boldsymbol{R}_e^i (\ddot{\boldsymbol{p}}^e + 2\boldsymbol{\Omega}_{ie}^e \dot{\boldsymbol{p}}^e + \boldsymbol{\Omega}_{ie}^e \boldsymbol{\Omega}_{ie}^e \boldsymbol{p}^e) = \boldsymbol{R}_e^i \boldsymbol{R}_b^e \boldsymbol{f}^b + \boldsymbol{R}_e^i \overline{\boldsymbol{g}}^e \qquad (4-23)$$

$$\ddot{\boldsymbol{p}}^e = \boldsymbol{R}_b^e \boldsymbol{f}^b - 2\boldsymbol{\Omega}_{ie}^e \dot{\boldsymbol{p}}^e + \overline{\boldsymbol{g}}^e - \boldsymbol{\Omega}_{ie}^e \boldsymbol{\Omega}_{ie}^e \boldsymbol{p}^e \qquad (4-24)$$

其次，由于重力矢量 $\boldsymbol{g}^e = \overline{\boldsymbol{g}}^e - \boldsymbol{\Omega}_{ie}^e \boldsymbol{\Omega}_{ie}^e \boldsymbol{p}^e$，有

$$\ddot{\boldsymbol{p}}^e = \boldsymbol{R}_b^e \boldsymbol{f}^b - 2\boldsymbol{\Omega}_{ie}^e \dot{\boldsymbol{p}}^e + \boldsymbol{g}^e \qquad (4-25)$$

二阶方程可以转化成下述一阶微分方程组，得地心地固坐标系位置微分方程和速度微分方程

$$\left. \begin{array}{l} \dot{\boldsymbol{p}}^e = \boldsymbol{v}^e \\ \dot{\boldsymbol{v}}^e = \boldsymbol{R}_b^e \boldsymbol{f}^b - 2\boldsymbol{\Omega}_{ie}^e \dot{\boldsymbol{p}}^e + \boldsymbol{g}^e \end{array} \right\} \qquad (4-26)$$

由式（2-103），转换矩阵 $\boldsymbol{R}_b^e$ 的变化率为

$$\dot{\boldsymbol{R}}_b^e = \boldsymbol{R}_b^e \boldsymbol{\Omega}_{eb}^b \qquad (4-27)$$

要使用陀螺仪的输出角速度 $\boldsymbol{\omega}_{ib}^b$ 作为输入量，参考式（2-9），且其相对应的反对称矩阵关系为

$$\left. \begin{array}{r} \boldsymbol{\Omega}_{ib}^b = \boldsymbol{\Omega}_{ie}^b + \boldsymbol{\Omega}_{eb}^b \\ \boldsymbol{\Omega}_{eb}^b = \boldsymbol{\Omega}_{ib}^b - \boldsymbol{\Omega}_{ie}^b \end{array} \right\} \qquad (4-28)$$

将上述结果代入式（4-27），得

$$\dot{\boldsymbol{R}}_b^e = \boldsymbol{R}_b^e \left(\boldsymbol{\Omega}_{ib}^b - \boldsymbol{\Omega}_{ie}^b \right) \qquad (4-29)$$

最终，得到地心地固坐标系中的导航方程为

$$\begin{bmatrix} \dot{\boldsymbol{p}}^e \\ \dot{\boldsymbol{v}}^e \\ \dot{\boldsymbol{R}}_b^e \end{bmatrix} = \begin{bmatrix} \boldsymbol{v}^e \\ \boldsymbol{R}_b^e \boldsymbol{f}^b - 2\boldsymbol{\Omega}_{ie}^e \boldsymbol{v}^e + \boldsymbol{g}^e \\ \boldsymbol{R}_b^e \left(\boldsymbol{\Omega}_{ib}^b - \boldsymbol{\Omega}_{ie}^b \right) \end{bmatrix} \qquad (4-30)$$

方程中，输入量是惯导系统的观测信息，即比力 $\boldsymbol{f}^b$ 和角速度 $\boldsymbol{\omega}_{ib}^b$，输出量为飞行器载体在地心地固坐标系下的位置、地速以及飞行姿态信息。图 4-23 所示为地心地固坐标系中惯导算法流程图。

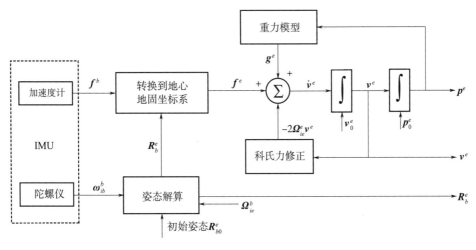

图 4-23   地心地固坐标系中惯导算法流程图

4.5.3   当地水平坐标系中的捷联惯导机械编排

当地水平坐标系中的解算方程能提供地球表面或近地球表面的直观导航结果。下面对当地水平坐标系下的导航方程进行推导。

4.5.3.1   位置微分方程

当地水平坐标系的 3 个坐标轴分别指向东、北、天方向，利用当地水平坐标系编排方程，可以直接得到载体的地理坐标或大地坐标（B，λ，h），用大地测量学的坐标表示位置向量 $\boldsymbol{p}^l$ 为

$$\boldsymbol{p}^l = [\begin{matrix} B & \lambda & h \end{matrix}]^{\mathrm{T}} \tag{4-31}$$

式中，B 为纬度；λ 为经度；h 为高度。飞行器在地球表面或近地空域运动过程中位置的变化率可以由东北天方向的速度表示，即

$$\left. \begin{aligned} \dot{B} &= \frac{v_N}{R_M + h} \\ \dot{\lambda} &= \frac{v_E}{(R_N + h)\cos B} \\ \dot{h} &= v_U \end{aligned} \right\} \tag{4-32}$$

式中，v_E 为东向速度分量；v_N 为北向速度分量；v_U 为天向速度分量；R_M 为子午圈主曲率半径；R_N 为沿卯酉圈的曲率半径。将式（4-32）写成矩阵形式为

$$\begin{bmatrix} \dot{B} \\ \dot{\lambda} \\ \dot{h} \end{bmatrix} = \begin{bmatrix} 0 & \dfrac{1}{R_M + h} & 0 \\ \dfrac{1}{(R_N + h)\cos B} & 0 & 0 \\ 0 & 0 & 1 \end{bmatrix} \begin{bmatrix} v_E \\ v_N \\ v_U \end{bmatrix} \tag{4-33}$$

$$\dot{\boldsymbol{r}}^l = \boldsymbol{D}^{-1} \boldsymbol{v}^l \tag{4-34}$$

式中，$\boldsymbol{D}^{-1}$ 将速度矢量从笛卡儿坐标系变换到大地坐标系，$\boldsymbol{v}^l = [\begin{matrix} v_E & v_N & v_U \end{matrix}]^{\mathrm{T}}$。

式（4-34）为当地水平坐标系中的位置微分方程。

已知，加速度计测得比力在载体坐标系中为

$$\boldsymbol{f}^b = [\begin{matrix} f_x & f_y & f_z \end{matrix}]^{\mathrm{T}} \tag{4-35}$$

通过转换矩阵 $\boldsymbol{R}_b^l$ 将其转换到当地水平坐标系

$$\boldsymbol{f}^l = \begin{bmatrix} f_E \\ f_N \\ f_U \end{bmatrix} = \boldsymbol{R}_b^l \boldsymbol{f}^b \tag{4-36}$$

已知，地球绕自转轴的自转速度在当地水平坐标系中的投影为

$$\boldsymbol{\omega}_{ie}^l = \begin{bmatrix} 0 \\ \omega_{ie}\cos B \\ \omega_{ie}\sin B \end{bmatrix} \tag{4-37}$$

载体运动时，北向和东向的速度使得地理坐标系相对地球的方向产生了变化。北向速度始终与子午线相切，垂直方向则相对地表不发生变化。该影响由角速度 $\boldsymbol{\omega}_{ie}^l$ 体现，如下

$$\boldsymbol{\omega}_{el}^l = \begin{bmatrix} -\dot{B} \\ \dot{\lambda}\cos B \\ \dot{\lambda}\sin B \end{bmatrix} = \begin{bmatrix} -\dfrac{v_N}{R_M + h} \\ \dfrac{v_E}{R_N + h} \\ \dfrac{v_E \tan B}{R_N + h} \end{bmatrix} \tag{4-38}$$

地球的重力场在当地水平坐标系中的投影为

$$\boldsymbol{g}^l = \begin{bmatrix} 0 \\ 0 \\ -g \end{bmatrix} \tag{4-39}$$

4.5.3.2 速度微分方程

下面推导速度矢量的微分方程,将地心地固坐标系下的速度矢量 $\dot{\boldsymbol{p}}^e$ 通过坐标转换矩阵 $\boldsymbol{R}_e^l$ 转换到当地水平坐标系。

$$\boldsymbol{v}^l = \boldsymbol{R}_e^l \dot{\boldsymbol{p}}^e \tag{4-40}$$

式(4-40)两边微分,得

$$\dot{\boldsymbol{v}}^l = \dot{\boldsymbol{R}}_e^l \dot{\boldsymbol{p}}^e + \boldsymbol{R}_e^l \ddot{\boldsymbol{p}}^e \tag{4-41}$$

已知,$\dot{\boldsymbol{R}}_e^l = \boldsymbol{R}_e^l \boldsymbol{\Omega}_{le}^e$,其中,$\boldsymbol{\Omega}_{le}^e$ 是 $\boldsymbol{\omega}_{le}^e$ 的反对称矩阵,将其代入式(4-41),得

$$\dot{\boldsymbol{v}}^l = \boldsymbol{R}_e^l \boldsymbol{\Omega}_{le}^e \dot{\boldsymbol{p}}^e + \boldsymbol{R}_e^l \ddot{\boldsymbol{p}}^e \tag{4-42}$$
$$= \boldsymbol{R}_e^l (\boldsymbol{\Omega}_{le}^e \dot{\boldsymbol{p}}^e + \ddot{\boldsymbol{p}}^e)$$

将 $\boldsymbol{\Omega}_{le}^e = -\boldsymbol{\Omega}_{el}^e$、$\dot{\boldsymbol{p}}^e = \boldsymbol{v}^e$ 代入式(4-42),得

$$\dot{\boldsymbol{v}}^l = \boldsymbol{R}_e^l (-\boldsymbol{\Omega}_{el}^e \boldsymbol{v}^e + \ddot{\boldsymbol{p}}^e) \tag{4-43}$$

将式(4-26)代入式(4-43),整理可得

$$\begin{aligned}
\dot{\boldsymbol{v}}^l &= \boldsymbol{R}_e^l (-\boldsymbol{\Omega}_{el}^e \boldsymbol{v}^e + \boldsymbol{f}^e + \boldsymbol{g}^e - 2\boldsymbol{\Omega}_{ie}^e \boldsymbol{v}^e) \\
&= \boldsymbol{R}_e^l [\boldsymbol{f}^e + \boldsymbol{g}^e - (2\boldsymbol{\Omega}_{ie}^e + \boldsymbol{\Omega}_{el}^e) \boldsymbol{v}^e] \\
&= \boldsymbol{f}^l + \boldsymbol{g}^l - \boldsymbol{R}_e^l (2\boldsymbol{\Omega}_{ie}^e + \boldsymbol{\Omega}_{el}^e) \boldsymbol{v}^e \\
&= \boldsymbol{R}_b^l \boldsymbol{f}^b + \boldsymbol{g}^l - \boldsymbol{R}_e^l (2\boldsymbol{R}_l^e \boldsymbol{\Omega}_{ie}^l \boldsymbol{R}_e^l + \boldsymbol{R}_l^e \boldsymbol{\Omega}_{el}^l \boldsymbol{R}_e^l) \boldsymbol{v}^e \\
&= \boldsymbol{R}_b^l \boldsymbol{f}^b + \boldsymbol{g}^l - (2\boldsymbol{\Omega}_{ie}^l + \boldsymbol{\Omega}_{el}^l) \boldsymbol{R}_e^l \boldsymbol{v}^e \\
&= \boldsymbol{R}_b^l \boldsymbol{f}^b + \boldsymbol{g}^l - (2\boldsymbol{\Omega}_{ie}^l + \boldsymbol{\Omega}_{el}^l) \boldsymbol{v}^l
\end{aligned} \tag{4-44}$$

至此,速度微分方程推导完毕,也称为惯导比力方程。其中,$\boldsymbol{g}^l$ 为当地水平坐标系下的重力加速度,$\boldsymbol{g}^l - (2\boldsymbol{\Omega}_{ie}^l + \boldsymbol{\Omega}_{el}^l) \boldsymbol{v}^l$ 统称为有害加速度,$\boldsymbol{f}^b$ 为加速度计测量的比力。$\boldsymbol{R}_b^l$ 是载体坐标系到当地水平坐标系的坐标转换矩阵,$\boldsymbol{f}^l$ 由 $\boldsymbol{f}^b$ 通过转换矩阵 $\boldsymbol{R}_b^l$ 转换得到,即 $\boldsymbol{f}^l = \boldsymbol{R}_b^l \boldsymbol{f}^b$,$\boldsymbol{\Omega}_{ie}^l$ 为地球绕自转轴自转角速度在当地水平坐标系下的投影 $\boldsymbol{\omega}_{ie}^l$ 的反对称矩阵。比力方程表明,只有在加速度计输出中扣除有害加速度后,才能获得载体在导航坐标系下的几何运动加速度 $\dot{\boldsymbol{v}}^l$,对加速度积分一次可得速度,再积分一次得位置。

4.5.3.3 姿态微分方程

飞行器姿态可以通过载体坐标系到当地水平坐标系转换矩阵 $\boldsymbol{R}_b^l$ 的微分方程获得

$$\dot{\boldsymbol{R}}_b^l = \boldsymbol{R}_b^l \boldsymbol{\Omega}_{lb}^b \tag{4-45}$$

由式(2-9)及反对称矩阵定义得

$$\boldsymbol{\Omega}_{lb}^b = \boldsymbol{\Omega}_{li}^b + \boldsymbol{\Omega}_{ib}^b \tag{4-46}$$
$$= \boldsymbol{\Omega}_{ib}^b - \boldsymbol{\Omega}_{il}^b$$

将式(4-46)代入式(4-45),得

$$\dot{\boldsymbol{R}}_b^l = \boldsymbol{R}_b^l (\boldsymbol{\Omega}_{ib}^b - \boldsymbol{\Omega}_{il}^b) \qquad (4-47)$$

结合式（4-34）、式（4-44）和式（4-47），得以下状态方程

$$\begin{bmatrix} \dot{\boldsymbol{p}}^l \\ \dot{\boldsymbol{v}}^l \\ \dot{\boldsymbol{R}}_b^l \end{bmatrix} = \begin{bmatrix} \boldsymbol{D}^{-1}\boldsymbol{v}^l \\ \boldsymbol{R}_b^l \boldsymbol{f}^b + \boldsymbol{g}^l - (2\boldsymbol{\Omega}_{ie}^l + \boldsymbol{\Omega}_{el}^l)\boldsymbol{v}^l \\ \boldsymbol{R}_b^l (\boldsymbol{\Omega}_{ib}^b - \boldsymbol{\Omega}_{il}^b) \end{bmatrix} \qquad (4-48)$$

该方程为当地水平坐标系下的捷联惯导微分方程，直接输出经纬高信息和当地水平坐标系的速度信息以及姿态信息。图4-24所示为当地水平坐标系下解算的机械编排图。

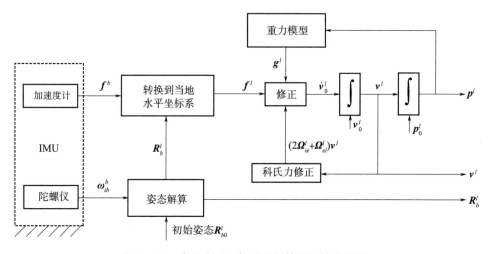

图4-24　当地水平坐标系下解算的机械编排图

4.6　航天捷联惯导算法机械编排

航天领域的运载火箭、导弹等飞行器一般采用垂直发射，其导航系统采用发射惯性坐标系和发射坐标系作为导航参考坐标系。

4.6.1　发射惯性坐标系中的捷联惯导机械编排

4.6.1.1　发射点位置初值

发射点在地心地固坐标系下的值为 $\boldsymbol{P}_0^e = [x_{e0}, y_{e0}, z_{e0}]^T$，参考式（2-113），如式（4-49）所示

$$\left. \begin{array}{l} x_{e0} = (R_{N0} + h_0)\cos B_0 \cos \lambda_0 \\ y_{e0} = (R_{N0} + h_0)\cos B_0 \sin \lambda_0 \\ z_{e0} = [R_{N0}(1 - e^2) + h_0]\sin B_0 \end{array} \right\} \qquad (4-49)$$

式中，$R_{N0} = a/\sqrt{1 - e^2 \sin^2 B_0}$；$e$ 为地球偏心率；h_0 为初始高度；a 为地球半长轴。同时，在发射时刻，发射地心惯性坐标系和地心地固坐标系坐标指向相同，因此，$\boldsymbol{P}_0^t = \boldsymbol{P}_0^e$。

4.6.1.2　发射坐标系旋转角速度

地球自转角速度在发射坐标系下的投影 $\boldsymbol{\omega}_{ag}^{g}$ 为

$$\boldsymbol{\omega}_{ag}^{g} = \boldsymbol{\omega}_{ig}^{g} = \omega_{ie} \begin{bmatrix} \cos B_0 \cos A_0 \\ \sin B_0 \\ -\cos B_0 \sin A_0 \end{bmatrix} = \omega_{ie} \boldsymbol{\omega}_e^0 \tag{4-50}$$

4.6.1.3　发射惯性坐标系下算法编排

根据牛顿第二定律，地球引力场中单位质点的运动方程在发射惯性坐标系中可以表示为

$$\ddot{\boldsymbol{P}}^a = \boldsymbol{f}^a + \boldsymbol{G}^a \tag{4-51}$$

式中，$\boldsymbol{P}^a$ 是从发射惯性坐标系坐标原点至飞行器的位置向量；$\ddot{\boldsymbol{P}}^a$ 是位置向量的二阶时间导数，即飞行器的加速度向量；$\boldsymbol{f}^a$ 是比力向量，由加速度计测量得到；$\boldsymbol{G}^a$ 是地球引力加速度向量。式（4-51）是一个二阶微分方程，可以转换成以下形式的一阶微分方程组

$$\left. \begin{array}{l} \dot{\boldsymbol{P}}^a = \boldsymbol{V}^a \\ \dot{\boldsymbol{V}}^a = \boldsymbol{f}^a + \boldsymbol{G}^a \end{array} \right\} \tag{4-52}$$

与地心惯性坐标系相似，比力向量 $\boldsymbol{f}^b$ 是在载体坐标系三轴上的分量，这些量都可以利用相应的坐标变换矩阵变换至发射惯性坐标系，即

$$\boldsymbol{f}^a = \boldsymbol{R}_b^a \boldsymbol{f}^b \tag{4-53}$$

式中，$\boldsymbol{R}_b^a$ 为载体坐标系至发射惯性坐标系的转换矩阵，且 $\boldsymbol{R}_b^a$ 满足以下姿态矩阵微分方程

$$\dot{\boldsymbol{R}}_b^a = \boldsymbol{R}_b^a \boldsymbol{\Omega}_{ab}^b \tag{4-54}$$

式中，$\boldsymbol{\Omega}_{ab}^b$ 是角速度向量 $\boldsymbol{\omega}^b$ 的反对称矩阵，由三轴陀螺仪测量得到。将上述微分方程组合起来，便可得到下述发射惯性坐标系下捷联惯导微分方程组

$$\begin{bmatrix} \dot{\boldsymbol{P}}^a \\ \dot{\boldsymbol{V}}^a \\ \dot{\boldsymbol{R}}_b^a \end{bmatrix} = \begin{bmatrix} \boldsymbol{V}^a \\ \boldsymbol{R}_b^a \boldsymbol{f}^b + \boldsymbol{G}^a \\ \boldsymbol{R}_b^a \boldsymbol{\Omega}_{ab}^b \end{bmatrix} \tag{4-55}$$

由式（4-55）的捷联惯导算法编排，发射惯性坐标系中导航计算的框图如图 4-25 所示。

如式（4-55）和图 4-25 所示，在捷联惯导系统中，导航计算机执行导航算法，完成的任务分别为：对陀螺仪测量的角速度 $\boldsymbol{\omega}^b$ 积分，得到飞行器姿态，并由姿态信息得到姿态矩阵 $\boldsymbol{R}_b^a$；通过姿态矩阵将加速度计测量的比力 $\boldsymbol{f}^b$ 转换到导航坐标系（发射惯性坐标系）；考虑引力 $\boldsymbol{G}^a$ 的影响，对发射惯性坐标系下的比力 $\boldsymbol{f}^a$ 积分得到飞行器的发射惯性坐标系速度 $\boldsymbol{V}^a$；再对速度积分得到飞行器的位置 $\boldsymbol{P}^a$。这 3 个积分解算过程可分别称为捷联惯导姿态更新、速度更新和位置更新。其中，姿态解算的精度对导航解算的精度影响最大，速度解算次之，位置解算的影响最小。姿态解算的精度直接影响比力积分变换的精

度，进而影响速度解算的精度，最终影响位置解算精度。

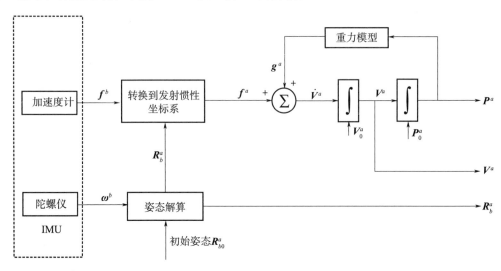

图 4 – 25　发射惯性坐标系中导航计算的框图

发射惯性坐标系中的正常重力计算公式由式（3 – 21）给出，地心位置单位矢量和地球自转角速度需在发射地心惯性坐标系下描述

$$\boldsymbol{g}^a = g'_r \boldsymbol{R}^0 + g_{\omega_{ie}} \boldsymbol{\omega}_{ie}^0 \qquad (4 - 56)$$

式中，g'_r 和 $g_{\omega_{ie}}$ 计算如式（4 – 57）所示，$\boldsymbol{R}^0$ 是 $\boldsymbol{R}$ 的单位矢量，$\boldsymbol{R}$ 的计算公式为

$$\left.\begin{array}{c} g'_r = -\dfrac{GM}{r^2}\left[1 + J\left(\dfrac{a_e}{r}\right)^2 (1 - 5\sin^2\phi)\right] \\[3mm] g_{\omega_{ie}} = -2\dfrac{GM}{r^2}J\left(\dfrac{a_e}{r}\right)^2 \sin\phi \\[3mm] \boldsymbol{R} = \boldsymbol{P}_0^a + \boldsymbol{P}^a \end{array}\right\} \qquad (4 - 57)$$

式中，GM 是地球万有引力常数；$J = \dfrac{3}{2}J_2$，J_2 为地球二阶球谐系数；$r = \sqrt{x^2 + y^2 + z^2}$；$\phi$ 是地心纬度，$\phi = \arcsin[rw/(|r||\omega_{ie}|)]$；且 $rw = \boldsymbol{R} \cdot \boldsymbol{\omega}_{ie}$。

位置 $\boldsymbol{P}^a$ 的初值为 $\boldsymbol{P}_0^a = [0,\ 0,\ 0]^T$，姿态矩阵 $\boldsymbol{R}_a^b$ 的初值在初始对准时由初始姿态角 φ_0，ψ_0，γ_0 计算得到，速度 $\boldsymbol{V}^a$ 的初值 $\boldsymbol{V}_0^a$ 按照式（4 – 58）计算得到

$$\boldsymbol{V}_0^a = \boldsymbol{\omega}_{ag}^g \times \boldsymbol{P}_0^g + \boldsymbol{V}_0^g \qquad (4 - 58)$$

式中，$\boldsymbol{P}_0^g = \boldsymbol{R}_e^g \boldsymbol{P}_0^e$。

4.6.2　发射坐标系中的捷联惯导机械编排

发射坐标系的坐标原点与发射点 O 固连，发射点随地球一起旋转，所以发射坐标系是动坐标系。在飞行器发射瞬间，发射惯性坐标系和发射坐标系是完全重合的，而在飞行器飞行过程中，发射惯性坐标系在惯性空间内保持不动，而发射坐标系随地球一起旋转，所以它们之间可以通过一个转换矩阵进行两坐标系之间的相互转化。

由坐标转换知

$$\boldsymbol{P}^a = \boldsymbol{R}_g^a \boldsymbol{P}^g \tag{4-59}$$

对式（4-59）等号两边微分，得

$$\dot{\boldsymbol{P}}^a = \dot{\boldsymbol{R}}_g^a \boldsymbol{P}^g + \boldsymbol{R}_g^a \dot{\boldsymbol{P}}^g = \boldsymbol{R}_g^a \boldsymbol{\Omega}_{ag}^g \boldsymbol{P}^g + \boldsymbol{R}_g^a \dot{\boldsymbol{P}}^g \tag{4-60}$$

再对式（4-60）等号两边微分，得

$$\begin{aligned}
\ddot{\boldsymbol{P}}^a &= \dot{\boldsymbol{R}}_g^a \boldsymbol{\Omega}_{ag}^g \boldsymbol{P}^g + \boldsymbol{R}_g^a \boldsymbol{\Omega}_{ag}^g \dot{\boldsymbol{P}}^g + \dot{\boldsymbol{R}}_g^a \dot{\boldsymbol{P}}^g + \boldsymbol{R}_g^a \ddot{\boldsymbol{P}}^g \\
&= \boldsymbol{R}_g^a \boldsymbol{\Omega}_{ag}^g \boldsymbol{\Omega}_{ag}^g \boldsymbol{P}^g + \boldsymbol{R}_g^a \boldsymbol{\Omega}_{ag}^g \dot{\boldsymbol{P}}^g + \boldsymbol{R}_g^a \boldsymbol{\Omega}_{ag}^g \dot{\boldsymbol{P}}^g + \boldsymbol{R}_g^a \ddot{\boldsymbol{P}}^g \\
&= \boldsymbol{R}_g^a (\boldsymbol{\Omega}_{ag}^g \boldsymbol{\Omega}_{ag}^g \boldsymbol{P}^g + 2\boldsymbol{\Omega}_{ag}^g \dot{\boldsymbol{P}}^g + \ddot{\boldsymbol{P}}^g)
\end{aligned} \tag{4-61}$$

注意到 $\dot{\boldsymbol{\Omega}}_{ag}^g = 0$（认为地球自转角速度是一个常数），则式（4-61）可以写为

$$\ddot{\boldsymbol{P}}^a = \boldsymbol{R}_g^a (\ddot{\boldsymbol{P}}^g + 2\boldsymbol{\Omega}_{ag}^g \dot{\boldsymbol{P}}^g + \boldsymbol{\Omega}_{ag}^g \boldsymbol{\Omega}_{ag}^g \boldsymbol{P}^g) \tag{4-62}$$

且在发射惯性坐标系式（4-51）可得

$$\ddot{\boldsymbol{P}}^a = \boldsymbol{R}_b^a \boldsymbol{f}^b + \boldsymbol{R}_e^a \boldsymbol{G}^e \tag{4-63}$$

由式（4-62）和式（4-63）得到

$$\left.\begin{aligned}
\boldsymbol{R}_b^a \boldsymbol{f}^b + \boldsymbol{R}_e^a \boldsymbol{G}^e &= \boldsymbol{R}_g^a (\ddot{\boldsymbol{P}}^g + 2\boldsymbol{\Omega}_{ag}^g \dot{\boldsymbol{P}}^g + \boldsymbol{\Omega}_{ag}^g \boldsymbol{\Omega}_{ag}^g \boldsymbol{P}^g) \\
\boldsymbol{R}_g^a \boldsymbol{R}_b^g \boldsymbol{f}^b + \boldsymbol{R}_g^a \boldsymbol{R}_e^g \boldsymbol{G}^e &= \boldsymbol{R}_g^a (\ddot{\boldsymbol{P}}^g + 2\boldsymbol{\Omega}_{ag}^g \dot{\boldsymbol{P}}^g + \boldsymbol{\Omega}_{ag}^g \boldsymbol{\Omega}_{ag}^g \boldsymbol{P}^g) \\
\boldsymbol{R}_b^g \boldsymbol{f}^b + \boldsymbol{R}_e^g \boldsymbol{G}^e &= \ddot{\boldsymbol{P}}^g + 2\boldsymbol{\Omega}_{ag}^g \dot{\boldsymbol{P}}^g + \boldsymbol{\Omega}_{ag}^g \boldsymbol{\Omega}_{ag}^g \boldsymbol{P}^g
\end{aligned}\right\} \tag{4-64}$$

将式（4-64）的结果移项，并令 $\boldsymbol{G}^g = \boldsymbol{R}_e^g \boldsymbol{G}^e$，得到

$$\ddot{\boldsymbol{P}}^g = \boldsymbol{R}_b^g \boldsymbol{f}^b - 2\boldsymbol{\Omega}_{ag}^g \dot{\boldsymbol{P}}^g + \boldsymbol{G}^g - \boldsymbol{\Omega}_{ag}^g \boldsymbol{\Omega}_{ag}^g \boldsymbol{P}^g \tag{4-65}$$

式（4-65）为发射坐标系中的比力方程，右边最后两项之和就是引力计算速度与离心加速度之和，即重力向量在发射坐标系的表达式

$$\boldsymbol{g}^g = \boldsymbol{G}^g - \boldsymbol{\Omega}_{ag}^g \boldsymbol{\Omega}_{ag}^g \boldsymbol{P}^g \tag{4-66}$$

上述微分方程可以变成一阶微分方程组形式

$$\left.\begin{aligned}
\dot{\boldsymbol{P}}^g &= \boldsymbol{V}^g \\
\dot{\boldsymbol{V}}^g &= \boldsymbol{R}_b^g \boldsymbol{f}^b - 2\boldsymbol{\Omega}_{ag}^g \dot{\boldsymbol{P}}^g + \boldsymbol{g}^g
\end{aligned}\right\} \tag{4-67}$$

且由姿态矩阵的微分方程知

$$\dot{\boldsymbol{R}}_b^g = \boldsymbol{R}_b^g \boldsymbol{\Omega}_{gb}^b \tag{4-68}$$

其中，$\boldsymbol{\Omega}_{gb}^b = \boldsymbol{\Omega}_{ab}^b - \boldsymbol{\Omega}_{ag}^b$，将式（4-67）和式（4-68）组合在一起，得到以下的发射坐标系捷联惯导微分方程，发射坐标系中捷联惯导算法流程图如图 4-26 所示。

$$\begin{bmatrix} \dot{\boldsymbol{P}}^g \\ \dot{\boldsymbol{V}}^g \\ \dot{\boldsymbol{R}}_b^g \end{bmatrix} = \begin{bmatrix} \boldsymbol{V}^g \\ \boldsymbol{R}_b^g \boldsymbol{f}^b - 2\boldsymbol{\Omega}_{ag}^g \boldsymbol{V}^g + \boldsymbol{g}^g \\ \boldsymbol{R}_b^g \boldsymbol{\Omega}_{gb}^b \end{bmatrix} \tag{4-69}$$

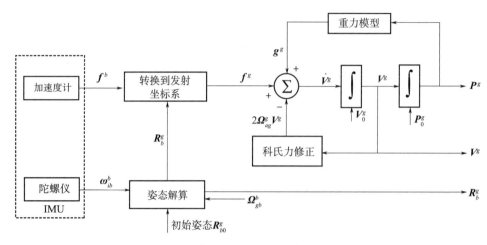

图 4-26　发射坐标系中捷联惯导算法流程图

4.7　捷联惯导机械编排的等价性

前面两节介绍了 5 种导航参考坐标系,本节从两个方面证明 5 种导航参考坐标系间的等价性。一方面,从捷联惯性导航算法编排角度,以地心惯性坐标系为基础,在 4.5 节中,依次推导出地心地固坐标系、当地水平坐标系的捷联惯导算法编排;在 4.6 节中,以发射惯性坐标系为基础,推导出发射坐标系的算法编排;因此,只需证明发射惯性坐标系与地心惯性坐标系惯导微分方程的等价性,就可证明 5 种导航参考坐标系下的理论关系。另一方面,从导航结果的角度,本节推导地心惯性坐标系、地心地固坐标系、当地水平坐标系、发射惯性坐标系和发射坐标系导航参考坐标系下位置、速度和姿态之间的理论关系,证明了 5 种导航参考坐标系下的导航数据的等价性。

4.7.1　算法编排的等价性

不同导航坐标系下描述的载体运动,实质上都可以分解为载体相对导航坐标系的运动和导航坐标系相对惯性空间的运动两部分,其算法编排具有等价性,可以在其中一个坐标系下的导航微分方程的基础上,推导出其他导航坐标系下的导航微分方程。

航空体系下的惯性导航算法,以地心惯性坐标系为基础,依次推导出地心地固坐标系、当地水平坐标系和导航坐标系的捷联惯导算法编排。而航天体系下的惯性导航算法,以发射惯性坐标系为基础,推导出发射坐标系的捷联惯导算法编排,如图 4-27 所示。下面,证明发射惯性坐标系与地心惯性坐标系惯导微分方程的等价性。

发射惯性坐标系与地心惯性坐标系都是惯性坐标系,但是二者的坐标轴指向不同。4.5.1 节中根据牛顿运动定律和姿态矩阵微分方程,得发射惯性坐标系下的捷联惯导微分方程为式(4-18)。同样,4.6.1 节中根据牛顿运动定律和姿态矩阵微分方程,得发射惯性坐标系下的捷联惯导微分方程为式(4-55)。式(4-18)和式(4-55)虽然形式相

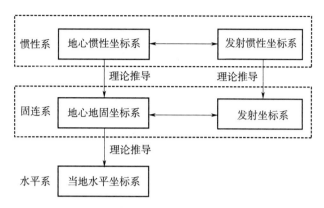

图 4 - 27　不同参考坐标系关系图

似，但是含义已经不同。在地心惯性坐标系、地心地固坐标系和当地水平坐标系下，惯组三轴坐标指向采用的是与航空飞行器弹体系相同的"右前上"指向；而在发射惯性坐标系和发射坐标系下，惯组三轴坐标指向采用的是与航天飞行器弹体系相同的"前上右"指向。为了区分，以 b^a 表示"前上右"指向的弹体系定义，以 b^l 表示"右前上"指向的弹体系定义。

发射惯性坐标系与地心惯性坐标系都是在惯性空间指向不变的坐标系，二者之间关系可用常值姿态矩阵 $\boldsymbol{R}_i^a$ 来表示，二者位置之间的关系为

$$\boldsymbol{P}^a = \boldsymbol{R}_i^a \boldsymbol{p}^i \tag{4-70}$$

对式（4-70）进行二阶求导，得

$$\begin{aligned}
\ddot{\boldsymbol{P}}^a &= \boldsymbol{R}_i^a \ddot{\boldsymbol{p}}^i \\
&= \boldsymbol{R}_i^a \left(\boldsymbol{R}_{b^l}^i \boldsymbol{f}_{ib^l}^{b^l} + \boldsymbol{R}_e^i \boldsymbol{g}^e \right) \\
&= \boldsymbol{R}_i^a \left(\boldsymbol{R}_{b^l}^i \boldsymbol{R}_{b^a}^{b^l} \boldsymbol{f}_{ib^a}^{b^a} + \boldsymbol{R}_e^i \boldsymbol{g}^e \right) \\
&= \boldsymbol{R}_i^a \left[\boldsymbol{R}_{b^l}^i \boldsymbol{R}_{b^a}^{b^l} \left(\boldsymbol{f}_{ia}^{b^a} + \boldsymbol{f}_{ab^a}^{b^a} \right) + \boldsymbol{R}_e^i \boldsymbol{g}^e \right]
\end{aligned} \tag{4-71}$$

式中，$\boldsymbol{f}_{ia}^{b^a} = \boldsymbol{0}$，因此

$$\begin{aligned}
\ddot{\boldsymbol{P}}^a &= \boldsymbol{R}_i^a \left(\boldsymbol{R}_{b^l}^i \boldsymbol{R}_{b^a}^{b^l} \boldsymbol{f}_{ab^a}^{b^a} + \boldsymbol{R}_e^i \boldsymbol{g}^e \right) \\
&= \boldsymbol{R}_{b^a}^a \boldsymbol{f}_{ib^a}^{b^a} + \boldsymbol{g}^a
\end{aligned} \tag{4-72}$$

得到与式（4-55）相同的速度微分方程，因此，位置和速度微分方程具有等价性。同样，姿态矩阵 $\boldsymbol{R}_{b^a}^a$ 的微分方程可表示为

$$\boldsymbol{R}_{b^a}^a = \boldsymbol{R}_i^a \boldsymbol{R}_{b^l}^i \boldsymbol{R}_{b^a}^{b^l} \tag{4-73}$$

对式（4-73）进行一阶微分，得

$$\dot{\boldsymbol{R}}_{b^a}^a = \boldsymbol{R}_i^a \dot{\boldsymbol{R}}_{b^l}^i \boldsymbol{R}_{b^a}^{b^l} \tag{4-74}$$

把式（4-16）的 $\dot{\boldsymbol{R}}_{b^l}^i$ 代入式（4-74），得

$$\dot{\boldsymbol{R}}_{b^a}^a = \boldsymbol{R}_i^a \boldsymbol{R}_{b^l}^i \boldsymbol{\Omega}_{ib^l}^{b^l} \boldsymbol{R}_{b^a}^{b^l}$$

$$= \boldsymbol{R}_i^a \boldsymbol{R}_{b^a}^i \boldsymbol{R}_{b^l}^{b^a} \boldsymbol{\Omega}_{ib^l}^{b^l} \boldsymbol{R}_{b^a}^{b^l}$$

$$= \boldsymbol{R}_i^a \boldsymbol{R}_{b^a}^i \boldsymbol{\Omega}_{ib^a}^{b^a} \tag{4-75}$$

$$= \boldsymbol{R}_{b^a}^a \boldsymbol{\Omega}_{ab^a}^{b^a}$$

即得到与式（4-55）相同的姿态微分方程，因此，姿态微分方程具有等价性。

4.7.2 导航结果的等价性

5 种导航参考坐标系下提供的导航信息见表 4-1，不同导航参考坐标系下的导航结果是可以相互转换的，以下介绍不同参考坐标系下导航结果的转换关系。

表 4-1　5 种导航参考坐标系下提供的导航信息

坐标系	位置	速度	姿态	
			姿态角	姿态阵
地心惯性坐标系 ECI	$\boldsymbol{p}^i = [p_x^i, p_y^i, p_z^i]^T$	$\boldsymbol{v}^i = [v_x^i, v_y^i, v_z^i]^T$	$\varphi^i, \psi^i, \lambda^i$	$\boldsymbol{R}_{bi}^i$
地心地固坐标系 ECEF	$\boldsymbol{p}^e = [p_x^e, p_y^e, p_z^e]^T$	$\boldsymbol{v}^e = [v_x^e, v_y^e, v_z^e]^T$	$\varphi^e, \psi^e, \lambda^e$	$\boldsymbol{R}_{b^e}^e$
当地水平坐标系 LL	$\boldsymbol{p}^l = [\lambda, \varphi, h]^T$	$\boldsymbol{v}^l = [v_x^l, v_y^l, v_z^l]^T$	$\varphi^l, \psi^l, \lambda^l$	$\boldsymbol{R}_{b^l}^l$
发射惯性坐标系 LCI	$\boldsymbol{P}^a = [p_x^a, p_y^a, p_z^a]^T$	$\boldsymbol{V}^a = [v_x^a, v_y^a, v_z^a]^T$	$\varphi^a, \psi^a, \lambda^a$	$\boldsymbol{R}_{b^a}^a$
发射坐标系 LCEF	$\boldsymbol{P}^g = [p_x^g, p_y^g, p_z^g]^T$	$\boldsymbol{V}^g = [v_x^g, v_y^g, v_z^g]^T$	$\varphi^g, \psi^g, \lambda^g$	$\boldsymbol{R}_{b^g}^g$

选择导航坐标系时应仔细考虑导航系统以及制导控制系统对导航信息的需求情况，如传统航空飞行器搭载气压高度表，使用当地水平坐标系导航算法，可以直接将气压高度表的修正信息引入高度通道，进行单通道修正，而使用其他导航坐标系，则需要进行三通道修正。使用时可根据应用需求选择不同的导航坐标系。

4.7.2.1 地心惯性坐标系与地心地固坐标系导航结果的等价性

（1）位置信息的转换

已知地心地固坐标系下的位置信息 $\boldsymbol{p}^e$ 时，可以通过地心地固坐标系与地心惯性坐标系之间的转换矩阵 $\boldsymbol{R}_e^i$ 得到地心惯性坐标系下的位置信息 $\boldsymbol{p}^i$ 为

$$\boldsymbol{p}^i = \boldsymbol{R}_e^i \boldsymbol{p}^e \tag{4-76}$$

（2）姿态信息的转换

从地心地固坐标系下的姿态矩阵 $\boldsymbol{R}_{b^l}^e$，可经由式（4-77）得出地心惯性坐标系下的姿态矩阵 $\boldsymbol{R}_{b^l}^i$ 为

$$\boldsymbol{R}_{b^l}^i = \boldsymbol{R}_e^i \boldsymbol{R}_{b^l}^e \tag{4-77}$$

（3）速度信息的转换

由于地心地固坐标系随地球自转转动，地心惯性坐标系不随地球自转，此时无法通过简单的转换矩阵完成速度信息的转换，必须考虑到转动时的哥氏定理。由哥氏定理可知，地心地固坐标系下的速度矢量在不旋转地固坐标系下的投影为

$$v_i^e = v^e + \boldsymbol{\omega}_e \times \boldsymbol{p}^e \tag{4-78}$$

则地心惯性坐标系下的速度为

$$v^i = \boldsymbol{R}_e^i v_i^e \tag{4-79}$$

4.7.2.2　地心地固坐标系与当地水平坐标系导航结果的等价性

（1）位置信息的转换

将地心地固坐标系的位置矢量展开，得到最终的转换公式为

$$\left. \begin{array}{l} x_e = (R_N + h)\cos B \cos \lambda \\ y_e = (R_N + h)\cos B \sin \lambda \\ z_e = \left[R_N(1 - e^2) + h \right]\sin B \end{array} \right\} \tag{4-80}$$

（2）姿态信息的转换

从当地水平坐标系下的姿态矩阵 $\boldsymbol{R}_b^l$，可经由式（4-81）得到地心地固坐标系下的姿态矩阵 $\boldsymbol{R}_b^e$ 为

$$\boldsymbol{R}_b^e = \boldsymbol{R}_l^e \boldsymbol{R}_b^l \tag{4-81}$$

（3）速度信息的转换

根据当地水平坐标系下的速度矢量 v^l，可经由式（4-82）得到地心地固坐标系下的速度矢量 v^e 为

$$v^e = \boldsymbol{R}_l^e v^l \tag{4-82}$$

4.7.2.3　地心惯性坐标系与发射惯性坐标系导航结果的等价性

（1）位置信息的转换

已知发射惯性坐标系下的位置矢量 $\boldsymbol{P}^a$ 时，可由式（4-83）得到地心惯性坐标系下的位置矢量 $\boldsymbol{p}^i$ 为

$$\boldsymbol{p}^i = \boldsymbol{R}_a^i \boldsymbol{P}^a \tag{4-83}$$

（2）姿态信息的转换

从发射惯性坐标系下的姿态矩阵 $\boldsymbol{R}_b^a$，可经由式（4-84）得到地心惯性坐标系下的姿态矩阵 $\boldsymbol{R}_b^i$ 为

$$\boldsymbol{R}_b^i = \boldsymbol{R}_a^i \boldsymbol{R}_{b^a}^a \boldsymbol{R}_b^{b^a} \tag{4-84}$$

（3）速度信息的转换

根据发射惯性坐标系下的速度矢量 $\boldsymbol{V}^a$，可由式（4-85）得到地心惯性坐标系下的速度矢量 v^i 为

$$v^i = \boldsymbol{R}_a^i \boldsymbol{V}^a \tag{4-85}$$

4.7.2.4　发射惯性坐标系与发射坐标系导航结果的等价性

（1）位置信息的转换

已知发射坐标系下的位置矢量 $\boldsymbol{P}^g$ 时，可以通过式（4-86）得到发射惯性坐标系下的位置矢量 $\boldsymbol{P}^a$ 为

$$\boldsymbol{P}^a = \boldsymbol{R}_g^a \boldsymbol{P}^g \qquad\qquad (4-86)$$

式中，$\boldsymbol{R}_g^a$ 如式（2-75）所示。

（2）姿态信息的转换

从发射坐标系下的姿态矩阵 $\boldsymbol{R}_{b^a}^g$，可经由式（4-87）得到发射惯性坐标系下的姿态矩阵 $\boldsymbol{R}_{b^a}^a$ 为

$$\boldsymbol{R}_{b^a}^a = \boldsymbol{R}_g^a \boldsymbol{R}_{b^a}^g \qquad\qquad (4-87)$$

（3）速度信息的转换

由于发射坐标系随地球自转转动，发射惯性坐标系不随地球自转，此时无法通过简单的转换矩阵完成速度信息的转换，必须考虑到转动时的哥氏定理。

由哥氏定理可知发射坐标系下的速度矢量在不旋转的发射坐标系（即相对发射惯性坐标系无转动的发射坐标系）下的投影为

$$\boldsymbol{V}_a^g = \boldsymbol{V}^g + \boldsymbol{\omega}_{ag}^g \times (\boldsymbol{R}_0 + \boldsymbol{P}^g) \qquad\qquad (4-88)$$

则发射惯性坐标系下的速度为

$$\boldsymbol{V}^a = \boldsymbol{R}_g^a \boldsymbol{V}_a^g \qquad\qquad (4-89)$$

至此，推导了地心惯性坐标系、地心地固坐标系、当地水平坐标系、发射惯性坐标系和发射坐标系、导航参考坐标系下位置、速度和姿态之间的理论关系，证明了不同导航参考坐标系下的导航数据的等价性。

第 5 章　卫星导航系统

卫星导航系统是应用十分广泛的天基无线电导航定位系统，其本质是将传统的无线电导航台置于人造卫星上，采用多星、中高轨、测距体制，通过多颗卫星同时测距，实现对载体位置和速度的高精度确定。目前已建成的全球卫星导航系统主要有美国的 GPS、俄罗斯的 GLONASS 和我国的"北斗"卫星导航系统（2020 年 7 月 31 日，北斗三号卫星导航系统正式开通），正在建设的主要有欧洲的 Galileo 系统，统称为全球导航卫星系统（GNSS）。此外，还包括一些建设中的区域性增强系统及其他卫星定位系统，如美国的 WAAS 广域增强系统、欧盟 EGNOS 欧洲静止卫星导航重叠系统、法国 DORIS 星载多普勒无线电定轨定位系统、日本 QZSS 准天顶卫星系统和印度 IRNSS 区域导航卫星系统。由于 GNSS 具有全天时、全天候、高精度定位和授时等优点，目前已在海、陆、空、天载体的高精度导航领域得到了广泛应用。同时 GNSS 可通过差分测量实现高精度的定位，在大地测量中也起到了重要作用。

20 世纪 70 年代，美国国防部为服务军用导航需求，开始了全球定位系统（GPS）的研制。GPS 卫星会向地面发射信号，接收机利用 PRN 码得到信号传播时间，乘以光速得到卫星到接收机的距离（简称"伪距 ρ"）。利用导航电文，求解出 GPS 卫星的空间位置。GPS 接收机定位原理如图 5-1 所示，接收机采用测距算法，处理至少 3 颗卫星的信息，得到接收机当前的空间位置（包括纬度、经度及高度）。在实际应用中，为消除接收机钟差 b，需要得到第 4 颗卫星的信息。

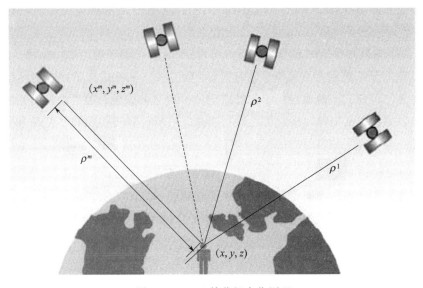

图 5-1　GPS 接收机定位原理

位于科罗拉多州（Colorado Springs）的主控站通过综合分析分布在全球的 12 个监控站传来的数据，对 GPS 的健康状态进行监测，并将计算的数据与控制信息通过 4 个地面天线传送给在轨卫星，保证系统精确运行。

5.1　GPS 介绍

5.1.1　GPS 体系结构

GPS 由空间星座部分、地面监控部分与用户设备部分组成，如图 5 - 2 所示。

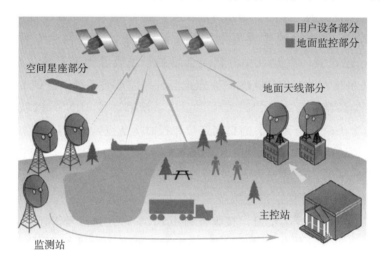

图 5 - 2　GPS 的组成部分

5.1.1.1　空间星座部分

空间星座部分由不少于 24 颗卫星构成，它们形成一个卫星星座，运行在高度约为 20 000 km 的近似圆形轨道上。这些卫星分布在 6 个轨道上，每个轨道上不规则地分布着 4 颗卫星，每个轨道面与地球赤道面的夹角约为 55°，运行周期约为 12 h。图 5 - 3 所示为 GPS 卫星星座的分布规划，它可以容纳超过 30 颗卫星，主要是为了保证在晴朗的天空下用户可以在任何时刻、任何地点都能接收到至少 4 颗卫星信号。卫星播发的无线电信号中包含了导航数据和码制信息，接收机可以利用这些数据计算出伪距和多普勒参数，实现用户空间位置、运动速度和时间的估算。

5.1.1.2　地面监控部分

控制部分主要体现系统的宏观调控及维护等功能，具体功能包括：

1）检测及维持星座中每一颗卫星的轨道，必要时重新部署及定位；

2）保持卫星的可用性；

3）维持 GPS 时间；

4）完成每颗卫星时钟参数和卫星星历的预测计算，通过周期性地重载信息来更新导航数据。

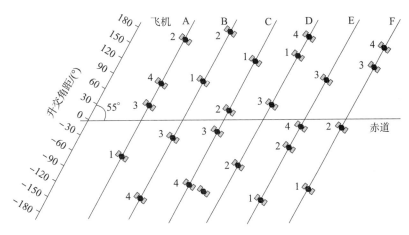

图 5-3　GPS 卫星星座的分布规划

地面监控部分主要由主控站（MCS）、监测站和地面天线组成。6 个美国空军基地和 11 个分布在全球的国家地球空间情报局（NGA）监测站时刻跟踪 GPS 卫星信号。这些监测站由主控站统一调配，用来观测卫星轨道和精确时钟。将这些信息传输给位于美国科罗拉多州 Schriever 空军基地的主控站，计算卫星星历和时钟参数。在必要的情况下，主控站还能重新对卫星进行定位。安装在监测站的地面天线与卫星建立无线电通信，通过 S 波段信号与主控站建立通信，上传给卫星最新的命令和数据，更新卫星的导航电文。GPS 监控部分在全球的各种基站的分布和位置如图 5-4 所示。

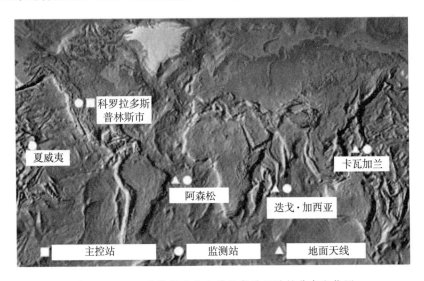

图 5-4　GPS 监控部分在全球的各种基站的分布和位置

5.1.1.3　用户设备部分

用户设备部分是接收 GPS 卫星无线电信号的接收机，并且能够完成对用户的位置、速度及时间的估算。GPS 用户分为军用和民用两种。GPS 用户设备部分已深入日常生活中的很多领域，比如定位服务、搜索营救、执法维权、陆海交通、远程物流跟踪、舰队管理、情报收集、体育运动、公共安全及环境评估与规划等。

5.1.2　GPS 信号

GPS 最初只发送两种频率的测距信号。后来，GPS 现代化计划又加入了更多的频率信号。本节内容将简要论述关于传统信号的内容，并对 GPS 现代化进行简要阐述。

5.1.2.1　传统的 GPS 信号

GPS 卫星发送的无线电信号为 L1：1 575.42 MHz 和 L2：1 227.60 MHz。GPS 卫星将 PRN 测距码或其他精码调制在每个频率中。其中，粗码（C/A 码）提供标准定位服务（Standard Positioning Service，SPS），主要服务于民用用户；而精码（P 码）可以提供精确定位服务（PPS），并进一步加密提高安全性，服务于授权的军方用户。L1 调制了 C/A 码和 P 码，而 L2 仅调制了 P 码。在 2000 年 5 月，美国宣布停用可用性（SA）服务后，这两种码制具有相同的定位精度，对于单频 GPS 接收机，定位精度范围可达 5～30 m。

GPS 接收机必须已知卫星的空间位置才能通过导航电文将测量的距离转换为用户的空间位置及速度。调制在 L1 和 L2 的 PRN 码中的导航电文是一系列的二进制数据，其包含卫星健康状态、卫星星历（描述卫星的空间位置与速度）、时钟钟差参数与历书数据（包含所有卫星低精度的卫星星历表）等信息。GPS 每 2 h 对卫星星历和时钟钟差参数更新一次。P 码和 C/A 码的码率分别为 10.23 MHz 和 1.023 MHz。发送的导航电文频率很低，只有 50 bit/s，一个完整的导航信息需要传送 12.5 min。

5.1.2.2　GPS 现代化

美国政府为了维持 GPS 在其他导航系统中的绝对领导地位，不断提高 GPS 服务的性能。GPS 现代化计划中，为了提高系统的性能，升级了空间星座部分和地面监控部分，并增加了新的功能。这次计划的主要部分就是在民用和军用方面增加新的频率信号，同时发射产生这些新信号的卫星来取代早期的卫星。当前，民用领域使用的 3 种新信号分别为 L2C、L5 和 L1C。GPS 现代化计划及新的 GPS 信号的详细内容读者可以登录网站 http：//www.gps.gov 获取相关资料。

5.1.3　GPS 观测量

GPS 观测量有 3 种，即伪距观测量、载波相位观测量和多普勒频移观测量。

5.1.3.1　伪距观测量

卫星到接收机之间的测量距离称为伪距。信号发射时间由导航电文推算，但接收时间则需要接收机复制码与卫星 PRN 码（伪随机码）做相关运算才能得出（图 5-5）。伪距 ρ 由两者的时间差 Δt 与光速 c 的乘积表示，即

$$\rho = c\Delta t \qquad (5-1)$$

第 m 颗卫星的伪距公式表述为

$$\rho^m = r^m + c\delta t_r - c\delta t_s + cI^m + cT^m + \varepsilon_\rho^m \qquad (5-2)$$

式中，ρ^m 为第 m 颗卫星到接收机的伪距观测值（m）；r^m 为 t_r 时刻的接收机天线位置到 t_s 时刻卫星天线位置的真实距离（m）；δt_r 为接收机钟差（s）；δt_s 为卫星钟差（s）；I^m 为电离层延时（s）；T^m 为对流层延时（s）；ε_ρ^m 为其他多种原因造成影响的误差总和，如接收机噪声、多径效应、卫星时钟偏差与预期轨道偏差（m）等。

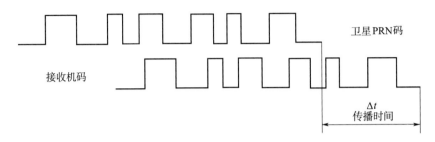

图 5 - 5　基于 GPS 卫星和接收机复制的 PRN 码得到伪距的原理

5.1.3.2　载波相位观测量

利用载波信号的相位也能计算出接收机与卫星的距离。对于 GPS 接收机来说，其能够精确测量一个周期内微小的相位变化，但卫星到接收机的初始整周期数却是未知的，称为整周模糊度（Integer Ambiguity，IA）。如果整周模糊度能够得到合理的解决，就能利用波长 λ 乘以整周模糊度 N 与微小相位变化量 φ 之和，得到精确的距离值，如图 5 - 6 所示。可以看出，这种测距方法比 PRN 码测量精度高。它的数学表达式为

$$\rho = (N + \varphi)\lambda \tag{5-3}$$

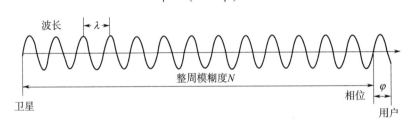

图 5 - 6　基于载波的整周和小数周求解载波观测量的原理

考虑钟差、大气层延时和测量误差等的影响，可以将其表达式写为

$$\varphi = \frac{1}{\lambda}(r + c\delta t_r - c\delta t_s + cI_\varphi + cT_\varphi) - N + \varepsilon_\varphi \tag{5-4}$$

式中，I_φ 为电离层延时（s）；T_φ 为对流层延时（s）；δt_r 为接收机钟差（s）；δt_s 为卫星钟差（s）；N 为整周模糊度（周）；ε_φ 为测量误差（周）。

由式（5 - 4）可得，载波相位观测量乘以波长 λ 表示距离，即

$$\lambda\varphi = r + c\delta t_r - c\delta t_s + cI_\varphi + cT_\varphi - \lambda N + \lambda\varepsilon_\varphi \tag{5-5}$$

其实，电离层与对流层的延时对伪距及载波相位测量的影响是相似的（符号有所区别），这样可以省略角标，表示为

$$\lambda\varphi = r + c\delta t_r - c\delta t_s + cI + cT - \lambda N + \lambda\varepsilon_\varphi \tag{5-6}$$

可以看出，式（5-6）与伪距测量公式（5-2）的形式是相似的，只是在 IA 分量及电离层延时的符号有所不同。

5.1.3.3　多普勒频移观测量

多普勒效应是指由于信号发送机与接收机产生相对运动而导致电信号频移的现象。基于这种效应，一些 GPS 接收机会通过产生的多普勒频移量来计算用户的移动速度。利用多普勒频移 f_d、观测距离变化率 $\dot{r}$、发射的信号波长 λ 等参数，可以得到多普勒频移观测量模型为

$$f_d = -\frac{\dot{r}}{\lambda} \tag{5-7}$$

5.1.4　GPS 误差源

GPS 接收机利用测距原理，至少需要 4 颗卫星的测量距离才能实现定位，而且这些测量距离还会受各种各样的误差所影响。为了能获得更准确的定位，必须排除有害误差的干扰。下面对接收机在定位中所遇到的各种典型误差做一个简单的阐述。

5.1.4.1　卫星时钟钟差

尽管卫星时钟已经相当精确，但随着时间的推移，还是会偏离 GPS 时间。监测站观测卫星的时钟数据并将其传输给地面监控部分，由后者计算出卫星时钟的修正参数，并上传给卫星。卫星播发包含此参数的导航电文，使得接收机可以在伪距测量中对卫星时钟钟差（Satellite Clock Error）进行修正。

5.1.4.2　接收机时钟钟差

接收机采用低成本的时钟设备，比卫星的时钟精度偏低，且存在固有偏差。在相同情况下，接收机时钟钟差（Receive Clock Error）可能影响所有的观测量。所以说，如果建立的 4 个伪距测量方程是有效的，那么这个时钟偏差就可以与用户的空间位置同时估算出来。

5.1.4.3　电离层延时

电离层是包含电离气体（自由电子和离子）的大气层，位于离地面约 $60 \sim 1\,000$ km 的空间区域内。电离层的电离程度会随着太阳的活动而变化，影响电离层的折射率，进而改变 GPS 信号在此介质的传播时间。同时，因为低轨道卫星信号穿过电离层的倾斜路径比高轨道的大，所以卫星运行高度也是影响此误差的因素。图 5-7 说明了这个问题。

在伪距和载波相位测量中，电离层延时（Ionosphere Delay）是相同的，只是符号相反。这样，电离层延时可以写为

$$I_f = -I_\rho = \frac{40.3\text{TEC}}{f^2} \tag{5-8}$$

式中，I_f 为载波相位测量中的电离层延时；I_ρ 为伪距测量中的电离层延时；f 为载波频率；TEC 为电子数总量，TEC 的含义为电离层传输路径上横截面 1 m^2 的管状通道区域内所包含的所有电子数总量，在时间与空间上，此值都是时刻变化的。它主要与太阳活动、季节与昼夜的变化，以及观测矢量方向有关，是可以被测量、估算、建模和消除的。在两种频

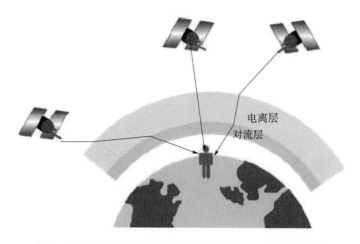

图 5 - 7　不同仰角下电离层和对流层对 GPS 信号的影响

率观测下，可以得到电离层延时为

$$
\left.
\begin{aligned}
I_1 &= \frac{40.3\mathrm{TEC}}{f_1^2} \\
I_2 &= \frac{40.3\mathrm{TEC}}{f_2^2}
\end{aligned}
\right\}
\tag{5-9}
$$

将式（5-9）中两式合并，可得

$$
I_1 = \frac{f_2^2}{f_1^2} I_2 \Rightarrow I_1 f_1^2 = f_2^2 I_2
\tag{5-10}
$$

双频 GPS 接收机内置有 L1 和 L2 两种频率，这样可以完成对电离层延时相当精确的估算。单频接收机则需要依靠 Klobuchar 模型估算电离层延时，此模型的参数由 GPS 卫星提供。

5.1.4.4　对流层延时

对流层位于大气层的底部，离地球表面 8～40 km，它的大气成分主要为干燥气体（氮氧混合气体）和水蒸气。相对电离层来说，对流层表现为电中性，它的折射率与 GPS 频率无关，但由于存在折射现象，也会导致信号的传输速度比真空有所降低。由于卫星仰角的不同，测距观测量会产生 2.5～25 m 的对流层测距误差。在 L1 和 L2 载波信号中，对流层延时（Tropospheric Delay）是相同的。对流层延时分为干分量和湿分量。湿分量约占对流层延时的 10%，它是很难测量的，因为当地区域内水蒸气含量是不断变化的。干分量约占对流层延时的 90%，而且容易测量。目前，针对对流层延时已提出多种建模方法，如 Saastamoinen 模型、Hopfield 模型和 Chao 模型。

5.1.4.5　多径误差

在都市环境中，多径问题是主要的误差源，GPS 信号可以通过多种路径到达接收机前端，如图 5-8 所示。这些路径不仅包括直接来自信号本身的信号，还包括在接收天线周围反射回来的信号。非直接到达的信号存在延时，并且具有很低的信噪比。由于接收天线被反射信号所干扰，多径问题改变了原始信号，因而会产生约 10 m 的定位误差（Multipath Error）。在载波相位测量中，多径问题比伪距测量的影响小两个数量级。

图 5 - 8　GPS 的多径效应

5.1.4.6　卫星轨道误差

卫星轨道误差（Satellite Orbital Error）是由卫星的实际位置与接收机利用卫星星历计算的卫星空间位置不一致而导致的误差。地面监控部分利用前一时刻卫星空间位置与地球引力公式对卫星轨道误差进行预测，将预测结果上传到卫星，利用卫星星历播发给用户使用。卫星星历模型采用曲线拟合方法完成卫星轨道预测，这种方法相对实际轨道会产生随时间变化的残余误差，误差约为 2～5 m。

5.1.4.7　接收机噪声

接收机噪声（Receiver Noise）是 GPS 接收机设备本身固有的随机测量误差。它是由很多因素累计导致的，比如天线设计电路、线路分布问题、热噪声、高频信号干扰、信号的量化与采样等。同时，信噪比是随着卫星的仰角而变化的。接收机噪声还会导致 GPS 信号发射时间的不准确。与多径问题相似，接收机噪声在载波相位测量中的影响比在伪距测量的影响小两个数量级。

5.1.4.8　用户等距误差

在伪距测量中，残余误差（利用导航电文数据和相应误差模型估算后所残余的误差）的综合影响被称为用户等距误差（User Equivalent Range Error，UERE）。假设这种误差会均分在每个卫星的伪距测量方程中，因而此误差对各伪距测量的影响是等同的。假设这些误差是不相关的（满足实际情况），那么可以将每个卫星的 UERE 等价于零均值高斯随机变量，其变量值等于各元素变量的平方和再开根号，即

$$\sigma_{\text{UERE}} = \sqrt{\sigma_{\text{eph}}^2 + \sigma_{\text{clk}}^2 + \sigma_{\text{ion}}^2 + \sigma_{\text{tro}}^2 + \sigma_{\text{mlt}}^2 + \sigma_{\text{rcv}}^2} \tag{5-11}$$

式中，σ_{eph} 为卫星星历数据产生的测距误差；σ_{clk} 为卫星时钟产生的测距误差；σ_{ion} 为电离层产生的测距误差；σ_{tro} 为对流层产生的测距误差；σ_{mlt} 为多径问题产生的测距误差；σ_{rcv} 为接收机测量产生的测距误差。

5.1.5　GPS 增强系统

当前，GPS 单点定位（如 SPS）的水平精度范围约为 10 m，垂直精度范围约为 15 m。尽管这个精度可以满足很多导航领域的应用，但在重要的生命安全等领域，还需要更高的精度要求。这就需要在其他外部系统的辅助下，提高 GPS 精度。重要的生命安全领域的需求主要包括以下几方面：

1）完好性（Integrity）：当系统不能用于导航和其他用途时，要具备及时报警和提示的能力。

2）准确性（Accuracy）：在任意给定时间内，GPS 测量的空间位置与实际位置的误差量要尽可能小。

3）连续性（Continuity）：没有触发报警的情况下正常工作的能力。

4）可用性（Availability）：无论在何时何地，系统可用于用户导航的能力。

为了实现上述需求，提出了多种增强系统方式。总体来说，主要采用以下几种技术：

1）附加外部传感器：附加的外部传感器可以补偿 GPS 信息以及提高导航信息的冗余度。典型的有高度计、罗盘、加速度计、陀螺仪及计程仪等。

2）差分 GPS 技术：空间相对较近的用户，包含多种相似的 GPS 误差信息，且变化周期很长。这些 GPS 误差在时间与空间上是相关的。我们可以利用已知位置的接收机（称为基站或参考站）将它们估算出来，然后将估算的误差修正值播发给服务范围内的 GPS 用户，通过相关的补偿算法完成精确定位。这种技术称为差分 GPS（DGPS）。

3）伪卫星技术：伪卫星是建立在地面的发射平台，它可以向接收卫星数少于最低定位标准或完全被屏蔽的区域提供额外的类似 GPS 信号的信息。当 GPS 卫星几何分布不佳时，伪卫星可以人为提供最佳角度的有效信号。

4）辅助 GPS 技术：GPS 逐渐融入手机应用领域，在辅助 GPS（A‑GPS）中，为了及时给出定位信息，需要通过移动通信网络提供辅助信息。

5.1.5.1　差分 GPS

DGPS 大体可依据服务的地理范围分为两类：局域差分 GPS（LADGPS）和广域差分 GPS（WADGPS），它们都能有效降低 GPS 的测量误差。

5.1.5.2　局域差分 GPS

在 LADGPS 中，信号参考站（基准站，RS）可为小区域用户提供服务。基准站的位置精确已知，基准站通过伪码测量得到伪距，计算出可见卫星的测量误差值。这些测量误差值是基准站估算的伪距观测量与基准站到卫星的实际几何距离的差值。这些误差观测量（差分修正值）通过无线电传输给服务范围的用户（卫星接收机）用于实时服务。这些误差观测量包含卫星星历预测误差、非相关卫星的干扰以及大气层延时等误差。越靠近基准站的用户，得到的修正值越准确。图 5‑9 所示为 LADGPS 的工作原理。

5.1.5.3　广域差分 GPS

如果 GPS 接收机远离基准站，那么误差观测量的相关性就会降低，仅能保证空间上

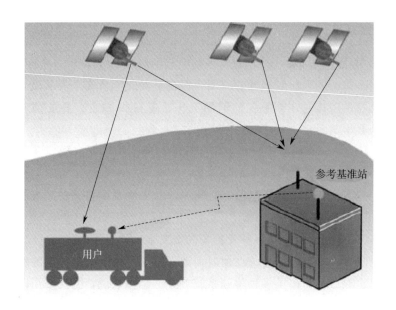

图 5 - 9　LADGPS 的工作原理

的相关性。这样，基准站估算出的误差观测量对于这些用户就不太适用了。这种情况下，可以通过在服务领域的周边布置多个信号基准站的方式增加区域覆盖面积。接收机对它附近每个基准站的修正参数进行权衡，得到最优解。这种差分修正的方式称为广域差分 GPS（WADGPS），其原理如图 5 - 10 所示。

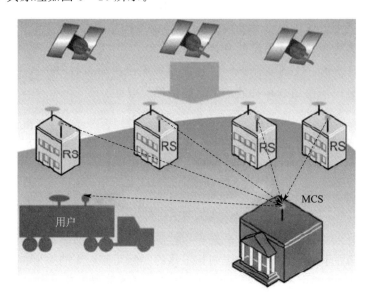

图 5 - 10　WADGPS 的工作原理

　　WADGPS 主要由一个主控站和多个基准站组成。每个基准站将观测量传输到主控站，由主控站分析处理接收的数据与每个基准站的已知位置，得到估算 GPS 误差观测量。这些误差观测量通过无线电或卫星播发等方式提供给服务区内的所有用户。接收机对这些修正观测量进行加权平均后，来修正它的定位估算分量。

差分 GPS 可分为星基增强系统和陆基增强系统两种。它们的不同之处在于为用户传送的信息方式不同。

1) 星基增强系统 (SBAS)：这种方式的差分 GPS 修正观测量采用同步卫星传送消息，使用与 GPS 卫星信号频率一致的信号。

2) 陆基增强系统 (GBAS)：这种方式采用地面站将差分 GPS 修正观测量播发给用户。在此系统中，伪卫星技术可得到有效的利用。

5.2　GPS 卫星轨道

GPS 接收机的工作原理如图 5 - 11 所示，主要工作可分为四步：1) 对卫星信号进行捕获；2) 跟踪卫星信号，保证连续测距；3) 解调导航电文，测量伪距、载波相位等观测量；4) 定位计算。本节主要介绍 GPS 卫星轨道相关数据的计算，与卫星定位相关的其他数据的计算将在第 8 章中介绍。

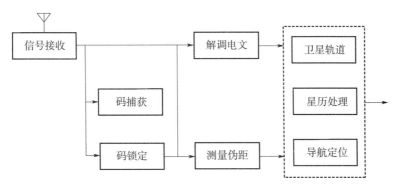

图 5 - 11　GPS 接收机的工作原理

本节对 GPS 卫星参数进行简要描述。在进行数据分析之前，有必要对行星运行的开普勒定律的数学基础进行了解。

5.2.1　开普勒定律

基于大量的天文观察，开普勒 (Johannes Kepler) 得出了著名的行星运行的定律。

1) 行星绕太阳运行的轨道呈椭圆，太阳位于椭圆的一个焦点上；

2) 单位时间内连接卫星与地心的直线扫过相等的面积；

3) 行星绕太阳公转周期的平方和它的椭圆轨道长半径的立方成正比。

卫星的运行轨迹是空间固定的椭圆轨道，地球是其焦点之一。在指定时刻，卫星运行轨道由卫星位置和速度的 6 个矢量分量来决定。下面介绍描述卫星轨道的 6 个开普勒参数。

5.2.2　开普勒轨道参数

图 5 - 12 所示为与 ECEF、ECI 和轨道坐标系相关的开普勒轨道参数，定义如下：

1）长半径（Semi - major Axis）a：椭圆的中心通过焦点到达椭圆边缘的距离，也可以将其定义为最长直径的一半。

2）偏心率（Eccentricity）e：椭圆偏心程度的表征。

3）轨道倾角（Inclination Angle）i：轨道面与地球赤道面的夹角。

4）轨道升交点赤经（Right Ascension of Ascending Node，RAAN）Ω：在地球赤道面上，春分点作为基准方位和卫星轨道的升交点对地心的夹角。

5）近地点角距（Argument of the Perigee）ω：升交点与近地点（运行轨道距地球中心最近的点）之间的轨道面夹角。

6）卫星的真近点角（True Anomaly）v：近地点与卫星的实时夹角。真近点角与近地点角距相加等于另一个参数，称为升交点角距 Φ，其表达式为

$$\Phi = \omega + v \tag{5 - 12}$$

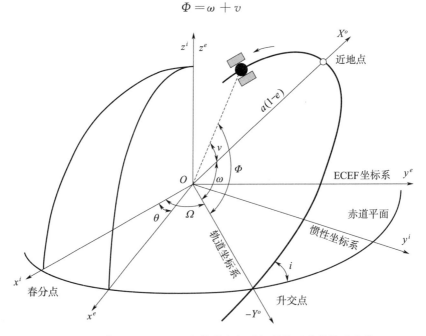

图 5 - 12　与 ECEF 、ECI 和轨道坐标系相关的开普勒轨道参数

在图 5 - 12 中，有春分点（Vernal Equinox）、赤道平面（Equatorial Plane）、近地点（Perigee）和升交点（Ascending Node）。其中，真近点角是确定卫星在运行轨道位置的参数（在图 5 - 12 中用 v 表示）。对于非圆轨道来说，真近点角参数变化不是线性时变的。那么，为了得到线性时变的参数，进一步定义了两个变量将真近点角转换为线性时变的平近点角。这两个变量分别为偏近点角和平近点角（图 5 - 13），其定义如下：

1）偏近点角 E：卫星投射到以半径为 a 的圆上，投影点与椭圆中心的连线与近地点方向的夹角。利用式（5 - 13）可以将真近点角转换为偏近点角

$$E = 2\arctan\left[\sqrt{\frac{1-e}{1+e}}\tan\left(\frac{1}{2}\right)v\right] \tag{5-13}$$

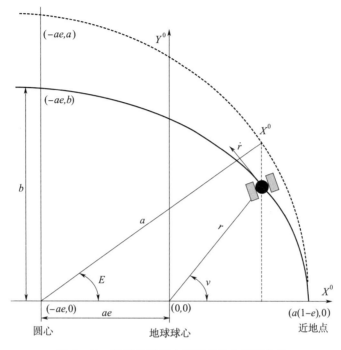

图 5-13　轨道坐标系中偏近点角和平近点角

2）平近点角 M：假设卫星运行在椭圆形轨道，其焦点与周期都与真实卫星轨道相同，但是它具有恒定的速度（称为平均速度），它与近地点的夹角称为平近点角。利用式（5-14）计算出偏近点角后，采用开普勒方程可以推出平近点角的公式为

$$M = E - e\sin E \tag{5-14}$$

5.2.3　GPS 轨道参数

假设地球为理想的球体，仅考虑地球的引力作用（球面对称引力场称为有心力场），开普勒参数可以给出卫星的轨道位置。实际上，地球不是一个规则的球体，图 5-14 所示所示为卫星在其他摄动力的影响下偏离引力作用。这些摄动力包括：

1）非中心引力场；

2）受太阳、月亮和行星等引力作用；

3）太阳辐射压强与大气阻力。

GPS 考虑这些因素的干扰，额外地扩充了类似开普勒参数的另外 12 个参数，并规定了特定的参考历元。这些参数包含在广播历书中，通过连续观测 4 h 的数据，利用最小二乘曲线拟合方法得到卫星的运行轨道。通常情况下，卫星会每天对星历进行更新，但它在近两个星期内都是有效的。该星历信息包含在每 2 h 更新一次的导航电文中。表 5-1 中列出了 GPS 导航电文中的星历参数。

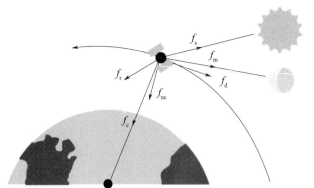

f_c —地球地心引力的作用

f_{nc} —地球非地心引力的作用

f_m —月球引力的作用

f_s —太阳引力的作用

f_r —太阳辐射压强

f_d —大气阻力

图 5-14 卫星的受力分析

表 5-1 GPS 导航电文中的星历参数

星历参数符号	含义
t_{oc}	卫星星历参考历元(s)是卫星星历中的最小时间单位
$\sqrt{a}$	长半径的平方根($\sqrt{m}$)
e	离心率(无量纲)
i_0	参考历元时的轨道倾角(半周)
Ω_0	GPS 星期数开始时刻,轨道平面的轨道升交点赤经(半周)
ω	近地点角距(半周)
M_0	参考历元的平近点角(半周)
Δn	计算平均速度的修正量(半周/s)
$\dot{i}$(IDOT)	轨道倾角的变化率(半周/s)
$\dot{\Omega}$	轨道升交点赤经的变化率(半周/s)
C_{uc},C_{us}	计算升交点角距的余弦和正弦的谐振幅度的修正项
C_{rc},C_{rs}	计算轨道半径的余弦和正弦的谐振幅度的修正项
C_{ic},C_{is}	计算轨道倾角的余弦和正弦的谐振幅度的修正项

5.3 北斗卫星导航系统

5.3.1 系统组成与服务

5.3.1.1 系统组成

北斗卫星导航系统是中国着眼于国家安全和经济社会发展需要,自主建设、独立运行的卫星导航系统,是为全球用户提供全天候、全天时、高精度的定位、导航和授时服务的国家重要空间基础设施。

北斗卫星导航系统由空间星座、地面监控和用户设备三大部分组成。空间星座部分由5颗地球静止轨道(GEO)卫星和30颗非地球静止轨道(Non-GEO)卫星组成,北斗卫星导航系统星座示意图如图 5 - 15 所示。

GEO 卫星分别定点于东经 58.75°、80°、110.5°、140°和 160°。Non - GEO 卫星由 27 颗中圆地球轨道（MEO）卫星和 3 颗倾斜地球同步轨道（IGSO）卫星组成。其中，MEO 卫星轨道高度为 21 500 km，轨道倾角为 55°，均匀分布在 3 个轨道面上；IGSO 卫星轨道高度为 36 000 km，均匀分布在 3 个倾斜同步轨道面上，轨道倾角为 55°，3 颗 IGSO 卫星星下点轨迹重合，交叉点经度为东经 118°，相位差 120°。地面控制部分由若干主控站、时间同步/注入站和监测站组成。主控站的主要任务包括收集各时间同步/注入站、监测站的观测数据，进行数据处理，生成卫星导航电文，向卫星注入导航电文参数，监测卫星有效载荷，完成任务规划与调度，实现系统运行控制与管理等；时间同步/注入站主要负责在主控站的统一调度下，完成卫星导航电文参数注入、与主控站的数据交换、时间同步测量等任务；监测站对导航卫星进行连续跟踪监测，接收导航信号，发送给主控站，为生成导航电文提供观测数据。用户终端部分是指各类北斗用户终端，包括与其他卫星导航系统兼容的终端，以满足不同领域和行业的应用需求。

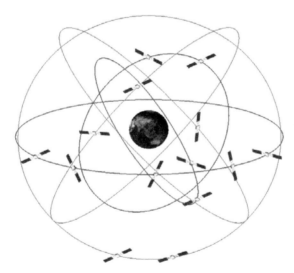

图 5 - 15　北斗卫星导航系统星座示意图

北斗卫星导航系统的时间基准为北斗时（BDT）。BDT 采用国际单位制（SI）秒为基本单位连续累计，不闰秒，起始历元为 2006 年 1 月 1 日协调世界时（UTC）00 时 00 分 00 秒。BDT 通过中国科学院国家授时中心保持的 UTC［即 UTC（NTSC）］与国际 UTC 建立联系，BDT 与 UTC 的偏差保持在 100 ns 以内。BDT 与 UTC 之间的闰秒信息在导航电文中播报。北斗卫星导航系统的坐标框架采用中国 2000 大地坐标系统（CGCS2000）。

5.3.1.2　系统服务

北斗卫星导航系统自 2012 年 12 月 27 日起正式提供卫星导航服务，现服务范围已经基本覆盖全球。该系统提供开放服务和授权服务两种。开放服务是在服务区免费提供定位、测速和授时服务，定位精度 10 m，授时精度 20 ns，测速精度 0.2 m/s；授权服务是向全球用户提供更高性能的定位、测速和授时服务，以及为亚太地区提供广域差分和短报文通信服务，广域差分定位精度为 1 m，短报文通信最多为 120 个汉字。

目前"北斗"三代卫星导航系统已全面建成，其所能达到的功能和精度如下：

——主要功能：定位、测速、单双向授时、短报文通信；

——服务区域：全球；

——定位精度：优于 10 m；

——测速精度：优于 0.2 m/s；

——授时精度：10 ns。

北斗卫星导航系统与 GPS 和 GLONASS 最大的不同在于，它不仅能使用户知道自己所在的位置，还可以告诉别人自己的位置在什么地方，特别适用于需要导航与移动数据通信的场所，如交通运输、调度指挥、搜索营救、地理信息实时查询等。我国已在 2020 年完成北斗卫星导航系统的全球覆盖，为全球用户提供定位、导航和授时服务。

与其他卫星导航系统相比，北斗卫星导航的服务还具有以下 5 个特征：

1) 同时具备定位和通信功能，无须其他通信系统的支持；

2) 覆盖亚太大部分地区，提供 24 h 全天候服务，无通信盲区；

3) 特别适合集团用户大范围监控与管理和数据采集、数据传输等应用；

4) 融合北斗导航定位系统和卫星增强系统两大资源，提供更丰富的增值服务；

5) 自主系统、高强度加密设计，安全、可靠、稳定，适合关键部门使用。

5.3.2　卫星信号

北斗卫星导航系统与 GPS、Galileo 在载波频率、信号结构和定位原理等方面有很多相似之处。北斗卫星导航系统采用码分多址技术，与 GPS 和 Galileo 一致，但不同于 GLONASS 的频分多址技术。在频谱资源非常有限的情况下，码分多址的抗干扰能力强，并且更容易与其他卫星导航系统兼容。根据国际电信联盟的登记，北斗卫星导航系统将发射 4 种频率的信号，这些信号均采用正交相移键控调制的方式。随着系统的逐步完善，还将发射其他频率的信号，出于安全保密以及与其他卫星导航系统的兼容，避免在相同波段内与其他卫星导航系统的信号产生干扰。北斗卫星导航系统采用二元偏置载波、复用二元偏置载波、交替二元偏置载波等调制方式。

北斗卫星导航系统在 L 波段和 S 波段发送导航信号，在 L 波段的 B1、B2、B3 频点发送服务信号，包括开放服务信号和授权服务信号。各频段的起始和截止频率为：B1 频点：1 559.052～1 591.788 MHz，B2 频点：1 166.220～1 217.370 MHz，B3 频点：1 250.618～1 286.423 MHz。

北斗卫星导航系统发射的导航电文经扩频、载波调制后向覆盖区域广播，接收机接收信号后，对信号进行解调和解扩，可实现接收机位置坐标的解算。

5.3.3　系统应用和发展

北斗卫星导航系统是我国重要的基础设施，也是全球卫星导航系统的重要组成部分，发展独立自主的卫星导航系统也是国家的重大国策。北斗卫星导航系统具有快速定位、短报文通信和精密授时 3 大功能，在军事领域和国家建设中发挥着重要作用。

（1）军事领域

北斗卫星导航系统建成后，可在我国大陆地区、台湾省、南沙及其他岛屿、日本海、太平洋部分海域及其周边部分地区为我国各种兵种低动态及静态用户提供快速定位、简短数字报文通信和授时服务，将极大改善我军长期缺乏自主有效的高精度实时定位手段的局面，使我军可以实现"看得见"的指挥、胸有成竹的机动和卓有成效的协同，从而大大增强我军快速反应、快速机动和协同作战的能力，初步满足我军在执行练习、演习、边海防巡逻和抢险救灾等任务中对导航定位的需求。

（2）民用领域

北斗卫星导航系统的民用领域范围广泛，是服务国家经济建设、社会发展和公共安全的重要空间基础设施。北斗卫星导航系统自建成以来，在国家的重大工程和重点行业中发挥着重要作用，主要体现在交通运输、防灾减灾、农林水利、气象、国土资源、环境保护和公安警务等领域。

我国的北斗卫星导航系统的发展原则如下：

1）开放性：对全世界开放，为全球用户提供高质量的免费服务。

2）自主性：在同时考虑国家安全和用户利益的基础上，向用户独立提供服务。未来系统的建设、运行和发展均是独立自主的。

3）兼容性：在全球卫星导航系统国际委员会和国际电联框架下，与其他卫星导航系统实现兼容与互操作，使所有用户都能享受到卫星导航发展的成果。

4）渐进性：依据国家技术和经济发展实际，遵循循序渐进的发展模式，积极稳妥地推进系统建设，不断完善服务，并实现各阶段的无缝对接。

目前国家一直在推进北斗系统与其他国家的 GNSS 合作，以实现多导航卫星系统资源利用与共享，主要体现在推进发展导航系统的兼容性与互操作性两个方面。兼容性是指分别或综合使用多个全球卫星导航系统及区域增强系统，不会引起不可接受的干扰，也不会伤害其他单一卫星系统及其服务，主要包括：无线电频率兼容、坐标系统兼容、时间系统兼容、发射功率兼容等。互操作性是指综合利用多个全球卫星导航系统、区域卫星导航系统、增强卫星导航系统及相应服务，能够在用户层面比单独使用一种服务获得更好的能力，使用户获得更可靠、更丰富的 PNT（定位、导航、授时）服务，主要包括：1）同时处理不同卫星导航系统信号并不显著增加用户接收机的成本和复杂性；2）多卫星星座播发公用互操作信号，将改善观测卫星的几何结构，减少卫星信号受遮挡范围，提高卫星的可用性和可观性；3）坐标框架的实现及时间系统应极大限度地与国际现有同一标准固连；4）鼓励任何其他改善互操作的决策。

　　总之，建设和发展北斗卫星导航系统是我国一项重大国家战略。可以预期，随着北斗卫星导航系统的不断完善，必将在国防建设和国民经济发展的各个领域发挥越来越重要的作用。

　　卫星导航系统是全球性公共资源，多系统兼容与互操作已成为发展趋势。中国始终秉持和践行"中国的北斗，世界的北斗，一流的北斗"的发展理念，服务"一带一路"建设发展，积极推进北斗卫星导航系统国际合作。与其他卫星导航系统携手，与各个国家、地区和国际组织一起，共同推动全球卫星导航事业发展，让北斗卫星导航系统更好地服务全球、造福人类。

第 6 章　发惯系高超声速飞行器导航算法

航天类飞行器的运动方程一般建立在发射惯性坐标系下，发射惯性坐标系又称为制导坐标系。与地心惯性坐标系相似，发射惯性坐标系也是在惯性空间中定义的。以下将发射惯性坐标系简称为发惯系。

发惯系捷联惯导算法适用于垂直发射的临近空间高超声速飞行器。高超声速飞行器助推-滑翔的飞行过程主要包括助推段、自由弹道段、弹道再入段、弹道爬升段和滑翔段等飞行阶段，弹道示意图如图 6-1 所示。

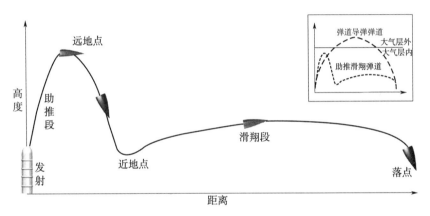

图 6-1　高超声速助推-滑翔飞行器弹道示意图

6.1　发惯系捷联惯导数值更新算法

在第 4.6 节的式（4-55）给出了发惯系下捷联惯导微分方程组，为了方便起见，下面再次给出。

$$
\begin{bmatrix} \dot{\boldsymbol{P}}^a \\ \dot{\boldsymbol{V}}^a \\ \dot{\boldsymbol{R}}_b^a \end{bmatrix} = \begin{bmatrix} \boldsymbol{V}^a \\ \boldsymbol{R}_b^a \boldsymbol{f}^b + \boldsymbol{G}^a \\ \boldsymbol{R}_b^a \boldsymbol{\Omega}_{ab}^b \end{bmatrix} \tag{6-1}
$$

发惯系捷联惯导导航解算包括姿态数值更新算法、速度数值更新算法和位置数值更新算法三部分。在导航解算的过程中，为了达到算法引入的误差最小，这 3 个数值更新过程必须选用高精度的数值解算算法。在高超声速大机动和恶劣振动等环境下，刚体有限转动的不可交换性将会给导航解算带来负面效应，如圆锥效应（Coning Effects）、划桨效应（Sculling Effects）以及涡卷效应（Scrolling Effects），分别会在 3 个更新过程中引入姿态解算误差、速度解算误差以及位置解算误差。因此，在姿态更新中推导了圆锥效应补偿算法，在速度更新中推导了划桨效应补偿算法，在位置更新中推导了涡卷效应补偿算法。

本书中采用二子样更新算法，即假设陀螺仪角速度和加速度计比力测量均为线性模型，即

$$
\left.
\begin{aligned}
\boldsymbol{\omega}^b(t) &= \boldsymbol{a} + 2\boldsymbol{b}(t - t_{k-1}) \\
\boldsymbol{f}^b(t) &= \boldsymbol{A} + 2\boldsymbol{B}(t - t_{k-1})
\end{aligned}
\right\}
\tag{6-2}
$$

式中，$\boldsymbol{a}$，$\boldsymbol{b}$，$\boldsymbol{A}$，$\boldsymbol{B}$ 均为常值向量，相应的角增量和速度增量表达式为

$$
\left.
\begin{aligned}
\Delta\boldsymbol{\theta}_k &= \boldsymbol{\theta}^b(t, t_{k-1}) = \int_{t_{k-1}}^{t} \boldsymbol{\omega}^b(\tau)\mathrm{d}\tau = \boldsymbol{a}(t - t_{k-1}) + \boldsymbol{b}(t - t_{k-1})^2 \\
\Delta\boldsymbol{V}_k &= \boldsymbol{V}^b(t, t_{k-1}) = \int_{t_{k-1}}^{t} \boldsymbol{f}^b(\tau)\mathrm{d}\tau = \boldsymbol{A}(t - t_{k-1}) + \boldsymbol{B}(t - t_{k-1})^2
\end{aligned}
\right\}
\tag{6-3}
$$

若陀螺仪和加速度计在时间 $[t_{k-1}, t_k]$ 内均进行两次等间隔采样，采样时刻分别为 t_{k-1} 和 t_k，且记 $T = t_k - t_{k-1}$ 和 $h = T/2$，则可得采样增量为

$$
\left.
\begin{aligned}
\Delta\boldsymbol{\theta}_1 &= \int_{t_{k-1}}^{t_{k-1}+h} \boldsymbol{\omega}^b(\tau)\mathrm{d}\tau = h\boldsymbol{a} + h^2\boldsymbol{b} = \frac{1}{2}\boldsymbol{a}T + \frac{1}{4}\boldsymbol{b}T^2 \\
\Delta\boldsymbol{\theta}_2 &= \int_{t_{k-1}+h}^{t_k} \boldsymbol{\omega}^b(\tau)\mathrm{d}\tau = h\boldsymbol{a} + 3h^2\boldsymbol{b} = \frac{1}{2}\boldsymbol{a}T + \frac{3}{4}\boldsymbol{b}T^2 \\
\Delta\boldsymbol{V}_1 &= \int_{t_{k-1}}^{t_{k-1}+h} \boldsymbol{f}^b(\tau)\mathrm{d}\tau = h\boldsymbol{A} + h^2\boldsymbol{B} \\
\Delta\boldsymbol{V}_2 &= \int_{t_{k-1}+h}^{t_k} \boldsymbol{f}^b(\tau)\mathrm{d}\tau = h\boldsymbol{A} + 3h^2\boldsymbol{B}
\end{aligned}
\right\}
\tag{6-4}
$$

式中，$\Delta\boldsymbol{\theta}_1$ 和 $\Delta\boldsymbol{V}_1$ 是 $[t_{k-1}, t_{k-1}+h]$ 时间段内 IMU 测量的角增量和速度增量；$\Delta\boldsymbol{\theta}_2$ 和 $\Delta\boldsymbol{V}_2$ 是 $[t_{k-1}+h, t_{k-1}+T]$ 时间段内 IMU 测量的角增量和速度增量。并且，$\Delta\boldsymbol{\theta}_k = \Delta\boldsymbol{\theta}_1 + \Delta\boldsymbol{\theta}_2$，$\Delta\boldsymbol{V}_k = \Delta\boldsymbol{V}_1 + \Delta\boldsymbol{V}_2$。

6.1.1 发惯系姿态更新算法

在捷联惯导数值更新算法中，姿态更新算法是核心，其求解精度对整个捷联惯导算法的精度起着决定性的作用。传统的姿态解算算法有欧拉角法、方向余弦法和四元数法。相对方向余弦法和欧拉角法，四元数法以其算法简单、计算量小，成为姿态更新的首选方法。但是，采用毕卡逐次逼近法求解四元数微分方程时使用了陀螺仪的角增量输出，角增量虽然微小，但不能视作无穷小。刚体做有限转动时，刚体的空间角位置与旋转次序有关。对于小角度的转动，我们近似认为是可以交换的，这样，四元数法中不可避免地引入了不可交换性误差，特别是在一些飞行器做高动态飞行时，这种误差就会表现得十分明显，必须采取有效措施加以克服。等效旋转矢量法在利用陀螺仪角增量计算旋转矢量时，对这种不可交换误差做了适当补偿，正好弥补了四元数法的不足。本节主要介绍基于旋转矢量的四元数姿态更新算法。

等效旋转矢量法分两步来完成：1）旋转矢量的计算，旋转矢量描述了飞行器姿态的变化；2）四元数的更新。

姿态四元数更新的递推式为

$$\boldsymbol{q}_{b(k)}^{a} = \boldsymbol{q}_{b(k-1)}^{a} \boldsymbol{q}_{b(k)}^{b(k-1)} \tag{6-5}$$

式中，姿态更新前后时刻分别为 t_{k-1}, t_k，姿态四元数分别为 $\boldsymbol{q}_{b(k-1)}^{a}$, $\boldsymbol{q}_{b(k)}^{a}$。用角速度 $\boldsymbol{\omega}_{ab}^{b}(t)$ 来计算四元数 $\boldsymbol{q}_{b(k)}^{b(k-1)}$，$\boldsymbol{\omega}_{ab}^{b}(t)$ 是载体坐标系相对发惯系的角速度，为陀螺仪敏感的角速度 ($\boldsymbol{\omega}^b$)。记 $\boldsymbol{\Phi}_k$ 为载体坐标系相对发惯系等效旋转矢量，相应的等效矢量微分方程（Bortz 方程）近似为

$$\dot{\boldsymbol{\Phi}}_k \approx \boldsymbol{\omega}_{ab}^{b} + \frac{1}{2}\boldsymbol{\Phi}_k \times \boldsymbol{\omega}_{ab}^{b} + \frac{1}{12}\boldsymbol{\Phi}_k \times \boldsymbol{\Phi}_k \times \boldsymbol{\omega}_{ab}^{b}$$

$$\approx \boldsymbol{\omega}_{ab}^{b} + \frac{1}{2}\boldsymbol{\Phi}_k \times \boldsymbol{\omega}_{ab}^{b} \tag{6-6}$$

直接按式（6-6）求解旋转矢量微分方程有诸多不便，主要是：1）光学陀螺等陀螺仪一般输出角增量，如果将角增量折算成角速率，则微商运算将引起噪声放大效应；2）即使可获得陀螺仪的角速率输出，也必须对角速率进行采样，采样意味着仅采样点上的角速率得到了利用，而采样点之间的角速率信息并未利用，在姿态更新中实际上丢失了很多信息。

式（6-5）说明，姿态更新中只需求解从 t_{k-1} 时刻至 t_k 时刻机体坐标系旋转所对应的等效旋转矢量，而不必知道 t_{k-1} 至 t_k 段内旋转矢量的演变过程，因此可采用泰勒级数展开法求解旋转矢量。设 $[t_{k-1}, t_k]$ 时间段内的载体角速度 $\boldsymbol{\omega}_{ab}^{b}$ 对应的等效旋转矢量为 $\boldsymbol{\Phi}_k$，对 $\boldsymbol{\Phi}_k(T)$ 做泰勒级数展开，得

$$\boldsymbol{\Phi}_k(T) = \boldsymbol{\Phi}_{k-1}(0) + T\dot{\boldsymbol{\Phi}}_{k-1}(0) + \frac{T^2}{2!}\ddot{\boldsymbol{\Phi}}_{k-1}(0) + \frac{T^3}{3!}\dddot{\boldsymbol{\Phi}}_{k-1}(0) + \cdots \tag{6-7}$$

飞行器角速度 $\boldsymbol{\omega}_{ab}^{b}$ 采用直线拟合，如式（6-8）所示，记角增量为式（6-9）

$$\boldsymbol{\omega}_{ab}^{b}(t_{k-1} + \tau) = \boldsymbol{a} + 2\boldsymbol{b}\tau, \quad 0 \leqslant \tau \leqslant T \tag{6-8}$$

$$\Delta\boldsymbol{\theta}(\tau) = \int_0^{\tau} \boldsymbol{\omega}_{ab}^{b}(t_{k-1} + \tau)\,\mathrm{d}\tau \tag{6-9}$$

由式（6-8）得飞行器角速度的各阶导数为

$$\left.\begin{array}{l} \boldsymbol{\omega}_{ab}^{b}(t_{k-1} + \tau)\big|_{\tau=0} = \boldsymbol{a} \\[2mm] \dot{\boldsymbol{\omega}}_{ab}^{b}(t_{k-1} + \tau)\big|_{\tau=0} = 2\boldsymbol{b} \end{array}\right\} \tag{6-10}$$

由式（6-9）得角增量的各阶导数为

$$\left.\begin{array}{l} \Delta\boldsymbol{\theta}(0) = \Delta\boldsymbol{\theta}(\tau)\big|_{\tau=0} = \boldsymbol{a}\tau + \boldsymbol{b}\tau^2 = \boldsymbol{0} \\[2mm] \Delta\dot{\boldsymbol{\theta}}(0) = \Delta\dot{\boldsymbol{\theta}}(\tau)\big|_{\tau=0} = \boldsymbol{\omega}_{ab}^{b}(t_{k-1} + \tau)\big|_{\tau=0} = \boldsymbol{a} \\[2mm] \Delta\ddot{\boldsymbol{\theta}}(0) = \Delta\ddot{\boldsymbol{\theta}}(\tau)\big|_{\tau=0} = \dot{\boldsymbol{\omega}}_{ab}^{b}(t_{k-1} + \tau)\big|_{\tau=0} = 2\boldsymbol{b} \\[2mm] \Delta\boldsymbol{\theta}^{(i)}(0) = \Delta\boldsymbol{\theta}^{(i)}(\tau)\big|_{\tau=0} = \boldsymbol{\omega}_{ab}^{b(i-1)}(t_{k-1} + \tau)\big|_{\tau=0} = \boldsymbol{0}, \quad i = 3,4,5\cdots \end{array}\right\} \tag{6-11}$$

又由于姿态更新周期 T 一般为毫秒级的量，$\boldsymbol{\Phi}_k$ 也可视为小量，因此根据式（6-6）计算 $\boldsymbol{\Phi}_k(\tau)$ 在 $\tau=0$ 时的各阶导数时，将第二项中的 $\boldsymbol{\Phi}_k(\tau)$ 用角增量代替，即

$$\boldsymbol{\Phi}_k(\tau) \approx \Delta\boldsymbol{\theta}(\tau) \tag{6-12}$$

这样式（6-6）可写成

$$\dot{\boldsymbol{\Phi}}_k(\tau) = \boldsymbol{\omega}_{ab}^b(t_{k-1}+\tau) + \frac{1}{2}\Delta\boldsymbol{\theta}(\tau) \times \boldsymbol{\omega}_{ab}^b(t_{k-1}+\tau), \quad 0 \leqslant \tau \leqslant T \qquad (6-13)$$

对式（6-13）求各阶导数，并考虑到式（6-10）和式（6-11），得

$$\left.\begin{aligned}
\ddot{\boldsymbol{\Phi}}_k(\tau) &= \dot{\boldsymbol{\omega}}_{ab}^b(t_{k-1}+\tau) + \frac{1}{2}\Delta\dot{\boldsymbol{\theta}}(\tau) \times \boldsymbol{\omega}_{ab}^b(t_{k-1}+\tau) + \frac{1}{2}\Delta\boldsymbol{\theta}(\tau) \times \dot{\boldsymbol{\omega}}_{ab}^b(t_{k-1}+\tau) \\
\dddot{\boldsymbol{\Phi}}_k(\tau) &= \frac{1}{2}\Delta\ddot{\boldsymbol{\theta}}(\tau) \times \boldsymbol{\omega}_{ab}^b(t_{k-1}+\tau) + \Delta\dot{\boldsymbol{\theta}}(\tau) \times \dot{\boldsymbol{\omega}}_{ab}^b(t_{k-1}+\tau) \\
\boldsymbol{\Phi}_k^{(4)}(\tau) &= \frac{3}{2}\ddot{\boldsymbol{\theta}}(\tau) \times \dot{\boldsymbol{\omega}}_{ab}^b(t_{k-1}+\tau) \\
\boldsymbol{\Phi}_k^{(i)}(\tau) &= 0, \quad i = 5,6,7\cdots
\end{aligned}\right\}$$

$$(6-14)$$

根据式（6-10）和式（6-11），用 $\tau = 0$ 代入式（6-14），得

$$\left.\begin{aligned}
\dot{\boldsymbol{\Phi}}_k(0) &= \boldsymbol{\omega}_{ab}^b(t_{k-1}) + \frac{1}{2}\Delta\boldsymbol{\theta}(0) \times \boldsymbol{\omega}_{ab}^b(t_{k-1}) = \boldsymbol{a} \\
\ddot{\boldsymbol{\Phi}}_k(0) &= \dot{\boldsymbol{\omega}}_{ab}^b(t_{k-1}) + \frac{1}{2}\Delta\dot{\boldsymbol{\theta}}(0) \times \boldsymbol{\omega}_{ab}^b(t_{k-1}) + \frac{1}{2}\Delta\boldsymbol{\theta}(0) \times \dot{\boldsymbol{\omega}}_{ab}^b(t_{k-1}) = 2\boldsymbol{b} \\
\dddot{\boldsymbol{\Phi}}_k(0) &= \frac{1}{2}\Delta\ddot{\boldsymbol{\theta}}(0) \times \boldsymbol{\omega}_{ab}^b(t_{k-1}) + \Delta\dot{\boldsymbol{\theta}}(0) \times \dot{\boldsymbol{\omega}}_{ab}^b(t_{k-1}) = \boldsymbol{a} \times \boldsymbol{b} \\
\boldsymbol{\Phi}_k^{(i)}(0) &= 0, \quad i = 4,5,6\cdots
\end{aligned}\right\}$$

$$(6-15)$$

将式（6-15）代入式（6-7），得

$$\boldsymbol{\Phi}_k(T) = \boldsymbol{\Phi}_k(0) + T\dot{\boldsymbol{\Phi}}_k(0) + \frac{T^2}{2!}\ddot{\boldsymbol{\Phi}}_k(0) + \frac{T^3}{3!}\dddot{\boldsymbol{\Phi}}_k(0)$$

$$(6-16)$$

$$= \boldsymbol{\Phi}_k(0) + \boldsymbol{a}T + \boldsymbol{b}T^2 + \frac{1}{6}\boldsymbol{a} \times \boldsymbol{b}T^3$$

式中，$\boldsymbol{\Phi}_k(0)$ 是 $[t_{k-1}, t_k]$ 时间段内的旋转矢量，由于时间间隔为 0，所以 $\boldsymbol{\Phi}_k(0) = 0$，因此

$$\boldsymbol{\Phi}_k(T) = \boldsymbol{a}T + \boldsymbol{b}T^2 + \frac{1}{6}\boldsymbol{a} \times \boldsymbol{b}T^3 \qquad (6-17)$$

由式（6-4）可反解得到飞行器角速度直线拟合的模型系数 $\boldsymbol{a}$ 和 $\boldsymbol{b}$，即

$$\left.\begin{aligned}
\boldsymbol{a} &= \frac{3\Delta\boldsymbol{\theta}_1 - \Delta\boldsymbol{\theta}_2}{T} \\
\boldsymbol{b} &= \frac{2(\Delta\boldsymbol{\theta}_2 - \Delta\boldsymbol{\theta}_1)}{T^2}
\end{aligned}\right\}$$

$$(6-18)$$

再将式（6-18）代入式（6-7），得

$$\boldsymbol{\Phi}_k(h) = 3\Delta\boldsymbol{\theta}_1 - \Delta\boldsymbol{\theta}_2 + 2(\Delta\boldsymbol{\theta}_2 - \Delta\boldsymbol{\theta}_1) + \frac{1}{3}(3\Delta\boldsymbol{\theta}_1 - \Delta\boldsymbol{\theta}_2) \times (\Delta\boldsymbol{\theta}_2 - \Delta\boldsymbol{\theta}_1)$$

$$= \Delta\boldsymbol{\theta}_1 + \Delta\boldsymbol{\theta}_2 + \frac{2}{3}\Delta\boldsymbol{\theta}_1 \times \Delta\boldsymbol{\theta}_2$$

$$(6-19)$$

按式（6 - 19）求解旋转矢量时，用到了 $[t_{k-1}, t_{k-1}+h]$、$[t_{k-1}+h, t_k]$ 两个时间段内的角增量 $\Delta\boldsymbol{\theta}_1$、$\Delta\boldsymbol{\theta}_2$，因此，称此式为旋转矢量的二子样算法。

故采用二子样算法求解方程式（6 - 6）有

$$\boldsymbol{\Phi}_k = \Delta\boldsymbol{\theta}_1 + \Delta\boldsymbol{\theta}_2 + \frac{2}{3}\Delta\boldsymbol{\theta}_1 \times \Delta\boldsymbol{\theta}_2 \qquad (6 - 20)$$

式中，$\Delta\boldsymbol{\theta}_1 = \displaystyle\int_{t_{k-1}}^{t_{k-1}+h} \boldsymbol{\omega}_{ab}^b(\tau)\mathrm{d}\tau$ 和 $\Delta\boldsymbol{\theta}_2 = \displaystyle\int_{t_{k-1}+h}^{t_k} \boldsymbol{\omega}_{ab}^b(\tau)\mathrm{d}\tau$，是陀螺仪在更新周期内前后两次输出的角增量。且旋转矢量 $\boldsymbol{\Phi}_k$ 及其对应的四元数 $\boldsymbol{q}_{b(k)}^{b(k-1)}$ 有以下计算关系

$$\boldsymbol{q}_{b(k)}^{b(k-1)} = \cos\frac{\Phi_k}{2} + \frac{\boldsymbol{\Phi}_k}{\Phi_k}\sin\frac{\Phi_k}{2} \qquad (6 - 21)$$

式中，$\Phi_k = |\boldsymbol{\Phi}_k|$。

再将计算出的 $\boldsymbol{q}_{b(k)}^{b(k-1)}$ 代入式（6 - 5）完成姿态更新。

6.1.2　发惯系速度更新算法

在姿态解算过程中，如果飞行器存在角速度矢量旋转的情况，就会对姿态引入圆锥误差。在速度解算过程中，飞行器的速度信息是通过在导航坐标系内对比力信号进行积分获得的。这个积分通常分为两步：首先将加速度计敏感的比力信息由该时刻姿态转换矩阵转换到导航坐标系下，然后在导航坐标系中对比力信息进行积分得到速度信息。由于加速度计固连在飞行器上，加速度计能感受到飞行器的角运动，同样由于刚体转动的不可交换性，在速度解算中引入不可交换误差（速度解算中通常称为划桨误差）。

在式（6 - 1）的发惯系比力方程中，标注出各量时间参数为

$$\dot{\boldsymbol{V}}^a(t) = \boldsymbol{R}_b^a(t)\boldsymbol{f}^b(t) + \boldsymbol{g}^a(t) \qquad (6 - 22)$$

上式两边同时在时间段 $[t_{k-1}, t_k]$ 内积分，得

$$\int_{t_{k-1}}^{t_k} \dot{\boldsymbol{V}}^a(t)\mathrm{d}t = \int_{t_{k-1}}^{t_k} [\boldsymbol{R}_b^a(t)\boldsymbol{f}^b(t) + \boldsymbol{g}^a(t)]\,\mathrm{d}t \qquad (6 - 23)$$

由式（6 - 23）可得

$$\boldsymbol{V}_k^a - \boldsymbol{V}_{k-1}^a = \int_{t_{k-1}}^{t_k} \boldsymbol{R}_b^a(t)\boldsymbol{f}^b(t)\mathrm{d}t + \int_{t_{k-1}}^{t_k} \boldsymbol{g}^a(t)\mathrm{d}t \qquad (6 - 24)$$

式中，$\boldsymbol{V}_k^a$ 和 $\boldsymbol{V}_{k-1}^a$ 分别为 t_k 和 t_{k-1} 时刻发惯系的惯导速度，并且记

$$\Delta\boldsymbol{V}_{\mathrm{sf}(k)}^a = \int_{t_{k-1}}^{t_k} \boldsymbol{R}_b^a(t)\boldsymbol{f}^b(t)\mathrm{d}t \qquad (6 - 25)$$

$$\Delta\boldsymbol{V}_{g(k)}^a = \int_{t_{k-1}}^{t_k} \boldsymbol{g}^a(t)\mathrm{d}t \qquad (6 - 26)$$

式中，$\Delta\boldsymbol{V}_{\mathrm{sf}(k)}^a$ 和 $\Delta\boldsymbol{V}_{g(k)}^a$ 分别称为时间段 T 内导航系比力速度增量和引力的速度增量，可得以下递推形式

$$\boldsymbol{V}_k^a = \boldsymbol{V}_{k-1}^a + \Delta\boldsymbol{V}_{\mathrm{sf}(k)}^a + \Delta\boldsymbol{V}_{g(k)}^a \qquad (6 - 27)$$

下面讨论 $\Delta\boldsymbol{V}_{\mathrm{sf}(k)}^a$ 和 $\Delta\boldsymbol{V}_{g(k)}^a$ 的数值积分算法。

（1）有害加速度的速度增量 $\Delta \boldsymbol{V}_{g(k)}^{a}$ 的计算

对于快速运动的飞行器，在短时间 $[t_{k-1}, t_k]$ 内其引起的引力矢量变化是很小的，因此一般认为 $\Delta \boldsymbol{V}_{g(k)}^{a}$ 的被积函数是时间的缓变量，可采用 $t_{k-1/2} = (t_{k-1} + t_k)/2$ 时刻的值进行近似代替，将 $\Delta \boldsymbol{V}_{g(k)}^{a}$ 近似为

$$\Delta \boldsymbol{V}_{g(k)}^{a} \approx \boldsymbol{g}_{k-1/2}^{a} T \qquad (6-28)$$

由于此时不知 t_k 时刻的导航速度和位置等参数，因此式（6-28）中 $t_{k-1/2}$ 时刻的式子需使用线性外推法计算，表示如下

$$\boldsymbol{x}_{k-1/2} = \boldsymbol{x}_{k-1} + \frac{\boldsymbol{x}_{k-1} - \boldsymbol{x}_{k-2}}{2} = \frac{3\boldsymbol{x}_{k-1} - \boldsymbol{x}_{k-2}}{2} \quad (\boldsymbol{x} = \boldsymbol{V}^a, \boldsymbol{g}^a) \qquad (6-29)$$

式中，各参数在 t_{k-1} 和 t_{k-2} 时刻均是已知的。

（2）比力速度增量 $\Delta \boldsymbol{V}_{sf(k)}^{a}$ 的计算

将式（6-25）右端被积矩阵做以下矩阵链乘分解

$$\Delta \boldsymbol{V}_{sf(k)}^{a} = \int_{t_{k-1}}^{t_k} \boldsymbol{R}_{b(k-1)}^{a} \boldsymbol{R}_{b(t)}^{b(k-1)} \boldsymbol{f}^b(t) \mathrm{d}t$$

$$= \boldsymbol{R}_{b(k-1)}^{a} \int_{t_{k-1}}^{t_k} \boldsymbol{R}_{b(t)}^{b(k-1)} \boldsymbol{f}^b(t) \mathrm{d}t \qquad (6-30)$$

令

$$\Delta \boldsymbol{V}_{sf(k)}^{b(k-1)} = \int_{t_{k-1}}^{t_k} \boldsymbol{R}_{b(t)}^{b(k-1)} \boldsymbol{f}^b(t) \mathrm{d}t \qquad (6-31)$$

则

$$\Delta \boldsymbol{V}_{sf(k)}^{a} = \boldsymbol{R}_{b(k-1)}^{a} \Delta \boldsymbol{V}_{sf(k)}^{b(k-1)} \qquad (6-32)$$

对于 $t_{k-1} \leqslant t \leqslant t_k$，坐标变换矩阵和等效旋转矢量之间的关系有

$$\boldsymbol{R}_{b(t)}^{b(k-1)} = \boldsymbol{I} + \frac{\sin\Phi}{\Phi}(\boldsymbol{\Phi} \times) + \frac{1 - \cos\Phi}{\Phi^2}(\boldsymbol{\Phi} \times)(\boldsymbol{\Phi} \times) \qquad (6-33)$$

式中

$$\left. \begin{array}{l} \dfrac{\sin\Phi}{\Phi} = 1 - \dfrac{\Phi^2}{3!} + \dfrac{\Phi^4}{5!} - \cdots \\[3mm] \dfrac{1 - \cos\Phi}{\Phi^2} = \dfrac{1}{2!} - \dfrac{\Phi^2}{4!} + \dfrac{\Phi^4}{6!} - \cdots \end{array} \right\} \qquad (6-34)$$

$\boldsymbol{\Phi}$ 是 $b(k-1)$ 坐标系至 $b(t)$ 坐标系的等效旋转矢量，$\Phi = |\boldsymbol{\Phi}|$，$(\boldsymbol{\Phi} \times)$ 表示 $\boldsymbol{\Phi}$ 的各分量构造成的叉乘反对称矩阵。参考式（6-13），将 Bortz 微分方程近似到二阶精度

$$\dot{\boldsymbol{\Phi}} \approx \boldsymbol{\omega}_{ab}^{b} + \frac{1}{2}\Delta\boldsymbol{\theta} \times \boldsymbol{\omega}_{ab}^{b} \qquad (6-35)$$

令

$$\boldsymbol{\beta} = \frac{1}{2} \int_{t_{k-1}}^{t_k} \Delta\boldsymbol{\theta} \times \boldsymbol{\omega}_{ab}^{b} \mathrm{d}t \qquad (6-36)$$

式中，$\boldsymbol{\beta}$ 是从 t_{k-1} 到 t_k 的锥化姿态运动，因为它受到测量 $\boldsymbol{\omega}_{ab}^{b}$ 的锥化运动分量的影响。锥化运动定义为角速率矢量本身在旋转的状态。由于 $\boldsymbol{\omega}_{ab}^{b}$ 表现为纯圆锥运动（$\boldsymbol{\omega}_{ab}^{b}$ 的幅度虽然

恒定不变，但其矢量在旋转），则载体坐标系的一个固定轴，近似垂直于 $\boldsymbol{\omega}_{ab}^{b}$ 矢量的旋转平面，将随着角速率运动形成一个锥面（因此用术语锥化来描述这个运动）。在圆锥角运动条件下，与 $\boldsymbol{\omega}_{ab}^{b}$ 垂直的载体坐标系轴表现为振荡（这与非锥化或自转角运动相反，在后一种情况下，与 $\boldsymbol{\omega}_{ab}^{b}$ 垂直的轴绕 $\boldsymbol{\omega}_{ab}^{b}$ 旋转）。

对于 $\boldsymbol{\omega}_{ab}^{b}$ 不发生旋转的情况而言，从式（6-9）可以容易地看出，$\Delta\boldsymbol{\theta}$ 将与 $\boldsymbol{\omega}_{ab}^{b}$ 平行；因此式（6-36）中的积分函数的叉乘将是零，$\boldsymbol{\beta}$ 也将是零。这种情况下，当 $\boldsymbol{\omega}_{ab}^{b}$ 不旋转时，$\boldsymbol{\Phi}$ 变成以下简化形式

$$\boldsymbol{\Phi} \approx \int_{t_{k-1}}^{t_k} \boldsymbol{\omega}_{ab}^{b} \mathrm{d}t \tag{6-37}$$

可以有以下近似

$$\frac{\sin\Phi}{\Phi} \approx 1, \quad \frac{1-\cos\Phi}{\Phi^2} \approx \frac{1}{2}, \quad \boldsymbol{\Phi} \approx \Delta\boldsymbol{\theta} \tag{6-38}$$

$\boldsymbol{\omega}(t)$ 是 $b(k-1)$ 坐标系相对 $b(t)$ 坐标系的旋转角速度，并且 $(\boldsymbol{\Phi}\times)(\boldsymbol{\Phi}\times)$ 可视为二阶小量。这样式（6-33）可近似为

$$\boldsymbol{R}_{b(t)}^{b(k-1)} = \boldsymbol{I} + (\Delta\boldsymbol{\theta}\times) \tag{6-39}$$

将式（6-39）代入式（6-31），得

$$\Delta\boldsymbol{V}_{\mathrm{sf}(k)}^{b} = \int_{t_{k-1}}^{t_k} [\boldsymbol{f}^b(t) + \Delta\boldsymbol{\theta}\times\boldsymbol{f}^b(t)]\,\mathrm{d}t \tag{6-40}$$

令

$$\Delta\boldsymbol{V}_k = \int_{t_{k-1}}^{t_k} \boldsymbol{f}^b(t)\mathrm{d}t \tag{6-41}$$

则由式（6-9）和式（6-41）可得

$$\Delta\dot{\boldsymbol{\theta}}(t) = \boldsymbol{\omega}_{ab}^{b}(t) \tag{6-42}$$

$$\Delta\dot{\boldsymbol{V}}(t) = \boldsymbol{f}^b(t) \tag{6-43}$$

由于

$$\frac{\mathrm{d}}{\mathrm{d}t}[\Delta\boldsymbol{\theta}(t)\times\Delta\boldsymbol{V}(t)] = \Delta\boldsymbol{\theta}\times\Delta\dot{\boldsymbol{V}}(t) - \Delta\boldsymbol{V}(t)\times\Delta\dot{\boldsymbol{\theta}}(t) \tag{6-44}$$

所以有

$$\begin{aligned}
\Delta\boldsymbol{\theta}(t)\times\boldsymbol{f}^b(t) &= \Delta\boldsymbol{\theta}(t)\times\Delta\dot{\boldsymbol{V}}(t) \\
&= \frac{\mathrm{d}}{\mathrm{d}t}[\Delta\boldsymbol{\theta}(t)\times\Delta\boldsymbol{V}(t)] + \Delta\boldsymbol{V}(t)\times\Delta\dot{\boldsymbol{\theta}}(t) \\
&= \frac{1}{2}\frac{\mathrm{d}}{\mathrm{d}t}[\Delta\boldsymbol{\theta}(t)\times\Delta\boldsymbol{V}(t)] + \frac{1}{2}[\Delta\boldsymbol{\theta}(t)\times\Delta\dot{\boldsymbol{V}}(t) - \Delta\boldsymbol{V}(t)\times\Delta\dot{\boldsymbol{\theta}}(t)] + \Delta\boldsymbol{V}(t)\times\Delta\dot{\boldsymbol{\theta}}(t) \\
&= \frac{1}{2}\frac{\mathrm{d}}{\mathrm{d}t}[\Delta\boldsymbol{\theta}(t)\times\Delta\boldsymbol{V}(t)] + \frac{1}{2}[\Delta\boldsymbol{\theta}(t)\times\boldsymbol{f}^b(t) + \Delta\boldsymbol{V}(t)\times\boldsymbol{\omega}_{ab}^{b}(t)]
\end{aligned} \tag{6-45}$$

将式（6-45）和式（6-41）代入式（6-40），当 $t=t_{k-1}$ 时，$\Delta\boldsymbol{V}(t_{k-1})=\boldsymbol{0}$，$\Delta\boldsymbol{\theta}(t_{k-1})=\boldsymbol{0}$；当 $t=t_k$ 时，$\Delta\boldsymbol{V}(t_k)=\Delta\boldsymbol{V}_k$，$\Delta\boldsymbol{\theta}(t_k)=\Delta\boldsymbol{\theta}_k$，为 $[t_{k-1},\ t_k]$ 时间段内的速度增量和角增量；

所以有

$$\Delta \boldsymbol{V}_{\text{sf}(k)}^{b(k-1)} = \Delta \boldsymbol{V}_k + \frac{1}{2}\Delta\boldsymbol{\theta}_k \times \Delta\boldsymbol{V}_k + \frac{1}{2}\int_{t_{k-1}}^{t_k}\left[\Delta\boldsymbol{\theta}(t) \times \boldsymbol{f}^b(t) + \Delta\boldsymbol{V}(t) \times \boldsymbol{\omega}_{ab}^b(t)\right]\mathrm{d}t$$

$$= \Delta\boldsymbol{V}_k + \Delta\boldsymbol{V}_{\text{rot}(k)} + \Delta\boldsymbol{V}_{\text{scul}(k)}$$

$$(6-46)$$

式中

$$\Delta\boldsymbol{V}_{\text{rot}(k)} = \frac{1}{2}\Delta\boldsymbol{\theta}_k \times \Delta\boldsymbol{V}_k \qquad (6-47)$$

$\Delta\boldsymbol{V}_{\text{rot}(k)}$ 称为速度的旋转效应补偿量，它是由飞行器的线运动方向在空间旋转引起的。

$$\Delta\boldsymbol{V}_{\text{scul}(k)} = \frac{1}{2}\int_{t_{k-1}}^{t_k}\left[\Delta\boldsymbol{\theta}(t) \times \boldsymbol{f}^b(t) + \Delta\boldsymbol{V}(t) \times \boldsymbol{\omega}_{ab}^b(t)\right]\mathrm{d}t \qquad (6-48)$$

$\Delta\boldsymbol{V}_{\text{scul}(k)}$ 称为速度的划桨效应补偿项，当飞行器同时做线振动和角振动时存在。

将式（6-2）和式（6-3）代入式（6-48）并积分，可得

$$\Delta\boldsymbol{V}_{\text{scul}(k)} = \frac{1}{2}\int_{t_{k-1}}^{t_k}\left\{\left[\boldsymbol{a}(t-t_{k-1}) + \boldsymbol{b}\,(t-t_{k-1})^2\right] \times \left[\boldsymbol{A} + 2\boldsymbol{B}(t-t_{k-1})\right] + \right.$$

$$\left.\left[\boldsymbol{A}(t-t_{k-1}) + \boldsymbol{B}\,(t-t_{k-1})^2\right] \times \left[\boldsymbol{a} + 2\boldsymbol{b}(t-t_{k-1})\right]\right\}\mathrm{d}t$$

$$= \frac{1}{2}\int_{t_{k-1}}^{t_k}(\boldsymbol{a} \times \boldsymbol{B} + \boldsymbol{A} \times \boldsymbol{b})\,(t-t_{k-1})^2\,\mathrm{d}t$$

$$= (\boldsymbol{a} \times \boldsymbol{B} + \boldsymbol{A} \times \boldsymbol{b})\,\frac{(t_k-t_{k-1})^3}{6}$$

$$(6-49)$$

由式（6-4）可反解得到以采样增量表示的线性模型系数，即

$$\left.\begin{array}{ll}\boldsymbol{a} = \dfrac{3\Delta\boldsymbol{\theta}_1 - \Delta\boldsymbol{\theta}_2}{2h}, & \boldsymbol{b} = \dfrac{\Delta\boldsymbol{\theta}_2 - \Delta\boldsymbol{\theta}_1}{2h^2} \\[3mm] \boldsymbol{A} = \dfrac{3\Delta\boldsymbol{V}_1 - \Delta\boldsymbol{V}_2}{2h}, & \boldsymbol{B} = \dfrac{\Delta\boldsymbol{V}_2 - \Delta\boldsymbol{V}_1}{2h^2}\end{array}\right\} \qquad (6-50)$$

再将式（6-50）代入式（6-49），便得二子样速度划桨误差补偿算法

$$\Delta\boldsymbol{V}_{\text{scul}(k)} = \left(\frac{3\Delta\boldsymbol{\theta}_1 - \Delta\boldsymbol{\theta}_2}{2h} \times \frac{\Delta\boldsymbol{V}_2 - \Delta\boldsymbol{V}_1}{2h^2} + \frac{3\Delta\boldsymbol{V}_1 - \Delta\boldsymbol{V}_2}{2h} \times \frac{\Delta\boldsymbol{\theta}_2 - \Delta\boldsymbol{\theta}_1}{2h^2}\right)\frac{(2h)^3}{6}$$

$$= \frac{2}{3}(\Delta\boldsymbol{\theta}_1 \times \Delta\boldsymbol{V}_2 + \Delta\boldsymbol{V}_1 \times \Delta\boldsymbol{\theta}_2)$$

$$(6-51)$$

至此，速度更新算法推导完成。

6.1.3　发惯系位置更新算法

飞行器做划桨运动时会使捷联惯导位置解算出现涡卷误差，涡卷误差补偿算法也是捷联惯导算法理论研究的一个组成部分。标注出时间参数，如式（6-1）发惯系的位置微分方程为

$$\dot{\boldsymbol{P}}^a(t) = \boldsymbol{V}^a(t) \tag{6-52}$$

与捷联惯导姿态和速度更新算法相比，位置更新算法引起的误差一般比较小，可采用比较简单的梯形积分方法对式（6-52）离散化，得

$$\boldsymbol{P}_k - \boldsymbol{P}_{k-1} = \int_{t_{k-1}}^{t_k} \boldsymbol{V}^a \mathrm{d}t \approx (\boldsymbol{V}_{k-1} + \boldsymbol{V}_k)\frac{T}{2} \tag{6-53}$$

式（6-53）移项，便可得到位置更新算法

$$\boldsymbol{P}_k = \boldsymbol{P}_{k-1} + (\boldsymbol{V}_{k-1} + \boldsymbol{V}_k)\frac{T}{2} \tag{6-54}$$

当采用高精度的捷联惯导器件时，应该采用高精度的捷联惯导算法。由于 $[t_{k-1}, t_k]$ 时间段很短，重力加速度和有害加速度补偿项在该时间段内变化十分缓慢，可近似看作常值，所以其积分值可近似看作时间的线性函数，根据式（6-27）有

$$\boldsymbol{V}^a(t) = \boldsymbol{V}_{k-1}^a + \Delta\boldsymbol{V}_{\mathrm{sf}}^a(t) + \Delta\boldsymbol{V}_g^a\frac{t - t_{k-1}}{T}(t_{k-1} \leqslant t \leqslant t_k) \tag{6-55}$$

式中

$$\Delta\boldsymbol{V}_{\mathrm{sf}(k)}^a = \int_{t_{k-1}}^{t_k} \boldsymbol{R}_b^a(t)\boldsymbol{f}^b(t)\mathrm{d}t \tag{6-56}$$

对式（6-55）两边在 $[t_{k-1}, t_k]$ 时间段内积分，得

$$\Delta\boldsymbol{P}_k^a = \left[\boldsymbol{V}_{k-1}^a + \frac{1}{2}\Delta\boldsymbol{V}_{g(k)}^a\right]T + \Delta\boldsymbol{P}_{\mathrm{sf}(k)}^a \tag{6-57}$$

且由式（6-30）得

$$\Delta\boldsymbol{P}_{\mathrm{sf}(k)}^a = \int_{t_{k-1}}^{t_k} \Delta\boldsymbol{V}_{\mathrm{sf}(k)}^a \mathrm{d}t = \boldsymbol{R}_{b(k-1)}^a \int_{t_{k-1}}^{t_k} \Delta\boldsymbol{V}_{\mathrm{sf}(k)}^{b(k-1)} \mathrm{d}t \tag{6-58}$$

参考式（6-46）分析计算，得

$$\begin{aligned}\Delta\boldsymbol{P}_{\mathrm{sf}(k)}^b &= \int_{t_{k-1}}^{t_k} \Delta\boldsymbol{V}_{\mathrm{sf}(k)}^{b(k-1)} \mathrm{d}t \\ &= \int_{t_{k-1}}^{t_k} \left[\Delta\boldsymbol{V}(t) + \frac{1}{2}\Delta\boldsymbol{\theta}^b(t)\times\Delta\boldsymbol{V}^b(t) + \Delta\boldsymbol{V}_{\mathrm{scul}}(t)\right]\mathrm{d}t\end{aligned} \tag{6-59}$$

记

$$\boldsymbol{\gamma}_1 = \frac{1}{2}\int_{t_{k-1}}^{t_k} \Delta\boldsymbol{\theta}^b(t)\times\Delta\boldsymbol{V}^b(t)\mathrm{d}t$$

对上述积分采用分部积分法求取，并记

$$\left.\begin{aligned}\boldsymbol{\gamma}_2 &= \frac{1}{2}\int_{t_{k-1}}^{t_k} \Delta\boldsymbol{\theta}^b(t)\times\Delta\boldsymbol{V}^b(t)\mathrm{d}t = \frac{1}{2}\boldsymbol{S}_{\Delta\boldsymbol{\theta}_k}^b\times\Delta\boldsymbol{V}_k^b - \frac{1}{2}\int_{t_{k-1}}^{t_k} \boldsymbol{S}_{\Delta\theta}^b(t)\times\boldsymbol{f}^b(t)\mathrm{d}t \\ \boldsymbol{\gamma}_3 &= \frac{1}{2}\int_{t_{k-1}}^{t_k} \Delta\boldsymbol{\theta}^b(t)\times\Delta\boldsymbol{V}^b(t)\mathrm{d}t = \frac{1}{2}\boldsymbol{\theta}_k^b\times\boldsymbol{S}_{\Delta\boldsymbol{V}_k}^b + \frac{1}{2}\int_{t_{k-1}}^{t_k} \boldsymbol{S}_{\Delta V}^b(t)\times\boldsymbol{\omega}_{ab}^b(t)\mathrm{d}t\end{aligned}\right\} \tag{6-60}$$

则

$$\frac{1}{2}\int_{t_{k-1}}^{t_k}\Delta\boldsymbol{\theta}^b(t)\times\Delta\boldsymbol{V}^b(t)\mathrm{d}t = \frac{1}{3}(\boldsymbol{\gamma}_1 + \boldsymbol{\gamma}_2 + \boldsymbol{\gamma}_3)$$

$$= \frac{1}{6}(\boldsymbol{S}_{\Delta\theta_k}^b\times\Delta\boldsymbol{V}_k^b + \boldsymbol{\theta}_k^b\times\boldsymbol{S}_{\Delta V_k}^b) +$$

$$\frac{1}{6}\int_{t_{k-1}}^{t_k}[\boldsymbol{S}_{\Delta V}^b(t)\times\boldsymbol{\omega}_{ab}^b(t) - \boldsymbol{S}_{\Delta\theta}^b(t)\times\boldsymbol{f}^b(t) + \Delta\boldsymbol{\theta}^b(t)\times\Delta\boldsymbol{V}^b(t)]\,\mathrm{d}t$$

$$(6-61)$$

将式（6-61）代入式（6-59）

$$\Delta\boldsymbol{P}_{\mathrm{sf}(k)}^b = \int_{t_{k-1}}^{t_k}\Delta\boldsymbol{V}_{\mathrm{sf}(k)}^b\,\mathrm{d}t = \boldsymbol{S}_{\Delta V_k}^b + \Delta\boldsymbol{P}_{\mathrm{rot}(k)}^b + \Delta\boldsymbol{P}_{\mathrm{scrl}(k)}^b \tag{6-62}$$

式中

$$\boldsymbol{S}_{\Delta V_k}^b = \int_{t_{k-1}}^{t_k}\Delta\boldsymbol{V}(t)\,\mathrm{d}t = \int_{t_{k-1}}^{t_k}\int_{t_{k-1}}^{t_k}\boldsymbol{f}^b(\tau)\,\mathrm{d}\tau\,\mathrm{d}t \tag{6-63}$$

为比力的二次积分增量。

$$\Delta\boldsymbol{P}_{\mathrm{rot}(k)}^b = \frac{1}{6}(\boldsymbol{S}_{\Delta\theta_k}^b\times\Delta\boldsymbol{V}_k^b + \Delta\boldsymbol{\theta}_k^b\times\boldsymbol{S}_{\Delta V_k}^b) \tag{6-64}$$

称为位置计算中的旋转效应补偿量。

$$\Delta\boldsymbol{P}_{\mathrm{scrl}(k)}^b = \frac{1}{6}\int_{t_{k-1}}^{t_k}[\boldsymbol{S}_{\Delta V}^b(t)\times\boldsymbol{\omega}_{ab}^b(t) - \boldsymbol{S}_{\Delta\theta}^b(t)\times\boldsymbol{f}^b(t) + \Delta\boldsymbol{\theta}^b(t)\times\Delta\boldsymbol{V}^b(t) + 6\Delta\boldsymbol{V}_{\mathrm{scul}}(t)]\mathrm{d}t$$

$$(6-65)$$

称为位置计算中的涡卷效应补偿量。式（6-65）说明，影响涡卷效应的因素有划桨效应和飞行器角运动和线运动之间的耦合效应。且当飞行器的角速度和加速度均为常值时，涡卷效应补偿量为零，但应注意旋转效应补偿量不为零。

由式（6-2）和式（6-3）可知

$$\Delta\boldsymbol{\theta}_k = \int_{t_{k-1}}^{t_k}\boldsymbol{\omega}_{ab}^b(t)\,\mathrm{d}t = T\boldsymbol{a} + T^2\boldsymbol{b} \tag{6-66}$$

$$\Delta\boldsymbol{V}_k = \int_{t_{k-1}}^{t_k}\boldsymbol{f}(t)\,\mathrm{d}t = T\boldsymbol{A} + T^2\boldsymbol{B} \tag{6-67}$$

$$\boldsymbol{S}_{\Delta\theta_k} = \int_{t_{k-1}}^{t_k}\int_{t_{k-1}}^{\tau}\boldsymbol{\omega}_{ab}^b(\mu)\,\mathrm{d}\mu\,\mathrm{d}\tau = \frac{T^2}{2}\boldsymbol{a} + \frac{T^3}{3}\boldsymbol{b} \tag{6-68}$$

$$\boldsymbol{S}_{\Delta V_k} = \int_{t_{k-1}}^{t_k}\int_{t_{k-1}}^{\tau}\boldsymbol{f}(\mu)\,\mathrm{d}\mu\,\mathrm{d}\tau = \frac{T^2}{2}\boldsymbol{A} + \frac{T^3}{3}\boldsymbol{B} \tag{6-69}$$

由式（6-50）得

$$\left.\begin{array}{l}\boldsymbol{a} = \dfrac{1}{T}(3\Delta\boldsymbol{\theta}_1 - \Delta\boldsymbol{\theta}_2), \quad \boldsymbol{b} = \dfrac{2}{T^2}(\Delta\boldsymbol{\theta}_2 - \Delta\boldsymbol{\theta}_1) \\[3mm] \boldsymbol{A} = \dfrac{1}{T}(3\Delta\boldsymbol{V}_1 - \Delta\boldsymbol{V}_2), \quad \boldsymbol{B} = \dfrac{2}{T^2}(\Delta\boldsymbol{V}_2 - \Delta\boldsymbol{V}_1)\end{array}\right\} \tag{6-70}$$

将式（6-66）~式（6-70）代入式（6-63）~式（6-65），得

$$\boldsymbol{S}_{\Delta V_k}^b = T\left(\frac{5}{6}\Delta\boldsymbol{V}_1 + \frac{1}{6}\Delta\boldsymbol{V}_2\right) \tag{6-71}$$

$$\Delta \boldsymbol{P}^b_{\mathrm{rot}(k)} = T \left[\Delta \boldsymbol{\theta}_1 \times \left(\frac{5}{18} \Delta \boldsymbol{V}_1 + \frac{1}{6} \Delta \boldsymbol{V}_2 \right) + \Delta \boldsymbol{\theta}_2 \times \left(\frac{1}{6} \Delta \boldsymbol{V}_1 + \frac{1}{18} \Delta \boldsymbol{V}_2 \right) \right] \quad (6-72)$$

$$\Delta \boldsymbol{P}^b_{\mathrm{scrl}(k)} = T \left[\Delta \boldsymbol{\theta}_1 \times \left(\frac{11}{90} \Delta \boldsymbol{V}_1 + \frac{1}{10} \Delta \boldsymbol{V}_2 \right) + \Delta \boldsymbol{\theta}_2 \times \left(\frac{1}{90} \Delta \boldsymbol{V}_2 - \frac{7}{30} \Delta \boldsymbol{V}_1 \right) \right] \quad (6-73)$$

至此，完成发惯系位置更新算法推导。

6.1.4　发惯系更新算法总结

综上所述，发惯系捷联惯导算法的更新过程如下：由前一周期的姿态 $\boldsymbol{q}^a_{b\,(k-1)}$、速度 $\boldsymbol{V}^a_{k-1}$、位置 $\boldsymbol{P}^a_{k-1}$，根据陀螺仪的输出速度 $\Delta \boldsymbol{\theta}_1$ 和 $\Delta \boldsymbol{\theta}_2$、加速度计数据 $\Delta \boldsymbol{V}_1$ 和 $\Delta \boldsymbol{V}_2$，得到当前周期的姿态 $\boldsymbol{q}^a_{b(k)}$、速度 $\boldsymbol{V}^a_k$、位置 $\boldsymbol{P}^a_k$，发惯系算法更新流程见表 6-1。

表 6-1　发惯系算法更新流程

类型	更新算法
姿态更新	$\boldsymbol{\Phi}_k = \Delta \boldsymbol{\theta}_1 + \Delta \boldsymbol{\theta}_2 + \dfrac{2}{3} \Delta \boldsymbol{\theta}_1 \times \Delta \boldsymbol{\theta}_2$（二子样算法） $\boldsymbol{q}^{b(k-1)}_{b(k)} = \cos \dfrac{\Phi_k}{2} + \dfrac{\boldsymbol{\Phi}_k}{\Phi_k} \sin \dfrac{\Phi_k}{2}$ $\boldsymbol{q}^a_{b(k)} = \boldsymbol{q}^a_{b(k-1)} \boldsymbol{q}^{b(k-1)}_{b(k)}$
速度更新	$\Delta \boldsymbol{V}_k = \Delta \boldsymbol{V}_1 + \Delta \boldsymbol{V}_2$（二子样，速度增量） $\Delta \boldsymbol{V}_{\mathrm{rot}(k)} = \dfrac{1}{2} \Delta \boldsymbol{\theta}_k \times \Delta \boldsymbol{V}_k$（旋转效应补偿项） $\Delta \boldsymbol{V}_{\mathrm{scul}(k)} = \dfrac{2}{3} (\Delta \boldsymbol{\theta}_1 \times \Delta \boldsymbol{V}_2 + \Delta \boldsymbol{V}_1 \times \Delta \boldsymbol{\theta}_2)$（划桨效应补偿项） $\Delta \boldsymbol{V}^{b(k-1)}_{\mathrm{sf}(k)} = \Delta \boldsymbol{V}_k + \Delta \boldsymbol{V}_{\mathrm{rot}(k)} + \Delta \boldsymbol{V}_{\mathrm{scul}(k)}$ $\Delta \boldsymbol{V}^a_{\mathrm{sf}(k)} = \boldsymbol{R}^a_{b(k-1)} \Delta \boldsymbol{V}^{b(k-1)}_{\mathrm{sf}(k)}$ $\Delta \boldsymbol{V}^a_{g(k)} \approx \boldsymbol{g}^a_{k-1/2} T$（重力速度增量） $\boldsymbol{V}^a_k = \boldsymbol{V}^a_{k-1} + \Delta \boldsymbol{V}^a_{\mathrm{sf}(k)} + \Delta \boldsymbol{V}^a_{g(k)}$
位置更新	$\boldsymbol{S}^b_{\Delta V_k} = T \left(\dfrac{5}{6} \Delta \boldsymbol{V}_1 + \dfrac{1}{6} \Delta \boldsymbol{V}_2 \right)$ 比力的二次积分增量 $\Delta \boldsymbol{P}^b_{\mathrm{rot}(k)} = T \left[\Delta \boldsymbol{\theta}_1 \times \left(\dfrac{5}{18} \Delta \boldsymbol{V}_1 + \dfrac{1}{6} \Delta \boldsymbol{V}_2 \right) + \Delta \boldsymbol{\theta}_2 \times \left(\dfrac{1}{6} \Delta \boldsymbol{V}_1 + \dfrac{1}{18} \Delta \boldsymbol{V}_2 \right) \right]$ 旋转效应补偿量 $\Delta \boldsymbol{P}^b_{\mathrm{scrl}(k)} = T \left[\Delta \boldsymbol{\theta}_1 \times \left(\dfrac{11}{90} \Delta \boldsymbol{V}_1 + \dfrac{1}{10} \Delta \boldsymbol{V}_2 \right) + \Delta \boldsymbol{\theta}_2 \times \left(\dfrac{1}{90} \Delta \boldsymbol{V}_2 - \dfrac{7}{30} \Delta \boldsymbol{V}_1 \right) \right]$ 涡卷效应补偿量 $\Delta \boldsymbol{P}^b_{\mathrm{sf}(k)} = \boldsymbol{S}^b_{\Delta V_k} + \Delta \boldsymbol{P}^b_{\mathrm{rot}(k)} + \Delta \boldsymbol{P}^b_{\mathrm{scrl}(k)}$ $\boldsymbol{P}^a_k = \boldsymbol{P}^a_{k-1} + \left(\boldsymbol{V}^a_{k-1} + \dfrac{1}{2} \Delta \boldsymbol{V}^a_{g(k)} \right) T + \boldsymbol{R}^a_b \Delta \boldsymbol{P}^b_{\mathrm{sf}(k)}$

6.2 发惯系捷联惯导数值更新简化算法

在 6.1 节中，介绍了发惯系下的捷联惯导二子样更新算法，本节将介绍发惯系下的捷联惯导简化算法，即单子样更新算法：每个更新周期，陀螺仪的输出为 $\Delta\boldsymbol{\theta}_k$，加速度计的输出为 $\Delta\boldsymbol{V}_k$。

姿态四元数更新的递推为式（6-5），记 $\boldsymbol{\Phi}_k$ 为载体坐标系相对发惯系等效旋转矢量，且有

$$\boldsymbol{\Phi}_k = \Delta\boldsymbol{\theta}_k \tag{6-74}$$

由旋转矢量 $\boldsymbol{\Phi}_k$，按照式（6-21）计算对应的四元数 $q_{b(k)}^{b(k-1)}$，再将计算出的 $q_{b(k)}^{b(k-1)}$ 代入式（6-5）完成姿态更新。

速度简化更新算法为

$$\boldsymbol{V}_k^a = \boldsymbol{V}_{k-1}^a + \boldsymbol{R}_b^a \Delta\boldsymbol{V}_k + \frac{3\boldsymbol{g}_{k-1}^a - \boldsymbol{g}_{k-2}^a}{2}T \tag{6-75}$$

式中，$\boldsymbol{g}_{k-1}^a$，$\boldsymbol{g}_{k-2}^a$ 分别为 t_{k-1}，t_{k-2} 时刻的引力矢量。

位置简化更新算法为

$$\boldsymbol{P}_k^a = \boldsymbol{P}_{k-1}^a + (\boldsymbol{V}_k^a + \boldsymbol{V}_{k-1}^a)\frac{T}{2} \tag{6-76}$$

6.3 发惯系捷联惯导误差方程

发惯系下的捷联惯导误差方程是研究发惯系惯导误差的方法，是发惯系下组合导航的基础，下面给出误差方程的详细推导过程。

6.3.1 发惯系姿态误差方程

在捷联惯导系统中，载体坐标系至计算坐标系的转换矩阵误差是由两个坐标系间旋转时的角速率误差引起的。在发惯系姿态方程编排有

$$\dot{\boldsymbol{R}}_b^a = \boldsymbol{R}_b^a \boldsymbol{\Omega}_{ab}^b \tag{6-77}$$

考虑测量和计算误差，计算得到的转换矩阵变换率为

$$\dot{\hat{\boldsymbol{R}}}_b^a = \hat{\boldsymbol{R}}_b^a \hat{\boldsymbol{\Omega}}_{ab}^b \tag{6-78}$$

计算得到的转换矩阵 $\hat{\boldsymbol{R}}_b^a$ 可以写为

$$\hat{\boldsymbol{R}}_b^a = \boldsymbol{R}_b^a + \delta\boldsymbol{R}_b^a \tag{6-79}$$

令

$$\delta\boldsymbol{R}_b^a = -\boldsymbol{\Psi}^a \boldsymbol{R}_b^a \tag{6-80}$$

得

$$\hat{\boldsymbol{R}}_b^a = (\boldsymbol{I} - \boldsymbol{\Psi}^a)\boldsymbol{R}_b^a \tag{6-81}$$

实际导航坐标系和计算坐标系之间存在误差角 $\boldsymbol{\phi}^a = [\phi_x \quad \phi_y \quad \phi_z]^T$，$\boldsymbol{\Psi}^a$ 为 $\boldsymbol{\phi}^a$ 的反对称矩阵

$$\boldsymbol{\Psi}^a = \begin{bmatrix} 0 & \phi_z & -\phi_y \\ -\phi_z & 0 & \phi_x \\ \phi_y & -\phi_x & 0 \end{bmatrix} \tag{6-82}$$

对式 (6-80) 两边求导，得

$$\delta\dot{\boldsymbol{R}}_b^a = -\dot{\boldsymbol{\Psi}}^a \boldsymbol{R}_b^a - \boldsymbol{\Psi}^a \dot{\boldsymbol{R}}_b^a \tag{6-83}$$

另外，对式 (6-77) 进行小扰动微分，再将式 (6-80) 代入，得

$$\delta\dot{\boldsymbol{R}}_b^a = \delta\boldsymbol{R}_b^a \boldsymbol{\Omega}_{ab}^b + \boldsymbol{R}_b^a \delta\boldsymbol{\Omega}_{ab}^b = -\boldsymbol{\Psi}^a \boldsymbol{R}_b^a \boldsymbol{\Omega}_{ab}^b + \boldsymbol{R}_b^a \delta\boldsymbol{\Omega}_{ab}^b \tag{6-84}$$

比较式 (6-83) 和式 (6-84)，可得

$$-\dot{\boldsymbol{\Psi}}^a \boldsymbol{R}_b^a = -\boldsymbol{R}_b^a \delta\boldsymbol{\Omega}_{ab}^b \tag{6-85}$$

即

$$\dot{\boldsymbol{\Psi}}^a = -\boldsymbol{R}_b^a \delta\boldsymbol{\Omega}_{ab}^b \boldsymbol{R}_a^b \tag{6-86}$$

式 (6-86) 写成矢量形式为

$$\dot{\boldsymbol{\phi}}^a = -\boldsymbol{R}_b^a \delta\boldsymbol{\omega}_{ab}^b \tag{6-87}$$

式中，陀螺仪测量误差 $\delta\boldsymbol{\omega}_{ab}^b = \delta\boldsymbol{\omega}_{ai}^b + \delta\boldsymbol{\omega}_{ib}^b$，且又因 $\delta\boldsymbol{\omega}_{ai}^b = \boldsymbol{0}$，假设 $\delta\boldsymbol{\omega}_{ib}^b$ 由等效陀螺仪随机常值漂移 $\boldsymbol{\varepsilon}^b$ 组成，则

$$\dot{\boldsymbol{\phi}}^a = -\boldsymbol{R}_b^a \boldsymbol{\varepsilon}^b \tag{6-88}$$

因此，姿态误差方程写成分量形式为

$$\begin{bmatrix} \dot{\phi}_x^a \\ \dot{\phi}_y^a \\ \dot{\phi}_z^a \end{bmatrix} = -\boldsymbol{R}_b^a \begin{bmatrix} \varepsilon_x^b \\ \varepsilon_y^b \\ \varepsilon_z^b \end{bmatrix} \tag{6-89}$$

6.3.2　发惯系速度误差方程

由式 (6-1) 可得发惯系下的速度微分方程为

$$\dot{\boldsymbol{V}}^a = \boldsymbol{R}_b^a \boldsymbol{f}^b + \boldsymbol{g}^a \tag{6-90}$$

进行小扰动微分，可得

$$\delta\dot{\boldsymbol{V}}^a = \delta\boldsymbol{R}_b^a \boldsymbol{f}^b + \boldsymbol{R}_b^a \delta\boldsymbol{f}^b + \delta\boldsymbol{g}^a \tag{6-91}$$

假设加速度计测量误差 $\delta\boldsymbol{f}^b$ 由等效加速度计随机常值零偏 $\boldsymbol{V}^b$ 组成，可得速度误差方程为

$$\delta\dot{\boldsymbol{V}}^a = \delta\boldsymbol{R}_b^a \boldsymbol{f}^b + \delta\boldsymbol{g}^a + \boldsymbol{R}_b^a \boldsymbol{V}^b \tag{6-92}$$

将式 (6-80) 代入式 (6-92)，得

$$\delta\dot{\boldsymbol{V}}^a = -\boldsymbol{\Psi}\boldsymbol{R}_b^a \boldsymbol{f}^b + \delta\boldsymbol{g}^a + \boldsymbol{R}_b^a \boldsymbol{V}^b \tag{6-93}$$

$$= \boldsymbol{F}^a \boldsymbol{\phi}^a + \delta\boldsymbol{g}^a + \boldsymbol{R}_b^a \boldsymbol{V}^b$$

式中，$\boldsymbol{F}^a = -\boldsymbol{R}_b^a \boldsymbol{f}^b$，$\delta\boldsymbol{g}^a$ 为引力偏差项，如式 (6-94) 所示，$\boldsymbol{G}_P^a$ 矩阵各项如式 (6-95) ～

式（6-97）所示。

$$\delta \boldsymbol{g}^a = \begin{bmatrix} \dfrac{\delta g_x^a}{\delta x} & \dfrac{\delta g_x^a}{\delta y} & \dfrac{\delta g_x^a}{\delta z} \\[3mm] \dfrac{\delta g_y^a}{\delta x} & \dfrac{\delta g_y^a}{\delta y} & \dfrac{\delta g_y^a}{\delta z} \\[3mm] \dfrac{\delta g_z^a}{\delta x} & \dfrac{\delta g_z^a}{\delta y} & \dfrac{\delta g_z^a}{\delta z} \end{bmatrix} \begin{bmatrix} \delta x \\ \delta y \\ \delta z \end{bmatrix} = \boldsymbol{G}_P^a \delta \boldsymbol{P} \tag{6-94}$$

$$\left. \begin{aligned} \frac{\partial g_x^a}{\partial x} &= -\frac{GM}{r^3}\left(1 - 3\frac{x^2}{r^2}\right) \\[2mm] \frac{\partial g_x^a}{\partial y} &= 3\frac{GM}{r^3}\frac{x(y+R_0)}{r^2} \\[2mm] \frac{\partial g_x^a}{\partial z} &= 3\frac{GM}{r^3}\frac{xz}{r^2} \end{aligned} \right\} \tag{6-95}$$

$$\left. \begin{aligned} \frac{\partial g_y^a}{\partial x} &= \frac{\partial g_x^a}{\partial y} \\[2mm] \frac{\partial g_y^a}{\partial y} &= -\frac{GM}{r^3}\left[1 - 3\frac{(R_0+y)^2}{r^2}\right] \\[2mm] \frac{\partial g_y^a}{\partial z} &= 3\frac{GM}{r^3}\frac{(y+R_0)z}{r^2} \end{aligned} \right\} \tag{6-96}$$

$$\left. \begin{aligned} \frac{\partial g_z^a}{\partial x} &= \frac{\partial g_x^a}{\partial z} \\[2mm] \frac{\partial g_z^a}{\partial y} &= \frac{\partial g_y^a}{\partial z} \\[2mm] \frac{\partial g_z^a}{\partial z} &= -\frac{GM}{r^3}\left(1 - 3\frac{z^2}{r^2}\right) \end{aligned} \right\} \tag{6-97}$$

$$r = \sqrt{x^2 + (R_0 + y)^2 + z^2} \tag{6-98}$$

式中，GM 为万有引力常数；$\boldsymbol{r} = [x, \ y+R_0, \ z]^{\mathrm{T}}$，$r = |\boldsymbol{r}|$；$R_0$ 为地球平均半径。

6.3.3　发惯系位置误差方程

发惯系下的位置微分方程式为

$$\dot{\boldsymbol{P}}^a = \boldsymbol{V}^a \tag{6-99}$$

可得位置误差方程为

$$\delta\dot{\boldsymbol{P}}^a = \delta\boldsymbol{V}^a \tag{6-100}$$

6.4　发惯系初始对准算法

惯性导航是一种完全自主的递推式导航，需要预先知道初始时刻的状态量，初始对准可以提供飞行器在导航坐标系下的初始位置、速度和姿态等参数，为后续递推计算提供前提条件。

绝大部分初始参数可以提前确定，如发射点的地理坐标等。飞行器（弹体）的方位指向一般在射前通过瞄准系统来测量或对准。捷联惯性测量组合（简称惯组）与弹体固连，在瞄准过程中惯组本身并不能转动，即无法强制将惯组的坐标系与射向对齐，否则就要转动弹体。惯组瞄准的主要目的是测量出惯组实际瞄准方位与理论射向之间的偏差，并在起飞控制弹体的滚动中消除该偏差。惯组实际瞄准方位的计算公式为

$$A_{发射} = A_{基准} + \Delta A_{准直} + (\beta_s + \psi_0)\tan B_{mc} + \alpha_s \tag{6-101}$$

式中，$A_{发射}$ 为捷联惯组轴 $O_s y_s$ 实际指向方位角；$A_{基准}$ 为瞄准仪所用外部基准的方位角；$\Delta A_{准直}$ 为瞄准仪测量出的捷联惯组棱镜法线方位角与 $A_{基准}$ 之差；B_{mc} 为瞄准仰角；α_s 为瞄准棱镜相对惯组坐标系绕 $O_s x_s$ 轴方向的安装误差；β_s 为瞄准相对惯组坐标系绕 $O_s y_s$ 轴方向的安装误差；ψ_0 为捷联惯组测量轴的不水平度。

采用惯组测量信息时，在起飞时刻建立的发射关系坐标系是一个"数字平台"，除了考虑瞄准偏差外，还要考虑自身的不水平度。而对于惯性平台而言，其建立的"物理平台"的不水平度、瞄准偏差等均由平台自身所保证。

惯组要消除不水平度的影响，不水平度主要由安装以及结构变形造成。当飞行器处于静止状态时，不水平度通过自身的横法向加速度计就可以测出来，俯仰角初值 $\Delta\varphi_0$ 和偏航角初值 ψ_0 的计算公式为

$$\left.\begin{array}{l} \Delta\varphi_0 = -\dfrac{\displaystyle\sum^{\Delta T}\delta\omega_y}{g_0\Delta T} \\[4mm] \psi_0 = -\dfrac{\displaystyle\sum^{\Delta T}\delta\omega_z}{g_0\Delta T} \end{array}\right\} \tag{6-102}$$

式中，$\displaystyle\sum^{\Delta T}\delta\omega_y$ 为 ΔT 时间段的弹体 y 轴视速度增量；$\displaystyle\sum^{\Delta T}\delta\omega_z$ 为 ΔT 时间段的弹体 z 轴视速度增量。以上得到的是 ΔT 时间段的平均不水平度。当发射前有风等因素的影响时，弹体会轻微晃动，如希望确定出更为准确的瞬时不水平度，则需要同时利用加速度计和陀螺仪的输出进行滤波得到。

根据加速度计敏感地球支撑力得到的不水平度，是弹体横向轴和法向轴相对大地水平面的角度，由此可以建立发惯系，弹体初始姿态用四元数形式表示为

$$\varphi_0 = \frac{\pi}{2} + \Delta\varphi_0 \tag{6-103}$$

$$\left.\begin{array}{l} q_0 = \cos\dfrac{\gamma_0}{2}\sin\dfrac{\psi_0}{2}\cos\dfrac{\varphi_0}{2} + \sin\dfrac{\gamma_0}{2}\sin\dfrac{\psi_0}{2}\sin\dfrac{\varphi_0}{2} \\[3mm] q_1 = \sin\dfrac{\gamma_0}{2}\cos\dfrac{\psi_0}{2}\cos\dfrac{\varphi_0}{2} - \cos\dfrac{\gamma_0}{2}\sin\dfrac{\psi_0}{2}\sin\dfrac{\varphi_0}{2} \\[3mm] q_2 = \cos\dfrac{\gamma_0}{2}\sin\dfrac{\psi_0}{2}\cos\dfrac{\varphi_0}{2} + \sin\dfrac{\gamma_0}{2}\cos\dfrac{\psi_0}{2}\sin\dfrac{\varphi_0}{2} \\[3mm] q_3 = \cos\dfrac{\gamma_0}{2}\cos\dfrac{\psi_0}{2}\sin\dfrac{\varphi_0}{2} - \sin\dfrac{\gamma_0}{2}\sin\dfrac{\psi_0}{2}\cos\dfrac{\varphi_0}{2} \end{array}\right\} \tag{6-104}$$

式中，$\gamma_0' = A_0 - A_{发射}$ 是初始滚转角。

6.5 发惯系惯性/卫星组合导航算法

捷联惯导（SINS）/卫星（GNSS）组合导航是目前应用最多的组合导航系统，在 SINS/GNSS 组合导航系统中，采用间接法卡尔曼滤波，即以导航子系统输出参数的误差作为组合导航系统状态，这里主要是 SINS 误差和惯性器件误差。首先，由 SINS 和卫星接收机对飞行器的三维位置和速度参数分别进行测量；然后，将 SINS 和 GNSS 接收机各自输出的对应导航参数相减作为量测量，送入 SINS/GNSS 组合导航卡尔曼滤波器进行滤波计算，从而获得系统状态（SINS 误差）的最优估计值；接着，利用系统误差的估计值实时对 SINS 进行误差校正；最后，将经过校正的捷联惯导的输出作为 SINS/GNSS 组合导航系统的输出。

常用的 SINS/GNSS 组合导航算法包括松耦合与紧耦合组合。松耦合算法是利用 SINS 与 GNSS 输出的位置和速度信息之间的差值进行卡尔曼滤波，对 SINS 的姿态、速度以及位置信息进行校正，算法相对比较简单，容易实现。紧耦合算法是通过 GNSS 的伪距、伪距率观测量与 SINS 计算得到的伪距、伪距率进行对比，不需要进行卫星定位解算。紧耦合相对松耦合最大的优势在于：在有效卫星数少于正常卫星定位所需卫星颗数（4颗）时，也能进行组合导航，在很大程度上减小了卫星丢失信号对组合导航系统带来的不良影响，极大地提高了系统性能。

6.5.1 发惯系惯导/卫星松耦合组合导航算法

发惯系惯导/卫星松耦合组合导航算法由发惯系惯导/卫星松耦合状态方程和量测方程组成。

6.5.1.1 发惯系松耦合状态方程

前面已详细分析过发惯系 SINS 的误差方程，且假设陀螺仪测量误差 $\delta\boldsymbol{\omega}_{ab}^b$ 由陀螺仪零偏 $\boldsymbol{\varepsilon}^b$ 组成，加速度计测量误差 $\delta\boldsymbol{f}^b$ 由加速度计零偏 $\boldsymbol{V}^b$ 组成，则采用的 SINS/GNSS 组合导航的状态变量为 15 维，即

$$\boldsymbol{X} = [\boldsymbol{\phi}^a \quad \delta\boldsymbol{V}^a \quad \delta\boldsymbol{P}^a \quad \boldsymbol{\varepsilon}^b \quad \boldsymbol{V}^b]^{\mathrm{T}} \qquad (6-105)$$

发惯系组合导航松耦合状态方程为

$$\dot{\boldsymbol{X}} = \boldsymbol{FX} + \boldsymbol{GW} \qquad (6-106)$$

式中，$\boldsymbol{G}$ 为噪声驱动矩阵；$\boldsymbol{W}$ 为过程噪声矢量，且状态转移矩阵 $\boldsymbol{F}$ 为

$$\boldsymbol{F} = \begin{bmatrix} \boldsymbol{0}_{3\times3} & \boldsymbol{0}_{3\times3} & \boldsymbol{0}_{3\times3} & -\boldsymbol{R}_b^a & \boldsymbol{0}_{3\times3} \\ \boldsymbol{F}^a & \boldsymbol{0}_{3\times3} & \boldsymbol{G}_P^a & \boldsymbol{0}_{3\times3} & \boldsymbol{R}_b^a \\ \boldsymbol{0}_{3\times3} & \boldsymbol{I}_{3\times3} & \boldsymbol{0}_{3\times3} & \boldsymbol{0}_{3\times3} & \boldsymbol{0}_{3\times3} \\ \boldsymbol{0}_{3\times3} & \boldsymbol{0}_{3\times3} & \boldsymbol{0}_{3\times3} & \boldsymbol{0}_{3\times3} & \boldsymbol{0}_{3\times3} \\ \boldsymbol{0}_{3\times3} & \boldsymbol{0}_{3\times3} & \boldsymbol{0}_{3\times3} & \boldsymbol{0}_{3\times3} & \boldsymbol{0}_{3\times3} \end{bmatrix} \qquad (6-107)$$

6.5.1.2 发惯系松耦合量测方程

松耦合组合导航主要是采用 GNSS 的位置和速度进行组合导航,当 SINS/GNSS 组合导航系统的组合模式选择位置和速度组合时,则组合导航系统的量测值包含两种:一种为位置量测差值,另一种为速度量测差值。所谓位置量测差值,是由 SINS 给出的位置信息与 GNSS 接收机计算出的相应的位置信息求差,作为一种量测信息;所谓速度量测差值,是由 SINS 给出的速度信息与 GNSS 接收机给出的相应的速度信息求差,作为另一种量测信息。

SINS 的位置和速度量测信息可表示为

$$\begin{bmatrix} \boldsymbol{V}_I \\ \boldsymbol{P}_I \end{bmatrix} = \begin{bmatrix} \boldsymbol{V}_t \\ \boldsymbol{P}_t \end{bmatrix} + \begin{bmatrix} \delta \boldsymbol{V}_I \\ \delta \boldsymbol{P}_I \end{bmatrix} \tag{6-108}$$

式中,$\boldsymbol{V}_I$,$\boldsymbol{P}_I$ 为惯导输出的发惯系速度和位置;$\delta \boldsymbol{V}_I$,$\delta \boldsymbol{P}_I$ 为惯导输出速度和位置时相应的误差;$\boldsymbol{V}_t$,$\boldsymbol{P}_t$ 为飞行器速度和位置真值。

GNSS 卫星导航的速度和位置可表示为

$$\begin{bmatrix} \boldsymbol{V}_S \\ \boldsymbol{P}_S \end{bmatrix} = \begin{bmatrix} \boldsymbol{V}_t \\ \boldsymbol{P}_t \end{bmatrix} + \begin{bmatrix} \delta \boldsymbol{V}_S \\ \delta \boldsymbol{P}_S \end{bmatrix} \tag{6-109}$$

式中,$\boldsymbol{V}_S$,$\boldsymbol{P}_S$ 为卫星导航输出的速度、位置;$\delta \boldsymbol{V}_S$,$\delta \boldsymbol{P}_S$ 为卫星导航输出速度、位置时相应的误差。

由式(6-108)和式(6-109),发惯系组合导航松耦合量测方程为

$$\boldsymbol{Z}_{vp} = \boldsymbol{H}_{vp} \boldsymbol{X} + \boldsymbol{V}_{vp} \tag{6-110}$$

式中,$\boldsymbol{Z}_{vp}$ 为速度位置量测矢量,$\boldsymbol{X}$ 为状态矢量,如式(6-111)所示;$\boldsymbol{H}_{vp}$ 为观测矩阵,如式(6-112)所示;$\boldsymbol{V}_{vp}$ 为速度位置量测噪声。

$$\boldsymbol{Z}_{vp} = \begin{bmatrix} \boldsymbol{V}_I - \boldsymbol{V}_S \\ \boldsymbol{P}_I - \boldsymbol{P}_S \end{bmatrix} \tag{6-111}$$

$$\boldsymbol{H}_{vp} = \begin{bmatrix} \boldsymbol{0}_{3\times3} & \boldsymbol{I}_{3\times3} & \boldsymbol{0}_{3\times3} & \boldsymbol{0}_{3\times3} & \boldsymbol{0}_{3\times3} \\ \boldsymbol{0}_{3\times3} & \boldsymbol{0}_{3\times3} & \boldsymbol{I}_{3\times3} & \boldsymbol{0}_{3\times3} & \boldsymbol{0}_{3\times3} \end{bmatrix} \tag{6-112}$$

6.5.1.3 GNSS 卫星位置和速度的转换

由于卫星接收机输出的是地心地固坐标系的位置和速度,需要将其转换到发惯系下。设卫星地固坐标系下的位置和速度为 $\boldsymbol{p}_S^e$ 和 $\boldsymbol{v}_S^e$,首先转换发射地心惯性坐标系(LECI)下,得到 LECI 下的位置 $\boldsymbol{p}_S^t$ 和速度 $\boldsymbol{v}_S^t$,如式(6-113)和式(6-114)所示。

$$\boldsymbol{p}_S^t = \boldsymbol{R}_z (-\omega_{ie}t) \boldsymbol{p}_S^e \tag{6-113}$$

$$\boldsymbol{v}_S^t = \boldsymbol{R}_z (-\omega_{ie}t) \left(\boldsymbol{v}_S^e + \begin{bmatrix} 0 \\ 0 \\ \omega_{ie} \end{bmatrix} \times \boldsymbol{p}_S^e \right) \tag{6-114}$$

再将 LECI 下的位置 $\boldsymbol{p}_S^t$ 和速度 $\boldsymbol{v}_S^t$ 转换到发惯系(LCI)下,得到卫星接收机在 LCI 下的位置 $\boldsymbol{P}_S^c$ 和速度 $\boldsymbol{V}_S^c$,如式(6-115)和式(6-116)所示。

$$P_S^a = R_t^a (p_S^t - p_0^t) \tag{6-115}$$

$$V_S^a = R_t^a v_S^t \tag{6-116}$$

6.5.2 发惯系惯导/卫星紧耦合组合导航算法

发惯系惯导/卫星紧耦合组合导航算法由发惯系惯导/卫星紧耦合状态方程和发惯系惯导/卫星紧耦合量测方程组成，发惯系惯导/卫星紧耦合状态方程包括 SINS 误差状态方程和 GPS 误差状态方程（在紧耦合组合导航中，以 GPS 为例进行介绍），发惯系惯导/卫星紧耦合量测方程中量测量由伪距和伪距率构成，对应分别有伪距量测方程和伪距率量测方程。

6.5.2.1 发惯系紧耦合组合导航方程

GPS 连续卡尔曼滤波系统方程为

$$\delta \dot{x}_{GPS} = F_{GPS} \delta x_{GPS} + G_{GPS} w_{GPS} \tag{6-117}$$

式中，状态矢量为 $\delta x_{GPS} = [\delta b_r \quad \delta d_r]^T$；$w_{GPS}$ 为高斯白噪声单位方差。$\delta b_r = c \delta t_r$，为时钟偏差造成的距离误差（m）；$\delta d_r = c \delta i_r$，为时钟漂移（m/s）。

由于

$$\left. \begin{array}{l} \delta \dot{b}_r = \delta d_r + w_b \\ \delta \dot{d}_r = w_d \end{array} \right\} \tag{6-118}$$

将式（6-118）代入式（6-117）中，可得

$$\begin{bmatrix} \delta \dot{b}_r \\ \delta \dot{d}_r \end{bmatrix} = \begin{bmatrix} 0 & 1 \\ 0 & 0 \end{bmatrix} \begin{bmatrix} \delta b_r \\ \delta d_r \end{bmatrix} + \begin{bmatrix} 1 & 0 \\ 0 & 1 \end{bmatrix} \begin{bmatrix} w_b \\ w_d \end{bmatrix} \tag{6-119}$$

式中，w_b 为时钟偏差白噪声的标准差；w_d 为时钟漂移白噪声的标准差。因此

$$F_{GPS} = \begin{bmatrix} 0 & 1 \\ 0 & 0 \end{bmatrix} \tag{6-120}$$

噪声驱动矢量为

$$G_{GPS} = \begin{bmatrix} 1 & 0 \\ 0 & 1 \end{bmatrix} \tag{6-121}$$

SINS/GPS 紧耦合误差状态方程为

$$\delta \dot{x} = F \delta x + G w \tag{6-122}$$

将 SINS 误差状态方程和 GPS 误差状态方程合并可得

$$\begin{bmatrix} \delta \dot{x}_{SINS} \\ \delta \dot{x}_{GPS} \end{bmatrix} = \begin{bmatrix} F_{SINS} & \mathbf{0}_{15 \times 2} \\ \mathbf{0}_{2 \times 15} & F_{GPS} \end{bmatrix} \begin{bmatrix} \delta x_{SINS} \\ \delta x_{GPS} \end{bmatrix} + \begin{bmatrix} G_{SINS} & \mathbf{0}_{15 \times 2} \\ \mathbf{0}_{2 \times 6} & G_{GPS} \end{bmatrix} \begin{bmatrix} w_{SINS} \\ w_{GPS} \end{bmatrix} \tag{6-123}$$

$$\begin{bmatrix} \dot{\boldsymbol{\phi}}^a \\ \delta\dot{\boldsymbol{V}}^a \\ \delta\dot{\boldsymbol{P}}^a \\ \dot{\boldsymbol{\varepsilon}}^b \\ \dot{\boldsymbol{\nabla}}^b \\ \delta\dot{b}_r \\ \delta\dot{d}_r \end{bmatrix} = \begin{bmatrix} \boldsymbol{0}_{3\times3} & \boldsymbol{0}_{3\times3} & \boldsymbol{0}_{3\times3} & -\boldsymbol{R}_b^a & \boldsymbol{0}_{3\times3} & \\ \boldsymbol{F}^a & \boldsymbol{0}_{3\times3} & \boldsymbol{G}_P^a & \boldsymbol{0}_{3\times3} & \boldsymbol{R}_b^a & \\ \boldsymbol{0}_{3\times3} & \boldsymbol{I}_{3\times3} & \boldsymbol{0}_{3\times3} & \boldsymbol{0}_{3\times3} & \boldsymbol{0}_{3\times3} & \boldsymbol{0}_{15\times2} \\ \boldsymbol{0}_{3\times3} & \boldsymbol{0}_{3\times3} & \boldsymbol{0}_{3\times3} & \boldsymbol{0}_{3\times3} & \boldsymbol{0}_{3\times3} & \\ \boldsymbol{0}_{3\times3} & \boldsymbol{0}_{3\times3} & \boldsymbol{0}_{3\times3} & \boldsymbol{0}_{3\times3} & \boldsymbol{0}_{3\times3} & \\ & & \boldsymbol{0}_{2\times15} & & & \begin{matrix} 0 & 1 \\ 0 & 0 \end{matrix} \end{bmatrix} \begin{bmatrix} \boldsymbol{\phi}^a \\ \delta\boldsymbol{V}^a \\ \delta\boldsymbol{P}^a \\ \boldsymbol{\varepsilon}^b \\ \boldsymbol{\nabla}^b \\ \delta b_r \\ \delta d_r \end{bmatrix} + \begin{bmatrix} -\boldsymbol{R}_b^a & \boldsymbol{0}_{3\times3} & \\ \boldsymbol{0}_{3\times3} & \boldsymbol{R}_b^a & \\ \boldsymbol{0}_{3\times3} & \boldsymbol{0}_{3\times3} & \boldsymbol{0}_{15\times2} \\ \boldsymbol{0}_{3\times3} & \boldsymbol{0}_{3\times3} & \\ \boldsymbol{0}_{3\times3} & \boldsymbol{0}_{3\times3} & \\ & \boldsymbol{0}_{2\times6} & \begin{matrix} 1 & 0 \\ 0 & 1 \end{matrix} \end{bmatrix} \begin{bmatrix} w_g \\ w_a \\ w_b \\ w_d \end{bmatrix}$$

发惯系紧耦合组合导航离散卡尔曼滤波量测方程为

$$\delta\boldsymbol{z}_k = \boldsymbol{H}_k\delta\boldsymbol{x}_k + \boldsymbol{\eta}_k \qquad (6-124)$$

对于 M 颗可见卫星而言

$$\delta\boldsymbol{z} = \begin{bmatrix} \delta\boldsymbol{z}_\rho \\ \delta\boldsymbol{z}_{\dot{\rho}} \end{bmatrix} = \begin{bmatrix} \boldsymbol{\rho}_{\text{SINS}} - \boldsymbol{\rho}_{\text{GPS}} \\ \dot{\boldsymbol{\rho}}_{\text{SINS}} - \dot{\boldsymbol{\rho}}_{\text{GPS}} \end{bmatrix} = \begin{bmatrix} \rho_{\text{SINS}}^1 - \rho_{\text{GPS}}^1 \\ \rho_{\text{SINS}}^2 - \rho_{\text{GPS}}^2 \\ \vdots \\ \rho_{\text{SINS}}^M - \rho_{\text{GPS}}^M \\ \dot{\rho}_{\text{SINS}}^1 - \dot{\rho}_{\text{GPS}}^1 \\ \dot{\rho}_{\text{SINS}}^2 - \dot{\rho}_{\text{GPS}}^2 \\ \vdots \\ \dot{\rho}_{\text{SINS}}^M - \dot{\rho}_{\text{GPS}}^M \end{bmatrix}$$

$$= \begin{bmatrix} \boldsymbol{0}_{M\times3} & \boldsymbol{0}_{M\times3} & \boldsymbol{H}_{M\times3}^\rho & \boldsymbol{0}_{M\times6} & -\boldsymbol{1}_{M\times1} & \boldsymbol{0}_{M\times1} \\ \boldsymbol{0}_{M\times3} & \boldsymbol{H}_{M\times3}^{\dot{\rho}} & \boldsymbol{0}_{M\times3} & \boldsymbol{0}_{M\times6} & \boldsymbol{0}_{M\times1} & -\boldsymbol{1}_{M\times1} \end{bmatrix} \delta\boldsymbol{x}_{17\times1} + \begin{bmatrix} \tilde{\boldsymbol{\varepsilon}}_{\rho,M\times1} \\ \tilde{\boldsymbol{\varepsilon}}_{\dot{\rho},M\times1} \end{bmatrix}$$

$$(6-125)$$

由式（6-125）可知，紧耦合量测方程由伪距量测方程和伪距率量测方程构成，通过 $\boldsymbol{\rho}_{\text{SINS}} - \boldsymbol{\rho}_{\text{GPS}}$ 得到伪距量测方程，通过 $\dot{\boldsymbol{\rho}}_{\text{SINS}} - \dot{\boldsymbol{\rho}}_{\text{GPS}}$ 得到伪距率量测方程，以下逐步推导。

6.5.2.2　发惯系紧耦合伪距量测方程

卫星接收机与第 m 颗卫星的伪距可表示为

$$\rho_{\text{GPS}}^m = \sqrt{(x^e - x^m)^2 + (y^e - y^m)^2 + (z^e - z^m)^2} + \delta b_r + \tilde{\varepsilon}_\rho^m \qquad (6-126)$$

式中，$\delta b_r = c\delta t_r$，为时钟偏差造成的距离误差（m）；$\boldsymbol{p}^e = [x^e, \ y^e, \ z^e]^\mathrm{T}$ 为卫星接收机在地心地固坐标系下的位置；(x^m, y^m, z^m) 为第 m 颗卫星在地心地固坐标系的位置，可由卫星星历计算得到。

由于式（6-126）是非线性的，对其进行线性化，对式（6-126）泰勒级数展开可得

$$\rho_{\mathrm{GPS}}^m = f(x,y,z)$$

$$= f(x_i,y_i,z_i) + \frac{\partial f}{\partial x}\Big|_{x_i,y_i,z_i}(x-x_i) + \frac{\partial f}{\partial y}\Big|_{x_i,y_i,z_i}(y-y_i) + \frac{\partial f}{\partial z}\Big|_{x_i,y_i,z_i}(z-z_i) +$$

$$(b-b_0)\cdots$$

$$(6-127)$$

取 $(x_i,\ y_i,\ z_i)$ 为 $(x_{\mathrm{SINS}}^e,\ y_{\mathrm{SINS}}^e,\ z_{\mathrm{SINS}}^e)$，$(x_{\mathrm{SINS}}^e,\ y_{\mathrm{SINS}}^e,\ z_{\mathrm{SINS}}^e)$ 为地心地固坐标系下捷联惯导解算得到的位置，将式 (6-126) 和 $(x_{\mathrm{SINS}}^e,\ y_{\mathrm{SINS}}^e,\ z_{\mathrm{SINS}}^e)$ 代入式 (6-127) 中，可得

$$\rho_{\mathrm{GPS}}^m = \sqrt{(x_{\mathrm{SINS}}^e-x^m)^2+(y_{\mathrm{SINS}}^e-y^m)^2+(z_{\mathrm{SINS}}^e-z^m)^2} +$$

$$\frac{(x_{\mathrm{SINS}}^e-x^m)(x-x_{\mathrm{SINS}}^e)+(y_{\mathrm{SINS}}^e-y^m)(y-y_{\mathrm{SINS}}^e)+(z_{\mathrm{SINS}}^e-z^m)(z-z_{\mathrm{SINS}}^e)}{\sqrt{(x_{\mathrm{SINS}}^e-x^m)^2+(y_{\mathrm{SINS}}^e-y^m)^2+(z_{\mathrm{SINS}}^e-z^m)^2}} +$$

$$\delta b_r + \widetilde{\varepsilon}_\rho^m$$

$$(6-128)$$

式中，由捷联惯导位置计算得到的伪距为

$$\rho_{\mathrm{SINS}}^m = \sqrt{(x_{\mathrm{SINS}}^e-x^m)^2+(y_{\mathrm{SINS}}^e-y^m)^2+(z_{\mathrm{SINS}}^e-z^m)^2} \qquad (6-129)$$

将式 (6-128) 与式 (6-129) 求差，可得

$$\rho_{\mathrm{SINS}}^m - \rho_{\mathrm{GPS}}^m = -\frac{(x_{\mathrm{SINS}}^e-x^m)(x-x_{\mathrm{SINS}}^e)+(y_{\mathrm{SINS}}^e-y^m)(y-y_{\mathrm{SINS}}^e)+(z_{\mathrm{SINS}}^e-z^m)(z-z_{\mathrm{SINS}}^e)}{\sqrt{(x_{\mathrm{SINS}}^e-x^m)^2+(y_{\mathrm{SINS}}^e-y^m)^2+(z_{\mathrm{SINS}}^e-z^m)^2}} -$$

$$\delta b_r + \widetilde{\varepsilon}_\rho^m$$

$$(6-130)$$

定义从第 m 颗卫星到捷联惯导解算出的飞行器位置的视线单位矢量为

$$\mathbf{1}_{\mathrm{SINS}}^m = \begin{bmatrix} 1_{x,\mathrm{SINS}}^m \\ 1_{y,\mathrm{SINS}}^m \\ 1_{z,\mathrm{SINS}}^m \end{bmatrix} = \begin{bmatrix} \dfrac{x_{\mathrm{SINS}}^e-x^m}{\sqrt{(x_{\mathrm{SINS}}^e-x^m)^2+(y_{\mathrm{SINS}}^e-y^m)^2+(z_{\mathrm{SINS}}^e-z^m)^2}} \\ \dfrac{y_{\mathrm{SINS}}^e-y^m}{\sqrt{(x_{\mathrm{SINS}}^e-x^m)^2+(y_{\mathrm{SINS}}^e-y^m)^2+(z_{\mathrm{SINS}}^e-z^m)^2}} \\ \dfrac{z_{\mathrm{SINS}}^e-z^m}{\sqrt{(x_{\mathrm{SINS}}^e-x^m)^2+(y_{\mathrm{SINS}}^e-y^m)^2+(z_{\mathrm{SINS}}^e-z^m)^2}} \end{bmatrix} \quad (6-131)$$

将式 (6-131) 代入式 (6-130) 中，得

$$\rho_{\mathrm{SINS}}^m - \rho_{\mathrm{GPS}}^m = 1_{x,\mathrm{SINS}}^m \delta x^e + 1_{y,\mathrm{SINS}}^m \delta y^e + 1_{z,\mathrm{SINS}}^m \delta z^e - \delta b_r + \widetilde{\varepsilon}_\rho^m \qquad (6-132)$$

式中

$$\begin{bmatrix} \delta x^e \\ \delta y^e \\ \delta z^e \end{bmatrix} = \begin{bmatrix} x_{\mathrm{SINS}}^e-x^e \\ y_{\mathrm{SINS}}^e-y^e \\ z_{\mathrm{SINS}}^e-z^e \end{bmatrix} \qquad (6-133)$$

将式 (6-133) 代入式 (6-132) 中，并写成矩阵形式，可得

$$\delta z_\rho^m = \rho_{\text{SINS}}^m - \rho_{\text{GPS}}^m = \begin{bmatrix} 1_{x,\text{SINS}}^m & 1_{y,\text{SINS}}^m & 1_{z,\text{SINS}}^m \end{bmatrix} \begin{bmatrix} \delta x^e \\ \delta y^e \\ \delta z^e \end{bmatrix} - \delta b_r + \tilde{\varepsilon}_\rho^m \qquad (6-134)$$

对于 M 颗可见卫星而言，式（6-134）可以写成

$$\delta z_\rho = \boldsymbol{\rho}_{\text{SINS}} - \boldsymbol{\rho}_{\text{GPS}} = \begin{bmatrix} \rho_{\text{SINS}}^1 - \rho_{\text{GPS}}^1 \\ \rho_{\text{SINS}}^2 - \rho_{\text{GPS}}^2 \\ \vdots \\ \rho_{\text{SINS}}^M - \rho_{\text{GPS}}^M \end{bmatrix}$$

$$\qquad\qquad (6-135)$$

$$= \begin{bmatrix} 1_{x,\text{SINS}}^1 & 1_{y,\text{SINS}}^1 & 1_{z,\text{SINS}}^1 \\ 1_{x,\text{SINS}}^2 & 1_{y,\text{SINS}}^2 & 1_{z,\text{SINS}}^2 \\ \vdots & \vdots & \vdots \\ 1_{x,\text{SINS}}^M & 1_{y,\text{SINS}}^M & 1_{z,\text{SINS}}^M \end{bmatrix} \begin{bmatrix} \delta x^e \\ \delta y^e \\ \delta z^e \end{bmatrix} - \begin{bmatrix} \delta b_r^1 \\ \delta b_r^2 \\ \vdots \\ \delta b_r^M \end{bmatrix} + \begin{bmatrix} \tilde{\varepsilon}_\rho^1 \\ \tilde{\varepsilon}_\rho^2 \\ \vdots \\ \tilde{\varepsilon}_\rho^M \end{bmatrix}$$

定义

$$\boldsymbol{G}_{M\times3} = \begin{bmatrix} 1_{x,\text{SINS}}^1 & 1_{y,\text{SINS}}^1 & 1_{z,\text{SINS}}^1 \\ 1_{x,\text{SINS}}^2 & 1_{y,\text{SINS}}^2 & 1_{z,\text{SINS}}^2 \\ \vdots & \vdots & \vdots \\ 1_{x,\text{SINS}}^M & 1_{y,\text{SINS}}^M & 1_{z,\text{SINS}}^M \end{bmatrix}, \delta\boldsymbol{b}_{r,M\times1} = \begin{bmatrix} \delta b_r^1 \\ \delta b_r^2 \\ \vdots \\ \delta b_r^M \end{bmatrix}, \tilde{\boldsymbol{\varepsilon}}_{\rho,M\times1} = \begin{bmatrix} \tilde{\varepsilon}_\rho^1 \\ \tilde{\varepsilon}_\rho^2 \\ \vdots \\ \tilde{\varepsilon}_\rho^M \end{bmatrix} \qquad (6-136)$$

将式（6-136）代入式（6-135）中，可得

$$\delta z_\rho = \boldsymbol{\rho}_{\text{SINS}} - \boldsymbol{\rho}_{\text{GPS}} = \boldsymbol{G}_{M\times3} \begin{bmatrix} \delta x^e \\ \delta y^e \\ \delta z^e \end{bmatrix} - \delta\boldsymbol{b}_{r,M\times1} + \tilde{\boldsymbol{\varepsilon}}_{\rho,M\times1} \qquad (6-137)$$

将发惯系下的位置误差转换到地心地固坐标系，可得

$$\begin{bmatrix} \delta x^e \\ \delta y^e \\ \delta z^e \end{bmatrix} = \boldsymbol{R}_z(\omega_{ie}t)\boldsymbol{R}_a^t \begin{bmatrix} \delta x^a \\ \delta y^a \\ \delta z^a \end{bmatrix} \qquad (6-138)$$

式中，$\boldsymbol{R}_a^t = \boldsymbol{R}_g^e$。令

$$\boldsymbol{H}_{M\times3}^\rho = \boldsymbol{G}_{M\times3}\boldsymbol{R}_z(\omega_{ie}t)\boldsymbol{R}_a^t \qquad (6-139)$$

将式（6-138）和式（6-139）代入式（6-137）中，可得

$$\delta z_\rho = \boldsymbol{\rho}_{\text{SINS}} - \boldsymbol{\rho}_{\text{GPS}} = \boldsymbol{H}_{M\times3}^\rho \begin{bmatrix} \delta x_a \\ \delta y_a \\ \delta z_a \end{bmatrix} - \delta\boldsymbol{b}_{r,M\times1} + \tilde{\boldsymbol{\varepsilon}}_{\rho,M\times1} \qquad (6-140)$$

6.5.2.3　发惯系紧耦合伪距率量测方程

由卫星和飞行器运动造成的多普勒频率可以用相对速度在视线方向上的投影乘以发射频率，再除以光速得到

$$D^m = \frac{[(\boldsymbol{v}^m - \boldsymbol{v}) \cdot \boldsymbol{1}^m] L_1}{c} \qquad (6-141)$$

式中，$\boldsymbol{v}^m = [v_x^m, \ v_y^m, \ v_z^m]^{\mathrm{T}}$ 为第 m 颗卫星在地心地固坐标系下的速度；$\boldsymbol{v} = [v_x, \ v_y, \ v_z]^{\mathrm{T}}$ 为地心地固坐标系下飞行器的真实速度；L_1 为卫星信号发射频率；c 为光速；$\boldsymbol{1}^m$ 为第 m 颗卫星到飞行器的视线单位矢量，与式（6-131）相似，如式（6-142）所示。

$$\boldsymbol{1}^m = \frac{[(x^e - x^m), (y^e - y^m), (z^e - z^m)]^{\mathrm{T}}}{\sqrt{(x^e - x^m)^2 + (y^e - y^m)^2 + (z^e - z^m)^2}} = [1_x^m \quad 1_y^m \quad 1_z^m] \qquad (6-142)$$

当给定多普勒频率时，伪距率为

$$\dot{\rho}^m = -\frac{D^m c}{L_1} \qquad (6-143)$$

将式（6-141）和式（6-142）代入式（6-143）可得真正的伪距率为

$$\dot{\rho}_{\mathrm{GPS}}^m = 1_x^m (v_x^e - v_x^m) + 1_y^m (v_y^e - v_y^m) + 1_z^m (v_z^e - v_z^m) \qquad (6-144)$$

式中，$[v_x^e, \ v_y^e, \ v_z^e]$ 为卫星接收机在地心地固坐标系下的位置。

伪距率建模为

$$\dot{\rho}_{\mathrm{GPS}}^m = 1_x^m (v_x^e - v_x^m) + 1_y^m (v_y^e - v_y^m) + 1_z^m (v_z^e - v_z^m) + \delta d_r + \widetilde{\varepsilon}_{\dot{\rho}}^m \qquad (6-145)$$

对 ρ_{SINS}^m 求导，可得

$$\dot{\rho}_{\mathrm{SINS}}^m = 1_{x,\mathrm{SINS}}^m (v_{x,\mathrm{SINS}}^e - v_x^m) + 1_{y,\mathrm{SINS}}^m (v_{y,\mathrm{SINS}}^e - v_y^m) + 1_{z,\mathrm{SINS}}^m (v_{z,\mathrm{SINS}}^e - v_z^m) \qquad (6-146)$$

将式（6-146）和式（6-145）做差，可得

$$\dot{\rho}_{\mathrm{SINS}}^m - \dot{\rho}_{\mathrm{GPS}}^m = 1_{x,\mathrm{SINS}}^m (v_{x,\mathrm{SINS}}^e - v_x^m) + 1_{y,\mathrm{SINS}}^m (v_{y,\mathrm{SINS}}^e - v_y^m) + 1_{z,\mathrm{SINS}}^m (v_{z,\mathrm{SINS}}^e - v_z^m) -$$
$$1_x^m (v_x^e - v_x^m) - 1_y^m (v_y^e - v_y^m) - 1_z^m (v_z^e - v_z^m) - \delta d_r + \widetilde{\varepsilon}_{\dot{\rho}}^m$$
$$(6-147)$$

取位置为 $(x_{\mathrm{SINS}}^e, \ y_{\mathrm{SINS}}^e, \ z_{\mathrm{SINS}}^e)$ 后，将式（6-142）代入式（6-147）中，可得

$$\dot{\rho}_{\mathrm{SINS}}^m - \dot{\rho}_{\mathrm{GPS}}^m = 1_{x,\mathrm{SINS}}^m (v_{x,\mathrm{SINS}}^e - v_x^e) + 1_{y,\mathrm{SINS}}^m (v_{y,\mathrm{SINS}}^e - v_y^e) + 1_{z,\mathrm{SINS}}^m (v_{z,\mathrm{SINS}}^e - v_z^e) - \delta d_r + \widetilde{\varepsilon}_{\dot{\rho}}^m$$
$$(6-148)$$

即

$$\delta z_{\dot{\rho}}^m = \dot{\rho}_{\mathrm{SINS}}^m - \dot{\rho}_{\mathrm{GPS}}^m = 1_{x,\mathrm{SINS}}^m \delta v_x^e + 1_{y,\mathrm{SINS}}^m \delta v_y^e + 1_{z,\mathrm{SINS}}^m \delta v_z^e - \delta d_r + \widetilde{\varepsilon}_{\dot{\rho}}^m \qquad (6-149)$$

式（6-149）中

$$\begin{bmatrix} \delta v_x^e \\ \delta v_y^e \\ \delta v_z^e \end{bmatrix} = \begin{bmatrix} v_{x,\mathrm{SINS}}^e - v_x^e \\ v_{y,\mathrm{SINS}}^e - v_y^e \\ v_{z,\mathrm{SINS}}^e - v_z^e \end{bmatrix} \qquad (6-150)$$

将式（6-149）写成矩阵形式

$$\delta z_{\dot{\rho}}^m = \dot{\rho}_{\mathrm{SINS}}^m - \dot{\rho}_{\mathrm{GPS}}^m = [1_{x,\mathrm{SINS}}^m \quad 1_{y,\mathrm{SINS}}^m \quad 1_{z,\mathrm{SINS}}^m] \begin{bmatrix} \delta v_x^e \\ \delta v_y^e \\ \delta v_z^e \end{bmatrix} - \delta d_r + \widetilde{\varepsilon}_{\dot{\rho}}^m \qquad (6-151)$$

对于 M 颗可见卫星而言，式（6-149）可以写成

$$
\delta z_{\dot{\rho}} = \begin{bmatrix} \dot{\rho}_{\text{SINS}}^1 - \dot{\rho}_{\text{GPS}}^1 \\ \dot{\rho}_{\text{SINS}}^2 - \dot{\rho}_{\text{GPS}}^2 \\ \vdots \\ \dot{\rho}_{\text{SINS}}^M - \dot{\rho}_{\text{GPS}}^M \end{bmatrix} = \begin{bmatrix} 1_{x,\text{SINS}}^1 & 1_{y,\text{SINS}}^1 & 1_{z,\text{SINS}}^1 \\ 1_{x,\text{SINS}}^2 & 1_{y,\text{SINS}}^2 & 1_{z,\text{SINS}}^2 \\ \vdots & \vdots & \vdots \\ 1_{x,\text{SINS}}^M & 1_{y,\text{SINS}}^M & 1_{z,\text{SINS}}^M \end{bmatrix} \begin{bmatrix} \delta v_x^e \\ \delta v_y^e \\ \delta v_z^e \end{bmatrix} - \begin{bmatrix} \delta d_r^1 \\ \delta d_r^2 \\ \vdots \\ \delta d_r^M \end{bmatrix} + \begin{bmatrix} \widetilde{\varepsilon}_{\dot{\rho}}^1 \\ \widetilde{\varepsilon}_{\dot{\rho}}^2 \\ \vdots \\ \widetilde{\varepsilon}_{\dot{\rho}}^M \end{bmatrix} \tag{6-152}
$$

定义

$$
\delta \boldsymbol{d}_{r,M\times1} = \begin{bmatrix} \delta d_r^1 \\ \delta d_r^2 \\ \vdots \\ \delta d_r^M \end{bmatrix}, \widetilde{\boldsymbol{\varepsilon}}_{\dot{\rho},M\times1} = \begin{bmatrix} \widetilde{\varepsilon}_{\dot{\rho}}^1 \\ \widetilde{\varepsilon}_{\dot{\rho}}^2 \\ \vdots \\ \widetilde{\varepsilon}_{\dot{\rho}}^M \end{bmatrix} \tag{6-153}
$$

将式（6-136）和式（6-153）代入式（6-152）中，可得

$$
\delta z_{\dot{\rho}} = \dot{\boldsymbol{\rho}}_{\text{SINS}} - \dot{\boldsymbol{\rho}}_{\text{GPS}} = \boldsymbol{G}_{M\times3} \begin{bmatrix} \delta v_x^e \\ \delta v_y^e \\ \delta v_z^e \end{bmatrix} - \delta \boldsymbol{d}_{r,M\times1} + \widetilde{\boldsymbol{\varepsilon}}_{\dot{\rho},M\times1} \tag{6-154}
$$

将发惯系下的速度误差转化到地心地固坐标系下，得

$$
\begin{bmatrix} \delta v_x^e \\ \delta v_y^e \\ \delta v_z^e \end{bmatrix} = \boldsymbol{R}_z(\omega_{ie}t)\boldsymbol{R}_a^t \begin{bmatrix} \delta v_x^a \\ \delta v_y^a \\ \delta v_z^a \end{bmatrix} \tag{6-155}
$$

将式（6-155）代入式（6-154）中，可得

$$
\delta z_{\dot{\rho}} = \dot{\boldsymbol{\rho}}_{\text{SINS}} - \dot{\boldsymbol{\rho}}_{\text{GPS}} = \boldsymbol{G}_{M\times3}\boldsymbol{R}_z(\omega_{ie}t)\boldsymbol{R}_a^t \begin{bmatrix} \delta v_x^a \\ \delta v_y^a \\ \delta v_z^a \end{bmatrix} - \delta \boldsymbol{d}_{r,M\times1} + \widetilde{\boldsymbol{\varepsilon}}_{\dot{\rho},M\times1} \tag{6-156}
$$

定义

$$
\boldsymbol{H}_{M\times3}^{\dot{\rho}} = \boldsymbol{G}_{M\times3}\boldsymbol{R}_z(\omega_{ie}t)\boldsymbol{R}_a^t \tag{6-157}
$$

可得伪距率量测方程

$$
\delta z_{\dot{\rho}} = \dot{\boldsymbol{\rho}}_{\text{SINS}} - \dot{\boldsymbol{\rho}}_{\text{GPS}} = \boldsymbol{H}_{M\times3}^{\dot{\rho}} \begin{bmatrix} \delta v_x^a \\ \delta v_y^a \\ \delta v_z^a \end{bmatrix} - \delta \boldsymbol{d}_{r,M\times1} + \widetilde{\boldsymbol{\varepsilon}}_{\dot{\rho},M\times1} \tag{6-158}
$$

6.5.3　发惯系惯导/卫星组合导航算法仿真分析

为了验证在发惯系下的 SINS/GNSS 组合导航算法的精度和可靠性，以高超声速飞行器助推滑翔弹道为对象，分别对松耦合、紧耦合以及 3 颗有效卫星情况下的组合导航算法进行数学仿真验证，并且进行了松耦合与紧耦合、正常卫星和 3 颗卫星紧耦合结果对比。设计一条仿真时长为 1 100 s 的高超声速飞行器的助推滑翔飞行轨迹，如图 3-9 所示，该轨迹的初始速度为 0 m/s，初始纬度为 34°12′，初始经度为 108°54′，初始高度为 400 m，

射向为 $200°$，初始俯仰角为 $90°$，初始滚转角为 $0°$，初始偏航角为 $0°$。

对前文研究的组合导航算法进行仿真分析，表 6 - 2 给出了仿真参数表，图 6 - 2～图 6 - 13 为 SINS/ GPS 组合导航的仿真结果。

表 6 - 2　仿真参数表

仿真参数	指标	仿真参数	指标
陀螺仪常值偏差	$3.0(°)/h$	捷联惯导解算周期	10 ms
陀螺仪随机误差	$3.0 (°)/\sqrt{h}$	初始滚转角误差	$4'$
加速度计常值偏置	$1\times10^{-3}g$	初始偏航角误差	$4'$
加速度计测量白噪声	$1\times10^{-4}g$	初始俯仰角误差	$4'$
陀螺仪刻度因数误差	100×10^{-6}	初始速度误差	0.05 m/s
加表刻度因数误差	100×10^{-6}	初始位置误差	5 m
组合导航时间	1 s	GPS 定位精度	15 m
仿真时间	1 100 s	GPS 测速精度	0.3 m/s

发惯系 SINS/GPS 松耦合组合导航仿真结果如图 6 - 2～图 6 - 4 所示。在发惯系下 SINS/GPS 松耦合仿真结果中，俯仰角收敛后误差为 $0.05°$ 以内，偏航角收敛后误差为 $0.1°$ 以内，滚转角收敛后误差为 $0.05°$ 以内；x 轴速度收敛后误差为 0.1 m/s 以内，y 轴速度收敛后误差为 0.1 m/s 以内，z 轴速度误差为 0.2 m/s 以内；x 轴位置收敛后误差为 4 m 以内，y 轴位置收敛后误差为 5 m 以内，z 轴位置收敛后误差为 5 m 以内。

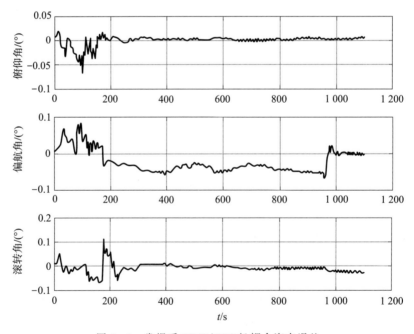

图 6 - 2　发惯系 SINS/GPS 松耦合姿态误差

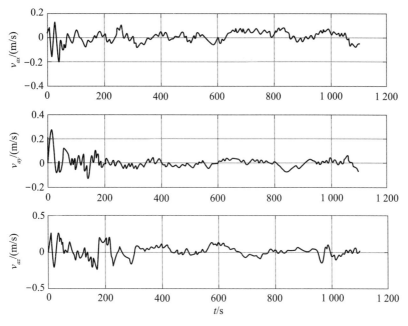

图 6 - 3　发惯系 SINS/GPS 松耦合速度误差

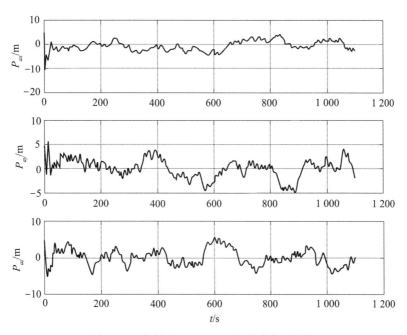

图 6 - 4　发惯系 SINS/GPS 松耦合位置误差

发惯系 SINS/GPS 紧耦合组合导航仿真结果如图 6 - 5～图 6 - 7 所示。在发惯系下 SINS/GPS 紧耦合仿真结果中，俯仰角收敛后误差为 0.02°，偏航角误差在 950 s 左右发散到 0.05°，然后收敛到 0.02°，滚转角收敛后误差为 0.03°；x 轴速度收敛后误差为 0.05 m/s，y 轴速度收敛后误差为 0.1 m/s，z 轴速度收敛后误差为 0.05 m/s；x 轴位置收敛后误差为

2 m，y 轴位置收敛后误差为 4 m，z 轴位置收敛后误差为 2 m。

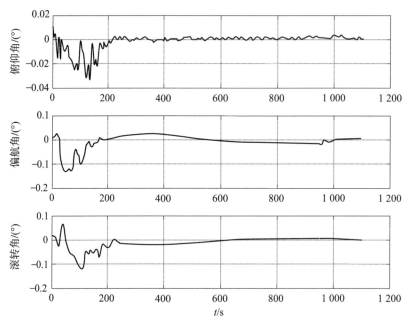

图 6 - 5　发惯系 SINS/GPS 紧耦合姿态误差

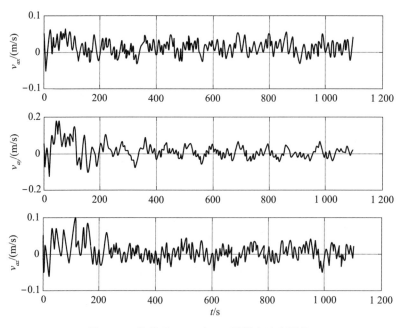

图 6 - 6　发惯系 SINS/GPS 紧耦合速度误差

发惯系 SINS/GPS 松耦合组合导航与紧耦合组合导航仿真结果对比如图 6 - 8～图 6 - 10 所示。根据图 6 - 8～图 6 - 10 可以得到结论：在发惯系下，SINS/GPS 紧耦合比松耦合组合导航精度高。

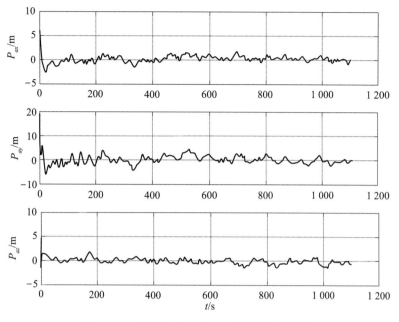

图 6 - 7　发惯系 SINS/GPS 紧耦合位置误差

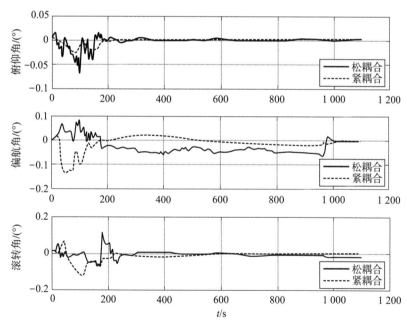

图 6 - 8　发惯系 SINS/GPS 松、紧耦合姿态误差对比

发惯系 SINS/GPS 正常卫星数与 3 颗有效卫星紧耦合组合导航仿真结果对比如图 6 - 11~图 6 - 13 所示。在 3 颗有效卫星的紧耦合仿真结果中，俯仰角收敛后误差为 0.02°，偏航角误差在 950 s 左右发散到 0.14°然后收敛到 0.02°，滚转角收敛后误差为 0.02°；x 轴速度误差最大达到 0.93 m/s，y 轴速度误差最大达到 2.0 m/s，z 轴速度误差最大达到

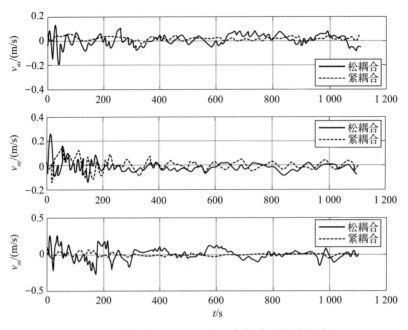

图 6-9　发惯系 SINS/GPS 松、紧耦合速度误差对比

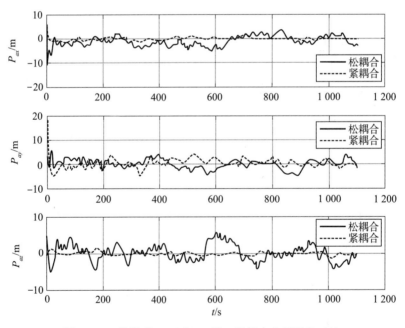

图 6-10　发惯系 SINS/GPS 松、紧耦合位置误差对比

1.1 m/s；x 轴位置误差最大达到 394 m，y 轴位置误差最大达到 986 m，z 轴位置误差最大达到 492 m。

　　根据图 6-11～图 6-13 可以得到结论：3 颗有效卫星紧耦合仿真结果与正常卫星紧耦合仿真结果相比，导航精度都有所下降，但仍可进行组合导航。上述仿真结果表明，相对松耦合至少需要 4 颗有效卫星才可以进行组合导航的特点，紧耦合具有更强的抗干扰性能。

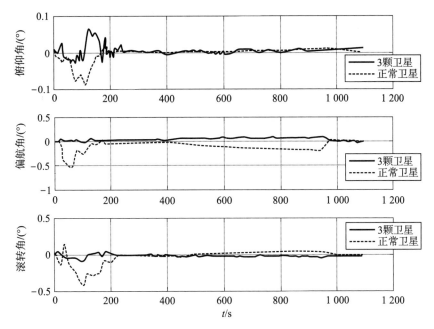

图 6-11　发惯系 SINS/GPS 正常卫星与 3 颗卫星紧耦合姿态误差对比

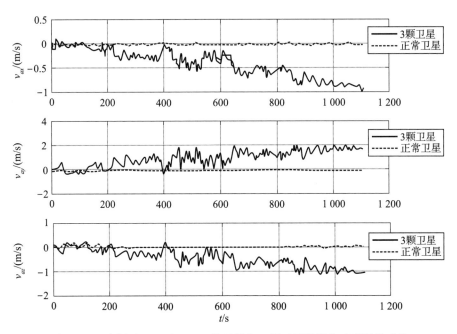

图 6-12　发惯系 SINS/GPS 正常卫星与 3 颗卫星紧耦合速度误差对比

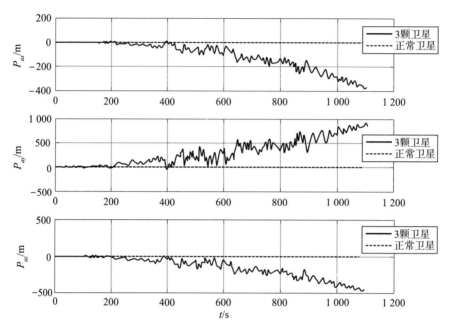

图 6-13　发惯系 SINS/GPS 正常卫星与 3 颗卫星紧耦合位置误差对比

6.6　发惯系导航信息转换

高超声速助推-滑翔飞行器滑翔段是沿着地球表面飞行的。采用经度纬度和高度、相对当地水平坐标系的速度、相对当地水平坐标系的姿态角等当地水平坐标系下导航信息，对高超声速飞行器制导控制系统是十分需要的；同时，许多高超声速飞行器制导控制系统的设计是基于发射系的，需要把发惯系导航信息转换到发射系。根据 4.7.2 节中介绍的导航结果的等价性方法，详细介绍发惯系位置、速度和姿态的转换方法。

6.6.1　发惯系位置信息的转换

在发惯系位置转换时，分为两步进行。首先，假设地球没有自转，则发射系与发惯系重合。此时，发惯系位置 $\boldsymbol{P}^a$ 与发射系位置 $\boldsymbol{P}_1^g$ 数值上相对，即 $\boldsymbol{P}_1^g = \boldsymbol{P}^a$，则此时的地心地固坐标系位置 $\boldsymbol{p}_1^e$ 为

$$\boldsymbol{p}_1^e = \boldsymbol{p}_0^e + \boldsymbol{R}_g^e \boldsymbol{P}_1^g \tag{6-159}$$

式中，$\boldsymbol{p}_0^e$ 为地心地固坐标系下飞行器发射点的位置初值；$\boldsymbol{R}_g^e$ 为发射系到地心地固坐标系的转换矩阵，令 $\boldsymbol{p}_1^e = [x_{e1},\ y_{e1},\ z_{e1}]^{\mathrm{T}}$，为地球没有自转情况下地心地固坐标系下飞行器的位置矢量，得到地球没有自转情况下的纬经高 $(B_1,\ \lambda_1,\ h_1)$。

$$\left.\begin{aligned}
\theta &= \arctan2(az_{e1}, b\sqrt{x_{e1}^2 + y_{e1}^2}) \\
B_1 &= \arctan2(z_{e1} + be'\sin^3\theta, \sqrt{x_{e1}^2 + y_{e1}^2} - ae^2\cos^3\theta) \\
\lambda_1 &= \arctan2(y_{e1}, x_{e1}) \\
h_1 &= \sqrt{x_{e1}^2 + y_{e1}^2}/\cos B_1 - R_N
\end{aligned}\right\} \tag{6-160}$$

式中，$R_N = a/\sqrt{1 - e^2\sin^2 B_1}$。

其次，考虑地球自转角速度 ω_{ie} 的影响。地球自转将影响实际的经度数值，而纬度和高度不受影响，得到飞行器的纬经高（B，λ，h）。

$$\left.\begin{aligned}
B &= B_1 \\
\lambda &= \lambda_1 - \omega_{ie}t \\
h &= h_1
\end{aligned}\right\} \tag{6-161}$$

同样，根据飞行器实际的纬经高，可得到实际的地心地固坐标系下的位置 $\boldsymbol{p}^e = [x_e, y_e, z_e]^{\mathrm{T}}$

$$\left.\begin{aligned}
x_e &= (R_N + h)\cos B\cos\lambda \\
y_e &= (R_N + h)\cos B\sin\lambda \\
z_e &= [R_N(1 - e^2) + h]\sin B
\end{aligned}\right\} \tag{6-162}$$

根据地心地固坐标系下的位置，也可得到发射系下的位置 $\boldsymbol{P}^g$ 为

$$\boldsymbol{P}^g = \boldsymbol{R}_e^g(\boldsymbol{p}^e - \boldsymbol{p}_0^e) \tag{6-163}$$

式中，$\boldsymbol{R}_e^g$ 为地心地固坐标系到发射系的转换矩阵。

因此，通过发惯系位置 $\boldsymbol{P}^a$，得到了高超声速飞行器相对地球的纬经高（B，λ，h），也可得到飞行器地心地固坐标系下的位置 $\boldsymbol{p}^e$，同时，可得到发射系下的位置 $\boldsymbol{P}^g$。

6.6.2　发惯系速度信息的转换

根据哥氏定理，可知发惯系下的速度矢量为

$$\boldsymbol{V}^a = \boldsymbol{R}_g^a[\boldsymbol{V}^g + \boldsymbol{\omega}^e \times (\boldsymbol{R}_0^g + \boldsymbol{P}^g)] \tag{6-164}$$

根据式（6-164），可以推导出发射系下的速度矢量 $\boldsymbol{V}^g$ 为

$$\boldsymbol{V}^g = \boldsymbol{R}_a^g\boldsymbol{V}^a - \boldsymbol{\omega}^e \times (\boldsymbol{R}_0^g + \boldsymbol{P}^g) \tag{6-165}$$

根据发射系下的速度矢量 $\boldsymbol{V}^g$，可得到当地水平坐标系下的速度矢量 $\boldsymbol{v}^l$ 为

$$\boldsymbol{v}^l = \boldsymbol{R}_e^l\boldsymbol{R}_g^e\boldsymbol{V}^g \tag{6-166}$$

6.6.3　发惯系姿态信息的转换

当地水平坐标系下的姿态矩阵用 $\boldsymbol{R}_{b^l}^l$ 表示，为载体坐标系（b^l 系）旋转到当地水平坐标系（l 系）的姿态矩阵，按照姿态矩阵性质，有如下形式

$$\boldsymbol{R}_{b^l}^l = \boldsymbol{R}_e^l\boldsymbol{R}_g^e\boldsymbol{R}_a^g\boldsymbol{R}_{b^a}^a\boldsymbol{R}_{b^l}^{b^a} \tag{6-167}$$

式中，$\boldsymbol{R}_{b^a}^a$ 是发惯系下的姿态矩阵，即式（6-1）中的 $\boldsymbol{R}_b^a$；$\boldsymbol{R}_{b^l}^{b^a} = \boldsymbol{R}_y(\pi/2)\boldsymbol{R}_x(\pi/2)$，由两

次载体坐标系旋转获得，为右前上载体坐标系（b^l 系）到前上右弹体坐标系（b^a 系）的转换矩阵；$\boldsymbol{R}_a^g$ 为发惯系到发射系的转换矩阵；$\boldsymbol{R}_g^e$ 为发射系到地心地固坐标系的转换矩阵；$\boldsymbol{R}_e^l$ 为地心地固坐标系到当地水平坐标系的位置矩阵，由经纬度信息计算得到；$\boldsymbol{R}_a^g$，$\boldsymbol{R}_g^e$ 和 $\boldsymbol{R}_e^l$ 在第 2.3 节坐标系转换中都有介绍。$\boldsymbol{R}_{b^l}^l$ 如式（6-168）所示，ψ^l，θ^l，γ^l 分别为当地水平坐标系下的偏航角、俯仰角和滚转角，简写为 ψ，θ，γ。

$$\boldsymbol{R}_{b^l}^l = \begin{bmatrix} \cos\gamma\cos\psi + \sin\gamma\sin\theta\sin\psi & \cos\theta\sin\psi & \sin\gamma\cos\psi - \cos\gamma\sin\theta\sin\psi \\ -\cos\gamma\sin\psi + \sin\gamma\sin\theta\cos\psi & \cos\theta\cos\psi & -\sin\gamma\sin\psi - \cos\gamma\sin\theta\cos\psi \\ -\sin\gamma\cos\theta & \sin\theta & \cos\gamma\cos\theta \end{bmatrix}$$

$$(6-168)$$

令 $\boldsymbol{T} = \boldsymbol{R}_{b^l}^l$，可得当地水平坐标系下的偏航角、俯仰角和滚转角为

$$\left.\begin{array}{l} \psi^l = \arctan2(T_{12}, T_{22}) \\ \theta^l = \arcsin(T_{32}) \\ \gamma^l = \arctan2(-T_{31}, T_{33}) \end{array}\right\}$$

$$(6-169)$$

另外，根据发惯系的姿态矩阵 $\boldsymbol{R}_{b^a}^a$，可得到发射系的姿态矩阵 $\boldsymbol{R}_{b^g}^g$（其中，b^a 系、b^g 系坐标轴指向相同，均为前上右弹体坐标系），如式（6-170）所示。

$$\boldsymbol{R}_{b^g}^g = \boldsymbol{R}_a^g \boldsymbol{R}_{b^a}^a$$

$$(6-170)$$

第 7 章　发射系高超声速飞行器导航算法

导航参考坐标系的选择，不仅仅是飞行器导航专业的问题，还涉及飞行弹道、制导和控制等方面。发惯系常用来描述弹道导弹、运载火箭等航天器的姿态和位置，适用于垂直发射，有利于飞行器入轨后的轨道计算，不适合描述飞行器与地面的相对关系；而当地水平坐标系用来描述运载器在近地运动中的姿态和位置，不适合垂直发射。

发射坐标系（发射系）与地球固连，其位置、速度和姿态导航参数是相对地球的，与很多地面发射飞行器制导控制系统需求的导航信息一致；与发惯系导航参数相比，有利于人的直观描述和理解。在垂直发射情况下，发射系的姿态角不会奇异，而这种情况下，当地水平坐标系的姿态角会发射奇异现象。发射系采用 J_2 重力模型，考虑了当地水平的南北向重力影响，适用于临近空间飞行高度的标准重力计算。发射系导航特别适合于在射面内飞行的中近程地地飞行器（图 6-1）。

7.1　发射系捷联惯导数值更新算法

在第 4.6 节的式（4-69），给出了发射系下捷联惯导微分方程组，为了方便起见，下面再次给出。

$$\begin{bmatrix} \dot{\boldsymbol{P}}^g \\ \dot{\boldsymbol{V}}^g \\ \dot{\boldsymbol{R}}_b^g \end{bmatrix} = \begin{bmatrix} \boldsymbol{V}^g \\ \boldsymbol{R}_b^g \boldsymbol{f}^b - 2\boldsymbol{\Omega}_{ag}^g \boldsymbol{V}^g + \boldsymbol{g}^g \\ \boldsymbol{R}_b^g \boldsymbol{\Omega}_{gb}^b \end{bmatrix} \qquad (7-1)$$

发射系捷联惯导算法由姿态更新算法、速度更新算法和位置更新算法 3 部分组成。本章中采用二子样更新算法，陀螺仪角速度 $\boldsymbol{\omega}^b(t)$ 和加速度计比力 $\boldsymbol{f}^b(t)$ 线性模型、$\Delta\boldsymbol{\theta}_1$ 和 $\Delta\boldsymbol{V}_1$、$\Delta\boldsymbol{\theta}_2$ 和 $\Delta\boldsymbol{V}_2$ 以及 a，b，A，B 的反解结果均与第 6 章相同。

7.1.1　发射系姿态更新算法

在发射系中，姿态四元数更新算法的数字递推的形式为

$$\boldsymbol{q}_{b(k)}^{g(k)} = \boldsymbol{q}_{g(k-1)}^{g(k)} \boldsymbol{q}_{b(k-1)}^{g(k-1)} \boldsymbol{q}_{b(k)}^{b(k-1)} \qquad (7-2)$$

式中，$\boldsymbol{q}_{b(k)}^{g(k)}$ 是发射系下 t_k 时刻的姿态四元数；$\boldsymbol{q}_{b(k-1)}^{g(k-1)}$ 是发射系下 t_{k-1} 时刻的姿态四元数；$\boldsymbol{q}_{g(k-1)}^{g(k)}$ 是发射系从 t_{k-1} 时刻到 t_k 时刻的变换四元数；$\boldsymbol{q}_{b(k)}^{b(k-1)}$ 是载体坐标系从 t_{k-1} 时刻到 t_k 时刻的变换四元数。

1）$\boldsymbol{q}_{g(k-1)}^{g(k)}$ 的计算利用到导航坐标系相对惯性坐标系的转动角速度 $\boldsymbol{\omega}_{ag}^g(t)$（$t_{k-1} \leqslant t \leqslant t_k$），且 $t_k - t_{k-1} = T$，记发射系从 t_{k-1} 时刻到 t_k 的转动等效旋转矢量为 $\boldsymbol{\zeta}_k$，则有

$$\boldsymbol{\zeta}_k = \int_{t_{k-1}}^{t_k} \boldsymbol{\omega}_{ag}^g(t)\,\mathrm{d}t = \boldsymbol{\omega}_{ag}^g T \tag{7-3}$$

2）$\boldsymbol{q}_{b(k)}^{b(k-1)}$ 的计算利用到飞行器坐标系相对惯性坐标系的转动角速度 $\boldsymbol{\omega}_{ab}^b(t)$，即陀螺仪测量到的角速度 $\boldsymbol{\omega}^b$。记 $\boldsymbol{\Phi}_k$ 是从 t_{k-1} 时刻到 t_k 时刻载体坐标系相对惯性坐标系的等效旋转矢量，可得与式（6-6）相同的 Bortz 微分方程，与 6.1.1 节推导过程相同，采用二子样算法，有

$$\boldsymbol{\Phi}_k = \Delta\boldsymbol{\theta}_1 + \Delta\boldsymbol{\theta}_2 + \frac{2}{3}\Delta\boldsymbol{\theta}_1 \times \Delta\boldsymbol{\theta}_2 \tag{7-4}$$

旋转矢量 $\boldsymbol{\Phi}_k$ 及其对应的四元数 $\boldsymbol{q}_{b(k)}^{b(k-1)}$ 有以下计算关系

$$\boldsymbol{q}_{b(k)}^{b(k-1)} = \cos\frac{\Phi_k}{2} + \frac{\boldsymbol{\Phi}_k}{\Phi_k}\sin\frac{\Phi_k}{2} \tag{7-5}$$

式中，$\Phi_k = |\boldsymbol{\Phi}_k|$，式（7-5）可分别计算出 $\boldsymbol{\zeta}_k$ 和 $\boldsymbol{\Phi}_k$ 对应的四元数 $\boldsymbol{q}_{g(k-1)}^{g(k)}$ 和 $\boldsymbol{q}_{b(k)}^{b(k-1)}$，并将其代入式（7-2）完成姿态更新。

7.1.2 发射系速度更新算法

在式（7-1）的发射系比力方程中，明确标注出各量时间参数，可得

$$\dot{\boldsymbol{V}}^g(t) = \boldsymbol{R}_b^g(t)\boldsymbol{f}^b(t) - 2\boldsymbol{\omega}_{ag}^g(t) \times \boldsymbol{V}^g(t) + \boldsymbol{g}^g(t) \tag{7-6}$$

式（7-6）两边同时在时间段 $[t_{k-1}, t_k]$ 内积分，得

$$\int_{t_{k-1}}^{t_k} \dot{\boldsymbol{V}}^g(t)\,\mathrm{d}t = \int_{t_{k-1}}^{t_k} [\boldsymbol{R}_b^g(t)\boldsymbol{f}^b(t) - 2\boldsymbol{\omega}_{ag}^g(t) \times \boldsymbol{V}^g(t) + \boldsymbol{g}^g(t)]\,\mathrm{d}t \tag{7-7}$$

即

$$\begin{aligned} \boldsymbol{V}_k^{g(k)} - \boldsymbol{V}_{k-1}^{g(k-1)} &= \int_{t_{k-1}}^{t_k} \boldsymbol{R}_b^g(t)\boldsymbol{f}^b(t)\,\mathrm{d}t + \int_{t_{k-1}}^{t_k} [-2\boldsymbol{\omega}_{ag}^g(t) \times \boldsymbol{V}^g(t) + \boldsymbol{g}^g(t)]\,\mathrm{d}t \\ &= \Delta\boldsymbol{V}_{sf(k)}^g + \Delta\boldsymbol{V}_{cor/g(k)}^g \end{aligned}$$

$$\tag{7-8}$$

式中，$\boldsymbol{V}_k^{g(k)}$ 和 $\boldsymbol{V}_{k-1}^{g(k-1)}$ 分别为 t_{k-1} 和 t_k 时刻发射系的惯导速度，并且记

$$\Delta\boldsymbol{V}_{sf(k)}^g = \int_{t_{k-1}}^{t_k} \boldsymbol{R}_b^g(t)\boldsymbol{f}^b(t)\,\mathrm{d}t \tag{7-9}$$

$$\Delta\boldsymbol{V}_{cor/g(k)}^g = \int_{t_{k-1}}^{t_k} [-2\boldsymbol{\omega}_{ag}^g(t) \times \boldsymbol{V}^g(t) + \boldsymbol{g}^g(t)]\,\mathrm{d}t \tag{7-10}$$

$\Delta\boldsymbol{V}_{sf(k)}^g$ 和 $\Delta\boldsymbol{V}_{cor/g(k)}^g$ 分别称为时间段 T 内导航坐标系比力速度增量和有害加速度的速度增量。

将式（7-8）移项，可得以下递推形式

$$\boldsymbol{V}_k^{g(k)} = \boldsymbol{V}_{k-1}^{g(k-1)} + \Delta\boldsymbol{V}_{sf(k)}^g + \Delta\boldsymbol{V}_{cor/g(k)}^g \tag{7-11}$$

下面讨论 $\Delta\boldsymbol{V}_{sf(k)}^g$ 和 $\Delta\boldsymbol{V}_{cor/g(k)}^g$ 的数值积分算法。

1）首先考虑有害加速度的速度增量 $\Delta\boldsymbol{V}_{cor/g(k)}^g$ 的计算。

对于快速运动的飞行器，在短时间 $[t_{k-1}, t_k]$ 内其引起的发射系旋转和重力矢量变化

都是很小的，因此一般认为 $\Delta V^g_{\mathrm{cor/g}(k)}$ 的被积函数是时间的缓变量，可采用 $t_{k-1/2} = (t_{k-1} + t_k)/2$ 时刻的值进行近似代替，将式（7-10）近似为

$$\Delta V^g_{\mathrm{cor/g}(k)} \approx (-2\boldsymbol{\omega}^g_{ag(k-1/2)} \times \boldsymbol{V}^g_{k-1/2} + \boldsymbol{g}^g_{k-1/2})T \qquad (7-12)$$

由于此时不知 t_k 时刻的导航速度和位置等参数，因此，上式中 $t_{k-1/2}$ 时刻的各式需使用外推法计算，表示为

$$\boldsymbol{x}_{k-1/2} = \boldsymbol{x}_{k-1} + \frac{\boldsymbol{x}_{k-1} - \boldsymbol{x}_{k-2}}{2} = \frac{3\boldsymbol{x}_{k-1} - \boldsymbol{x}_{k-2}}{2} \quad (x = \boldsymbol{\omega}^g_{ag}, \boldsymbol{V}^g, \boldsymbol{g}^g) \qquad (7-13)$$

式中，各参数在 t_{k-1} 和 t_{k-2} 时刻均是已知的。可见，$\Delta V^g_{\mathrm{cor/g}(k)}$ 的计算过程比较简单。

2）其次是比力速度增量 $\Delta V^g_{\mathrm{sf}(k)}$ 的计算。将式（7-10）右端被积矩阵做以下矩阵链乘分解

$$\Delta V^g_{\mathrm{sf}(k)} = \int_{t_{k-1}}^{t_k} \boldsymbol{R}^{g(t)}_{g(k-1)} \boldsymbol{R}^{g(k-1)}_{b(k-1)} \boldsymbol{R}^{b(k-1)}_{b(t)} \boldsymbol{f}^b(t)\mathrm{d}t \qquad (7-14)$$

假设与变换矩阵 $\boldsymbol{R}^{g(t)}_{g(k-1)}$ 相对应的等效旋转矢量为 $\boldsymbol{\phi}^g_{ag}(t, t_{k-1})$，角增量为 $\boldsymbol{\theta}^g_{ag}(t, t_{k-1})$；而与 $\boldsymbol{R}^{b(k-1)}_{b(t)}$ 相对应的等效旋转矢量为 $\boldsymbol{\phi}^b_{ab}(t, t_{k-1})$，角增量为 $\boldsymbol{\theta}^b_{ab}(t, t_{k-1})$。

对于 $t_{k-1} \leqslant t \leqslant t_k$，坐标变换矩阵和等效旋转矢量之间的关系有

$$\boldsymbol{R}^{b(k-t)}_{b(t)} = I + \frac{\sin\Phi}{\Phi}(\boldsymbol{\Phi}\times) + \frac{1-\cos\Phi}{\Phi^2}(\boldsymbol{\Phi}\times)(\boldsymbol{\Phi}\times) \qquad (7-15)$$

式中，$\boldsymbol{\Phi}$ 是 $n(t_{k-1})$ 坐标系至 $n(t)$ 坐标系的等效旋转矢量，$\Phi = |\boldsymbol{\Phi}|$；$(\boldsymbol{\Phi}\times)$ 表示 $\boldsymbol{\Phi}$ 的各分量构造成的叉乘反对称矩阵。对于速度更新周期 T 较短、$\boldsymbol{\Phi}$ 非常微小的情况，可以有以下近似

$$\frac{\sin\Phi}{\Phi} \approx 1, \quad \frac{1-\cos\Phi}{\Phi^2} \approx \frac{1}{2}, \quad \boldsymbol{\Phi} \approx \Delta\boldsymbol{\theta} \qquad (7-16)$$

式中

$$\Delta\boldsymbol{\theta} = \int_{t_{k-1}}^{t} \boldsymbol{\omega}(\tau)\mathrm{d}\tau \quad (t_{k-1} \leqslant t \leqslant t_k) \qquad (7-17)$$

$\boldsymbol{\omega}(\tau)$ 是 $n(k-1)$ 坐标系相对 $n(t)$ 坐标系的旋转角速度，并且 $(\boldsymbol{\Phi}\times)(\boldsymbol{\Phi}\times)$ 可视为二阶小量。这样式（7-15）可近似为

$$\boldsymbol{R}^{n(k-1)}_{n(t)} = I + (\Delta\boldsymbol{\theta}\times) \qquad (7-18)$$

则式（7-14）中可取以下一阶近似

$$\boldsymbol{R}^{g(t)}_{g(k-1)} \approx I - [\boldsymbol{\phi}^g_{ag}(t,t_{k-1})\times] \approx I - [\boldsymbol{\theta}^g_{ag}(t,t_{k-1})\times] \qquad (7-19)$$

$$\boldsymbol{R}^{b(k-1)}_{b(t)} \approx I - [\boldsymbol{\phi}^b_{ab}(t,t_{k-1})\times] \approx I + [\boldsymbol{\theta}^b_{ab}(t,t_{k-1})\times] \qquad (7-20)$$

将式（7-19）和式（7-20）代入式（7-14），展开并忽略 $\boldsymbol{\theta}^b_{ab}(t, t_{k-1})$ 和 $\boldsymbol{\theta}^g_{ag}(t, t_{k-1})$ 之间乘积的二阶小量，可得

$$\begin{aligned}\Delta V^g_{\mathrm{sf}(k)} &\approx \int_{t_{k-1}}^{t_k} [I - \boldsymbol{\theta}^g_{ag}(t,t_{k-1})\times] \boldsymbol{R}^{g(k-1)}_{b(k-1)} [I + \boldsymbol{\theta}^b_{ab}(t,t_{k-1})\times] \boldsymbol{f}^b(t)\mathrm{d}t \\ &\approx \boldsymbol{R}^{g(k-1)}_{b(k-1)} \int_{t_{k-1}}^{t_k} \boldsymbol{f}^b(t)\mathrm{d}t - \int_{t_{k-1}}^{t_k} \boldsymbol{\theta}^g_{ag}(t,t_{k-1}) \times [\boldsymbol{R}^{g(k-1)}_{b(k-1)}\boldsymbol{f}^b(t)]\mathrm{d}t + \\ &\quad \boldsymbol{R}^{g(k-1)}_{b(k-1)} \int_{t_{k-1}}^{t_k} \boldsymbol{\theta}^b_{ab}(t,t_{k-1}) \times \boldsymbol{f}^b(t)\mathrm{d}t\end{aligned} \qquad (7-21)$$

令

$$\Delta \boldsymbol{V}_k = \int_{t_{k-1}}^{t_k} \boldsymbol{f}^b(t)\,\mathrm{d}t \tag{7-22}$$

先分析式（7-21）右端的第三积分项。由于

$$\frac{\mathrm{d}[\boldsymbol{\theta}_{ab}^b(t,t_{k-1}) \times \boldsymbol{V}^b(t,t_{k-1})]}{\mathrm{d}t} = \boldsymbol{\omega}_{ab}^b(t) \times \boldsymbol{V}^b(t,t_{k-1}) + \boldsymbol{\theta}_{ab}^b(t,t_{k-1}) \times \boldsymbol{f}^b(t)$$

$$= -\boldsymbol{V}^b(t,t_{k-1}) \times \boldsymbol{\omega}_{ab}^b(t) - \boldsymbol{\theta}_{ab}^b(t,t_{k-1}) \times \boldsymbol{f}^b(t) + 2\boldsymbol{\theta}_{ab}^b(t,t_{k-1}) \times \boldsymbol{f}^b(t) \tag{7-23}$$

式（7-23）移项整理，可得

$$\boldsymbol{\theta}_{ab}^b(t,t_{k-1}) \times \boldsymbol{f}^b(t)$$

$$= \frac{1}{2} \frac{\mathrm{d}[\boldsymbol{\theta}_{ab}^b(t,t_{k-1}) \times \boldsymbol{V}^b(t,t_{k-1})]}{\mathrm{d}t} + \frac{1}{2}[\boldsymbol{\theta}_{ab}^b(t,t_{k-1}) \times \boldsymbol{f}^b(t) + \boldsymbol{V}^b(t,t_{k-1}) \times \boldsymbol{\omega}_{ab}^b(t)] \tag{7-24}$$

在时间段 $[t_{k-1}, t_k]$ 内，对式（7-24）两边同时积分，得

$$\int_{t_{k-1}}^{t_k} \boldsymbol{\theta}_{ab}^b(t,t_{k-1}) \times \boldsymbol{f}^b(t)\,\mathrm{d}t$$

$$= \frac{1}{2}\Delta\boldsymbol{\theta}_k \times \Delta\boldsymbol{V}_k + \frac{1}{2}\int_{t_{k-1}}^{t_k}[\boldsymbol{\theta}_{ab}^b(t,t_{k-1}) \times \boldsymbol{f}^b(t) + \boldsymbol{V}^b(t,t_{k-1}) \times \boldsymbol{\omega}_{ab}^b(t)]\,\mathrm{d}t$$

$$= \Delta\boldsymbol{V}_{\mathrm{rot}(k)} + \Delta\boldsymbol{V}_{\mathrm{scul}(k)} \tag{7-25}$$

记

$$\Delta\boldsymbol{V}_{\mathrm{rot}(k)} = \frac{1}{2}\Delta\boldsymbol{\theta}_k \times \Delta\boldsymbol{V}_k \tag{7-26}$$

$$\Delta\boldsymbol{V}_{\mathrm{scul}(k)} = \frac{1}{2}\int_{t_{k-1}}^{t_k}[\boldsymbol{\theta}_{ab}^b(t,t_{k-1}) \times \boldsymbol{f}^b(t) + \boldsymbol{V}^b(t,t_{k-1}) \times \boldsymbol{\omega}_{ab}^b(t)]\,\mathrm{d}t \tag{7-27}$$

式中

$$\left.\begin{array}{l} \Delta\boldsymbol{\theta}_k = \boldsymbol{\theta}_{ab}^b(t_k,t_{k-1}) = \displaystyle\int_{t_{k-1}}^{t_k} \boldsymbol{\omega}_{ab}^b(t)\,\mathrm{d}t \\[3mm] \Delta\boldsymbol{V}_k = \boldsymbol{V}^b(t_k,t_{k-1}) = \displaystyle\int_{t_{k-1}}^{t_k} \boldsymbol{f}^b(t)\,\mathrm{d}t \end{array}\right\} \tag{7-28}$$

$\Delta\boldsymbol{V}_{\mathrm{rot}(k)}$ 称为速度的旋转误差补偿量，它因解算时间段内比力方向在空间旋转变化引起；$\Delta\boldsymbol{V}_{\mathrm{scul}(k)}$ 称为划桨误差补偿量，当飞行器同时做线振动和角振动时存在。

一般情况下，式（7-27）不能求得精确解，为了近似处理，假设陀螺仪角速度 $\boldsymbol{\omega}_{ab}^b(t)$ 和加速度计比力 $\boldsymbol{f}^b(t)$ 测量均为线性模型，如式（6-2）所示。相应的角增量和速度增量为

$$\left.\begin{array}{l} \Delta\boldsymbol{\theta}_{ab}^b(t,t_{k-1}) = \displaystyle\int_{t_{k-1}}^{t} \boldsymbol{\omega}_{ab}^b(\tau)\,\mathrm{d}\tau = \boldsymbol{a}(t-t_{k-1}) + \boldsymbol{b}(t-t_{k-1})^2 \\[3mm] \Delta\boldsymbol{V}^b(t,t_{k-1}) = \displaystyle\int_{t_{k-1}}^{t} \boldsymbol{f}^b(\tau)\,\mathrm{d}\tau = \boldsymbol{A}(t-t_{k-1}) + \boldsymbol{B}(t-t_{k-1})^2 \end{array}\right\} \tag{7-29}$$

将式 (7-29) 和代入式 (7-27) 并积分，可得

$$\Delta \boldsymbol{V}_{\text{scul}k} = \frac{1}{2} \int_{t_{k-1}}^{t_k} \left\{ \left[\boldsymbol{a}\,(t-t_{k-1}) + \boldsymbol{b}\,(t-t_{k-1})^2 \right] \times \left[\boldsymbol{A} + 2\boldsymbol{B}\,(t-t_{k-1}) \right] + \right.$$

$$\left. \left[\boldsymbol{A}\,(t-t_{k-1}) + \boldsymbol{B}\,(t-t_{k-1})^2 \right] \times \left[\boldsymbol{a} + 2\boldsymbol{b}\,(t-t_{k-1}) \right] \right\} \mathrm{d}t$$

$$= \frac{1}{2} \int_{t_{k-1}}^{t_k} (\boldsymbol{a} \times \boldsymbol{B} + \boldsymbol{A} \times \boldsymbol{b})\,(t-t_{k-1})^2 \,\mathrm{d}t$$

$$= (\boldsymbol{a} \times \boldsymbol{B} + \boldsymbol{A} \times \boldsymbol{b}) \frac{(t_k - t_{k-1})^3}{6}$$

$$\tag{7-30}$$

将 $\boldsymbol{a}$，$\boldsymbol{b}$，$\boldsymbol{A}$，$\boldsymbol{B}$ 的反解结果代入式 (7-30)，便得二子样速度划桨误差补偿算法

$$\Delta \boldsymbol{V}_{\text{scul}k} = \left(\frac{3\Delta \boldsymbol{\theta}_1 - \Delta \boldsymbol{\theta}_2}{2h} \times \frac{\Delta \boldsymbol{V}_2 - \Delta \boldsymbol{V}_1}{2h^2} + \frac{3\Delta \boldsymbol{V}_1 - \Delta \boldsymbol{V}_2}{2h} \times \frac{\Delta \boldsymbol{\theta}_2 - \Delta \boldsymbol{\theta}_1}{2h^2} \right) \frac{(2h)^3}{6}$$

$$= \frac{2}{3} (\Delta \boldsymbol{\theta}_1 \times \Delta \boldsymbol{V}_2 + \Delta \boldsymbol{V}_1 \times \Delta \boldsymbol{\theta}_2)$$

$$\tag{7-31}$$

至于式 (7-21) 右端的第二积分项，其在形式上与第三积分项完全相同，若记

$$\left. \begin{array}{l} \Delta \boldsymbol{V}'_{\text{rot}(k)} = \dfrac{1}{2} \Delta \boldsymbol{\theta}'_k \times \Delta \boldsymbol{V}'_k \\[3mm] \Delta \boldsymbol{V}'_{\text{scul}(k)} = \dfrac{2}{3} (\Delta \boldsymbol{\theta}'_1 \times \Delta \boldsymbol{V}'_2 + \Delta \boldsymbol{V}'_1 \times \Delta \boldsymbol{\theta}'_2) \end{array} \right\} \tag{7-32}$$

类比于式 (7-26)、式 (7-27) 和式 (7-31)，则有

$$\int_{t_{k-1}}^{t_k} \boldsymbol{\theta}_{ag}^b(t,t_{k-1}) \times \left[\boldsymbol{R}_{b(k-1)}^{g(k-1)} \boldsymbol{f}^b(t) \right] \mathrm{d}t = \frac{1}{2} \Delta \boldsymbol{\theta}'_k \times \Delta \boldsymbol{V}'_k + \frac{2}{3} (\Delta \boldsymbol{\theta}'_1 \times \Delta \boldsymbol{V}'_2 + \Delta \boldsymbol{V}'_1 \times \Delta \boldsymbol{\theta}'_2)$$

$$= \frac{1}{2} \Delta \boldsymbol{\theta}'_k \times (\boldsymbol{R}_{b(k-1)}^{n(k-1)} \Delta \boldsymbol{V}) + \frac{2}{3} (\Delta \boldsymbol{\theta}'_1 \times \Delta \boldsymbol{V}'_2 + \Delta \boldsymbol{V}'_1 \times \Delta \boldsymbol{\theta}'_2)$$

$$= \Delta \boldsymbol{V}'_{\text{rot}(k)} + \Delta \boldsymbol{V}'_{\text{scul}(k)}$$

$$\tag{7-33}$$

式中，$\Delta \boldsymbol{V}'_{\text{rot}(k)}$ 为速度的旋转误差补偿量；$\Delta \boldsymbol{V}'_{\text{scul}(k)}$ 为划桨误差补偿量。

又因 $\Delta \boldsymbol{\theta}'_1 \approx \Delta \boldsymbol{\theta}'_2 \approx \frac{1}{2} \Delta \boldsymbol{\theta}'_k \approx \frac{T}{2} \boldsymbol{\omega}_{ag}^g$，则式 (7-33) 变为

$$\int_{t_{k-1}}^{t_k} \boldsymbol{\theta}_{ag}^b(t,t_{k-1}) \times \left[\boldsymbol{R}_{b(k-1)}^{g(k-1)} \boldsymbol{f}^b(t) \right] \mathrm{d}t$$

$$\approx \frac{1}{2} \Delta \boldsymbol{\theta}'_k \times \left[\boldsymbol{R}_{b(k-1)}^{g(k-1)} (\Delta \boldsymbol{V}_1 + \Delta \boldsymbol{V}_2) \right] + \frac{1}{3} \Delta \boldsymbol{\theta}' \times \left[\boldsymbol{R}_{b(k-1)}^{g(k-1)} (\Delta \boldsymbol{V}_2 - \Delta \boldsymbol{V}_1) \right]$$

$$= \frac{T}{6} \boldsymbol{\omega}_{ag}^g \times \left[\boldsymbol{R}_{b(k-1)}^{g(k-1)} (\Delta \boldsymbol{V}_1 + 5\Delta \boldsymbol{V}_2) \right]$$

$$\tag{7-34}$$

至此，求得了发射系比力速度增量的完整算法，即式 (7-21) 可表示为

$$\Delta \boldsymbol{V}_{\text{sf}(k)}^g = \boldsymbol{R}_{b(k-1)}^{g(k-1)} \Delta \boldsymbol{V}_k - \frac{T}{6} \boldsymbol{\omega}_{ag}^g \times \left[\boldsymbol{R}_{b(k-1)}^{g(k-1)} (\Delta \boldsymbol{V}_1 + 5\Delta \boldsymbol{V}_2) \right] + \boldsymbol{R}_{b(k-1)}^{g(k-1)} (\Delta \boldsymbol{V}_{\text{rot}(k)} + \Delta \boldsymbol{V}_{\text{scul}(k)})$$

$$\tag{7-35}$$

7.1.3 发射系位置更新算法

在式 (7-1) 的发射系位置微分方程中, 明确标注出各量时间参数, 可得

$$\dot{\boldsymbol{P}}^g(t) = \boldsymbol{V}^g(t) \tag{7-36}$$

与捷联惯导姿态和速度更新算法相比, 位置更新算法引起的误差一般比较小, 可采用比较简单的梯形积分方法对式 (7-36) 离散化, 得

$$\boldsymbol{P}_k - \boldsymbol{P}_{k-1} = \int_{t_{k-1}}^{t_k} \boldsymbol{V}^g \, \mathrm{d}t = (\boldsymbol{V}_{k-1}^g + \boldsymbol{V}_k^g) \frac{T}{2} \tag{7-37}$$

式 (7-37) 移项, 便可得到位置更新算法

$$\boldsymbol{P}_k = \boldsymbol{P}_{k-1} + (\boldsymbol{V}_{k-1}^g + \boldsymbol{V}_k^g) \frac{T}{2} \tag{7-38}$$

当采用高精度的捷联惯导器件时, 应该采用高精度的捷联惯导算法。由于 $[t_{k-1}, t_k]$ 时间段很短, 重力加速度和有害加速度补偿项在该时间段内变化十分缓慢, 可近似看作常值, 所以其积分值可近似看作时间的线性函数, 根据式 (7-11)

$$\boldsymbol{V}^g(t) = \boldsymbol{V}_{k-1}^g + \Delta\boldsymbol{V}_{sf(k)}^g(t) + \Delta\boldsymbol{V}_{cor/g(k)}^g \frac{t - t_{k-1}}{T} (t_{k-1} \leqslant t \leqslant t_k) \tag{7-39}$$

式 (7-39) 中

$$\Delta\boldsymbol{V}_{sf(k)}^g = \int_{t_{k-1}}^{t_k} \boldsymbol{R}_b^g(t) \boldsymbol{f}^b(t) \, \mathrm{d}t \tag{7-40}$$

对式 (7-39) 两边在 $[t_{k-1}, t_k]$ 时间段内积分, 得

$$\boldsymbol{P}_k = \boldsymbol{P}_{k-1} + \left[\boldsymbol{V}_{k-1}^g + \frac{1}{2}\Delta\boldsymbol{V}_{cor/g(k)}^g \right] T + \Delta\boldsymbol{P}_{sf(k)}^g \tag{7-41}$$

且令

$$\begin{aligned}
\Delta\boldsymbol{P}_{sf(k)}^g &= \int_{t_{k-1}}^{t_k} \Delta\boldsymbol{V}_{sf(k)}^g \, \mathrm{d}t \\
&= \boldsymbol{R}_b^g \int_{t_{k-1}}^{t_k} \left[\Delta\boldsymbol{V}^b(t) + \frac{1}{2}\Delta\boldsymbol{\theta}_{ab}^b(t) \times \Delta\boldsymbol{V}^b(t) + \Delta\boldsymbol{V}_{scul}^b(t) \right] \mathrm{d}t + \\
&\quad \int_{t_{k-1}}^{t_k} \left[\frac{1}{2}\Delta\boldsymbol{\theta}_{ag}^b(t) \times \boldsymbol{R}_b^g \Delta\boldsymbol{V}^b(t) + \Delta\boldsymbol{V}_{scul}^g(t) \right] \mathrm{d}t \\
&= \Delta\boldsymbol{P}1_{sf(k)}^g + \Delta\boldsymbol{P}2_{sf(k)}^g
\end{aligned} \tag{7-42}$$

$$\Delta\boldsymbol{P}1_{sf(k)}^g = \boldsymbol{R}_b^g \Delta\boldsymbol{P}1_{sf(k)}^b = \boldsymbol{R}_b^g \int_{t_{k-1}}^{t_k} \left[\Delta\boldsymbol{V}^b(t) + \frac{1}{2}\Delta\boldsymbol{\theta}_{ab}^b(t) \times \Delta\boldsymbol{V}^b(t) + \Delta\boldsymbol{V}_{scul}^b(t) \right] \mathrm{d}t \tag{7-43}$$

$$\Delta\boldsymbol{P}2_{sf(k)}^g = \int_{t_{k-1}}^{t_k} \left[\frac{1}{2}\Delta\boldsymbol{\theta}_{ag}^b(t) \times \boldsymbol{R}_b^g \Delta\boldsymbol{V}^b(t) + \Delta\boldsymbol{V}_{scul}^g(t) \right] \mathrm{d}t \tag{7-44}$$

记

$$\boldsymbol{\gamma}_1 = \frac{1}{2} \int_{t_{k-1}}^{t_k} \Delta\boldsymbol{\theta}_{ab}^b(t) \times \Delta\boldsymbol{V}^b(t) \, \mathrm{d}t \tag{7-45}$$

对式（7 - 45）采用分部积分法求取，并记

$$\boldsymbol{\gamma}_2 = \frac{1}{2} \int_{t_{k-1}}^{t_k} \Delta\boldsymbol{\theta}_{ab}^b(t) \times \Delta\boldsymbol{V}^b(t)\,\mathrm{d}t = \frac{1}{2}\boldsymbol{S}_{\Delta\theta(k)}^b \times \Delta\boldsymbol{V}_k^b - \frac{1}{2}\int_{t_{k-1}}^{t_k}\boldsymbol{S}_{\Delta\theta}^b(t) \times \boldsymbol{f}^b(t)\,\mathrm{d}t \tag{7 - 46}$$

$$\boldsymbol{\gamma}_3 = \frac{1}{2} \int_{t_{k-1}}^{t_k} \Delta\boldsymbol{\theta}_{ab}^b(t) \times \Delta\boldsymbol{V}^b(t)\,\mathrm{d}t = \frac{1}{2}\boldsymbol{\theta}_k^b \times \boldsymbol{S}_{\Delta V(k)}^b + \frac{1}{2}\int_{t_{k-1}}^{t_k}\boldsymbol{S}_{\Delta v}^b(t) \times \boldsymbol{\omega}^b(t)\,\mathrm{d}t \tag{7 - 47}$$

则

$$\begin{aligned}
\boldsymbol{\gamma}_1 &= \frac{1}{2} \int_{t_{k-1}}^{t_k} \Delta\boldsymbol{\theta}_{ab}^b(t) \times \Delta\boldsymbol{V}^b(t)\,\mathrm{d}t = \frac{1}{3}(\boldsymbol{\gamma}_1 + \boldsymbol{\gamma}_2 + \boldsymbol{\gamma}_3) \\
&= \frac{1}{6}(\boldsymbol{S}_{\Delta\theta(k)}^b \times \Delta\boldsymbol{V}_k^b + \frac{1}{2}\boldsymbol{\theta}_k^b \times \boldsymbol{S}_{\Delta V(k)}^b) + \\
&\quad \frac{1}{6}\int_{t_{k-1}}^{t_k}[\boldsymbol{S}_{\Delta V}^b(t) \times \boldsymbol{\omega}^b(t) - \boldsymbol{S}_{\Delta\theta}^b(t) \times \boldsymbol{f}^b(t) + \Delta\boldsymbol{\theta}^b(t) \times \Delta\boldsymbol{V}^b(t)]\,\mathrm{d}t
\end{aligned} \tag{7 - 48}$$

将式（7 - 48）代入式（7 - 43）

$$\Delta\boldsymbol{P}1_{\mathrm{sf}(k)}^b = \boldsymbol{S}_{\Delta V(k)}^b + \Delta\boldsymbol{P}_{\mathrm{rot}(k)} + \Delta\boldsymbol{P}_{\mathrm{scrl}(k)} \tag{7 - 49}$$

式中

$$\boldsymbol{S}_{\Delta V(k)}^b = \int_{t_{k-1}}^{t_k} \Delta\boldsymbol{V}(t)\,\mathrm{d}t = \int_{t_{k-1}}^{t_k}\int_{t_{k-1}}^{t_k} \boldsymbol{f}^b(\tau)\,\mathrm{d}\tau\,\mathrm{d}t \tag{7 - 50}$$

为比力的二次积分增量。

$$\Delta\boldsymbol{P}_{\mathrm{rot}(k)} = \frac{1}{6}(\boldsymbol{S}_{\Delta\theta(k)}^b \times \Delta\boldsymbol{V}_k^b + \Delta\boldsymbol{\theta}_k^b \times \boldsymbol{S}_{\Delta V(k)}^b) \tag{7 - 51}$$

称为位置计算中的旋转效应补偿量。

$$\Delta\boldsymbol{P}_{\mathrm{scrl}(k)} = \frac{1}{6}\int_{t_{k-1}}^{t_k}[\boldsymbol{S}_{\Delta V}^b(t) \times \boldsymbol{\omega}^b(t) - \boldsymbol{S}_{\Delta\theta}^b(t) \times \boldsymbol{f}^b(t) + \Delta\boldsymbol{\theta}^b(t) \times \Delta\boldsymbol{V}^b(t) + 6\Delta\boldsymbol{V}_{\mathrm{scul}}^b(t)]\,\mathrm{d}t \tag{7 - 52}$$

同理可求得

$$\Delta\boldsymbol{P}2_{\mathrm{sf}(k)}^g = \Delta\boldsymbol{P}_{\mathrm{rot}(k)}' + \Delta\boldsymbol{P}_{\mathrm{scrl}(k)}' \tag{7 - 53}$$

式中

$$\Delta\boldsymbol{P}_{\mathrm{rot}(k)}' = \frac{1}{6}(\boldsymbol{S}_{\Delta\theta(k)}^g \times \Delta\boldsymbol{V}_m^g + \Delta\boldsymbol{\theta}_m^g \times \boldsymbol{S}_{\Delta V(k)}^g) \tag{7 - 54}$$

$$\Delta\boldsymbol{P}_{\mathrm{scrl}(k)}' = \frac{1}{6}\int_{t_{k-1}}^{t_k}[\boldsymbol{S}_{\Delta V}^g(t) \times \boldsymbol{\omega}^g(t) - \boldsymbol{S}_{\Delta\theta}^g(t) \times \boldsymbol{f}^g(t) + \Delta\boldsymbol{\theta}^g(t) \times \Delta\boldsymbol{V}^g(t) + 6\Delta\boldsymbol{V}_{\mathrm{scul}}^g(t)]\,\mathrm{d}t \tag{7 - 55}$$

由式（6 - 2）和式（7 - 29）可知

$$\left.\begin{aligned}
\Delta\boldsymbol{\theta}_{ab}^b(t, t_{k-1}) &= \int_{t_{k-1}}^{t} \boldsymbol{\omega}_{ab}^b(\tau)\,\mathrm{d}\tau = \boldsymbol{a}(t - t_{k-1}) + \boldsymbol{b}(t - t_{k-1})^2 \\
\Delta\boldsymbol{V}^b(t, t_{k-1}) &= \int_{t_{k-1}}^{t} \boldsymbol{f}^b(\tau)\,\mathrm{d}\tau = \boldsymbol{A}(t - t_{k-1}) + \boldsymbol{B}(t - t_{k-1})^2
\end{aligned}\right\} \tag{7 - 56}$$

则

$$\Delta\boldsymbol{\theta}_k = \int_{t_{k-1}}^{t_k} \boldsymbol{\omega}_{ab}^b(t)\,\mathrm{d}t = T\boldsymbol{a} + T^2\boldsymbol{b} \tag{7-57}$$

$$\Delta\boldsymbol{V}_k = \int_{t_{k-1}}^{t_k} \boldsymbol{f}^b(t)\,\mathrm{d}t = T\boldsymbol{A} + T^2\boldsymbol{B} \tag{7-58}$$

$$\boldsymbol{S}_{\Delta\theta_k} = \int_{t_{k-1}}^{t_k} \int_{t_{k-1}}^{\tau} \boldsymbol{\omega}_{ab}^b(\mu)\,\mathrm{d}\mu\,\mathrm{d}\tau = \frac{T^2}{2}\boldsymbol{a} + \frac{T^3}{3}\boldsymbol{b} \tag{7-59}$$

$$\boldsymbol{S}_{\Delta V_k} = \int_{t_{k-1}}^{t_k} \int_{t_{k-1}}^{\tau} \boldsymbol{f}(\mu)\,\mathrm{d}\mu\,\mathrm{d}\tau = \frac{T^2}{2}\boldsymbol{A} + \frac{T^3}{3}\boldsymbol{B} \tag{7-60}$$

$$\Delta\boldsymbol{V}_{\mathrm{scul}k}(t) = \frac{1}{2}\int_{t_{k-1}}^{t_k} [\Delta\boldsymbol{\theta}_{ab}^b(\tau)\times\boldsymbol{f}^b(\tau) + \Delta\boldsymbol{V}^b(\tau)\times\boldsymbol{\omega}_{ab}^b(\tau)]\,\mathrm{d}\tau$$
$$= \frac{1}{6}(t_k - t_{k-1})^3(\boldsymbol{a}\times\boldsymbol{B} + \boldsymbol{A}\times\boldsymbol{b}) \tag{7-61}$$

将式（7-57）～式（7-61）和 $\boldsymbol{a}$，$\boldsymbol{b}$，$\boldsymbol{A}$，$\boldsymbol{B}$ 的反解结果代入式（7-50）～式（7-52），得

$$\boldsymbol{S}_{\Delta V_k}^b = T\left(\frac{5}{6}\Delta\boldsymbol{V}_1 + \frac{1}{6}\Delta\boldsymbol{V}_2\right) \tag{7-62}$$

$$\Delta\boldsymbol{P}_{\mathrm{rot}(k)} = T\left[\Delta\boldsymbol{\theta}_1\times\left(\frac{5}{18}\Delta\boldsymbol{V}_1 + \frac{1}{6}\Delta\boldsymbol{V}_2\right) + \Delta\boldsymbol{\theta}_2\times\left(\frac{1}{6}\Delta\boldsymbol{V}_1 + \frac{1}{18}\Delta\boldsymbol{V}_2\right)\right] \tag{7-63}$$

$$\Delta\boldsymbol{P}_{\mathrm{scrl}(k)} = T\left[\Delta\boldsymbol{\theta}_1\times\left(\frac{11}{90}\Delta\boldsymbol{V}_1 + \frac{1}{10}\Delta\boldsymbol{V}_2\right) + \Delta\boldsymbol{\theta}_2\times\left(\frac{1}{90}\Delta\boldsymbol{V}_2 - \frac{7}{30}\Delta\boldsymbol{V}_1\right)\right] \tag{7-64}$$

类似可求得式（7-54）和式（7-55）为

$$\Delta\boldsymbol{P}_{\mathrm{rot}(k)}' = T\left[\Delta\boldsymbol{\theta}_1'\times\left(\frac{5}{18}\Delta\boldsymbol{V}_1' + \frac{1}{6}\Delta\boldsymbol{V}_2'\right) + \Delta\boldsymbol{\theta}_2\times\left(\frac{1}{6}\Delta\boldsymbol{V}_1' + \frac{1}{18}\Delta\boldsymbol{V}_2'\right)\right] \tag{7-65}$$

$$\Delta\boldsymbol{P}_{\mathrm{scrl}(k)}' = T\left(\Delta\boldsymbol{\theta}_1'\times\left(\frac{11}{90}\Delta\boldsymbol{V}_1' + \frac{1}{10}\Delta\boldsymbol{V}_2'\right) + \Delta\boldsymbol{\theta}_2\times\left(\frac{1}{90}\Delta\boldsymbol{V}_2' - \frac{7}{30}\Delta\boldsymbol{V}_1'\right)\right) \tag{7-66}$$

又因为

$$\Delta\boldsymbol{V}_1' = \boldsymbol{R}_{b(k-1)}^{g(k-1)}\Delta\boldsymbol{V}_1$$

$$\Delta\boldsymbol{V}_2' = \boldsymbol{R}_{b(k-1)}^{g(k-1)}\Delta\boldsymbol{V}_2$$

$$\Delta\boldsymbol{\theta}_1' \approx \Delta\boldsymbol{\theta}_2' \approx \frac{1}{2}\Delta\boldsymbol{\theta}_k' \approx \frac{T}{2}\boldsymbol{\omega}_{ag}^g$$

故可得

$$\Delta\boldsymbol{P}_{\mathrm{rot}(k)}' = \frac{T^2}{9}\boldsymbol{\omega}_{ag}^g\times[\boldsymbol{R}_{b(k-1)}^{g(k-1)}(2\Delta\boldsymbol{V}_1 + \Delta\boldsymbol{V}_2)] \tag{7-67}$$

$$\Delta\boldsymbol{P}_{\mathrm{scrl}(k)}' = \frac{T^2}{18}\boldsymbol{\omega}_{ag}^g\times[\boldsymbol{R}_{b(k-1)}^{g(k-1)}(\Delta\boldsymbol{V}_2 - \Delta\boldsymbol{V}_1)] \tag{7-68}$$

$$\Delta\boldsymbol{P}_{\mathrm{sf}(k)}^g = \Delta\boldsymbol{P}_{\mathrm{rot}(k)}' + \Delta\boldsymbol{P}_{\mathrm{scrl}(k)}' = \frac{T^2}{6}\boldsymbol{\omega}_{ag}^g\times[\boldsymbol{R}_{b(k-1)}^{g(k-1)}(\Delta\boldsymbol{V}_1 + \Delta\boldsymbol{V}_2)] \tag{7-69}$$

至此，完成发射系位置更新算法推导。

7.1.4　发射系更新算法总结

综上所述，在捷联惯导数值更新过程中，输入为上一时刻的姿态 $\boldsymbol{q}_{b(k-1)}^{g}$、速度 $\boldsymbol{V}_{k-1}^{g}$、位置 $\boldsymbol{P}_{k}^{g}$，以及 IMU 的角增量 $\Delta\boldsymbol{\theta}_1$，$\Delta\boldsymbol{\theta}_2$ 和速度增量 $\Delta\boldsymbol{V}_1$，$\Delta\boldsymbol{V}_2$，并且 $\Delta\boldsymbol{\theta}_k = \Delta\boldsymbol{\theta}_1 + \Delta\boldsymbol{\theta}_2$；$\Delta\boldsymbol{V}_k = \Delta\boldsymbol{V}_1 + \Delta\boldsymbol{V}_2$，输出为当前时刻的姿态 $\boldsymbol{q}_{b(k)}^{g}$、速度 $\boldsymbol{V}_k^{g}$、位置 $\boldsymbol{P}_k^{g}$，更新算法见表 7 - 1。

表 7 - 1　发射系姿态、速度、位置更新算法

姿态更新	$\boldsymbol{\Phi}_k = \Delta\boldsymbol{\theta}_1 + \Delta\boldsymbol{\theta}_2 + \dfrac{2}{3}\Delta\boldsymbol{\theta}_1 \times \Delta\boldsymbol{\theta}_2$
	$\boldsymbol{q}_{b(k)}^{b(k-1)} = \cos\dfrac{\Phi_k}{2} + \dfrac{\boldsymbol{\Phi}_k}{\Phi_k}\sin\dfrac{\Phi_k}{2}$
	$\boldsymbol{\zeta}_k = \displaystyle\int_{t_{k-1}}^{t_k} \boldsymbol{\omega}_{ag}^{g}(t)\mathrm{d}t = \boldsymbol{\omega}_{ag}^{g}T$
	$\boldsymbol{q}_{b(k-1)}^{g(k-1)} = \cos\dfrac{\zeta_k}{2} + \dfrac{\boldsymbol{\zeta}_k}{\zeta_k}\sin\dfrac{\zeta_k}{2}$
	$\boldsymbol{q}_{b(k)}^{g(k)} = \boldsymbol{q}_{g(k-1)}^{g(k)}\boldsymbol{q}_{b(k-1)}^{g(k-1)}\boldsymbol{q}_{b(k)}^{b(k-1)}$
速度更新	$\Delta\boldsymbol{V}_k = \Delta\boldsymbol{V}_1 + \Delta\boldsymbol{V}_2$（二子样，速度增量）
	$\Delta\boldsymbol{V}_{\mathrm{rot}(k)} = \dfrac{1}{2}\Delta\boldsymbol{\theta}_k \times \Delta\boldsymbol{V}_k$（旋转效应补偿项）
	$\Delta\boldsymbol{V}_{\mathrm{scul}(k)} = \dfrac{2}{3}(\Delta\boldsymbol{\theta}_1 \times \Delta\boldsymbol{V}_2 + \Delta\boldsymbol{V}_1 \times \Delta\boldsymbol{\theta}_2)$（划桨效应补偿项）
	$\Delta\boldsymbol{V}_{\mathrm{sf}(k)}^{g} = \boldsymbol{R}_{b(k-1)}^{g(k-1)}(\Delta\boldsymbol{V}_k + \Delta\boldsymbol{V}_{\mathrm{rot}(k)} + \Delta\boldsymbol{V}_{\mathrm{scrl}(k)}) + \Delta\boldsymbol{V}_{\mathrm{rot}(k)}' + \Delta\boldsymbol{V}_{\mathrm{scrl}(k)}'$
	$\Delta\boldsymbol{V}_{\mathrm{sf}(k)}^{a} = \boldsymbol{R}_{b(k-1)}^{a}\Delta\boldsymbol{V}_{\mathrm{sf}(k)}^{b(k-1)}$
	$\Delta\boldsymbol{V}_k^{g(k)} = \Delta\boldsymbol{V}_{k-1}^{g(k-1)} + \Delta\boldsymbol{V}_{\mathrm{sf}(k)}^{g} + \Delta\boldsymbol{V}_{\mathrm{cor}/g(k)}^{g}$
	$\Delta\boldsymbol{V}_{\mathrm{rot}(k)}' + \Delta\boldsymbol{V}_{\mathrm{scul}(k)}' = \dfrac{T}{6}\boldsymbol{\omega}_{ag}^{g} \times [\boldsymbol{R}_{b(k-1)}^{g(k-1)}(\Delta\boldsymbol{V}_1 + 5\Delta\boldsymbol{V}_2)]$
	$\Delta\boldsymbol{V}_{\mathrm{cor}/g(k)}^{g} \approx (-2\boldsymbol{\omega}_{ag(k-1/2)}^{g} \times \boldsymbol{V}_{k-1/2}^{g} + \boldsymbol{g}_{k-1/2}^{g})T$（有害加速度的速度增量）
位置更新	$\boldsymbol{S}_{\Delta V_k}^{b} = T\left(\dfrac{5}{6}\Delta\boldsymbol{V}_1 + \dfrac{1}{6}\Delta\boldsymbol{V}_2\right)$ 比力的二次积分增量
	$\Delta\boldsymbol{P}_{\mathrm{rot}(k)} = T\left[\Delta\boldsymbol{\theta}_1 \times \left(\dfrac{5}{18}\Delta\boldsymbol{V}_1 + \dfrac{1}{6}\Delta\boldsymbol{V}_2\right) + \Delta\boldsymbol{\theta}_2 \times \left(\dfrac{1}{6}\Delta\boldsymbol{V}_1 + \dfrac{1}{18}\Delta\boldsymbol{V}_2\right)\right]$ 旋转效应补偿量
	$\Delta\boldsymbol{P}_{\mathrm{scrl}(k)} = T\left[\Delta\boldsymbol{\theta}_1 \times \left(\dfrac{11}{90}\Delta\boldsymbol{V}_1 + \dfrac{1}{10}\Delta\boldsymbol{V}_2\right) + \Delta\boldsymbol{\theta}_2 \times \left(\dfrac{1}{90}\Delta\boldsymbol{V}_2 - \dfrac{7}{30}\Delta\boldsymbol{V}_1\right)\right]$ 涡卷效应补偿量
	$\Delta\boldsymbol{P}_{\mathrm{rot}(k)}' + \Delta\boldsymbol{P}_{\mathrm{scrl}(k)}' = \dfrac{T^2}{6}\boldsymbol{\omega}_{ag}^{g} \times [\boldsymbol{R}_{b(k-1)}^{g(k-1)}(\Delta\boldsymbol{V}_1 + \Delta\boldsymbol{V}_2)]$
	$\Delta\boldsymbol{P}_{\mathrm{sf}(k)}^{b} = \boldsymbol{R}_b^{g}(\boldsymbol{S}_{\Delta V_k}^{b}\Delta\boldsymbol{P}_{\mathrm{rot}(k)} + \Delta\boldsymbol{P}_{\mathrm{scrl}(k)}) + \Delta\boldsymbol{P}_{\mathrm{rot}(k)}' + \Delta\boldsymbol{P}_{\mathrm{scrl}(k)}'$
	$\boldsymbol{P}_k^{g} = \boldsymbol{P}_{k-1}^{g} + \left(\boldsymbol{V}_{k-1}^{g} + \dfrac{1}{2}\Delta\boldsymbol{V}_{\mathrm{cor}/g(k)}^{g}\right)T + \Delta\boldsymbol{P}_{\mathrm{sf}(k)}^{g}$

7.2　发射系捷联惯导误差方程

发射系捷联惯导误差方程是研究发射系惯导误差的方法，是发射系下组合导航的基础，下面给出误差方程的详细推导过程。

7.2.1　发射系姿态误差方程

在捷联惯导系统中，载体坐标系至计算坐标系的转换矩阵误差是由两个坐标系间旋转时的角速率误差引起的。如式（7-1）所示，在发射系的姿态微分方程为

$$\dot{\boldsymbol{R}}_b^g = \boldsymbol{R}_b^g \boldsymbol{\Omega}_{gb}^b \tag{7-70}$$

考虑测量和计算误差，计算得到的转换矩阵变换率为

$$\dot{\hat{\boldsymbol{R}}}_b^g = \hat{\boldsymbol{R}}_b^g \hat{\boldsymbol{\Omega}}_{gb}^b \tag{7-71}$$

计算得到的转换矩阵 $\hat{\boldsymbol{R}}_b^g$ 可以写为

$$\hat{\boldsymbol{R}}_b^g = \boldsymbol{R}_b^g + \delta\hat{\boldsymbol{R}}_b^g \tag{7-72}$$

令

$$\delta\hat{\boldsymbol{R}}_b^g = -\boldsymbol{\Psi}^g \boldsymbol{R}_b^g \tag{7-73}$$

得

$$\hat{\boldsymbol{R}}_b^g = (\boldsymbol{I} - \boldsymbol{\Psi}^g)\boldsymbol{R}_b^g \tag{7-74}$$

实际导航坐标系和计算坐标系之间存在误差角 $\boldsymbol{\phi}^g = [\phi_x, \phi_y, \phi_z]^T$，且 $\boldsymbol{\Psi}^g$ 为 $\boldsymbol{\phi}^g$ 的反对称矩阵

$$\boldsymbol{\Psi}^g = \begin{bmatrix} 0 & -\phi_z & \phi_y \\ \phi_z & 0 & -\phi_x \\ -\phi_y & \phi_x & 0 \end{bmatrix} \tag{7-75}$$

对式（7-74）两边求导，得

$$\dot{\hat{\boldsymbol{R}}}_b^g = \dot{\boldsymbol{R}}_b^g - \dot{\boldsymbol{\Psi}}^g \boldsymbol{R}_b^g - \boldsymbol{\Psi}^g \dot{\boldsymbol{R}}_b^g \tag{7-76}$$

$$\delta\dot{\boldsymbol{R}}_b^g = -\dot{\boldsymbol{\Psi}}^g \boldsymbol{R}_b^g - \boldsymbol{\Psi}^g \dot{\boldsymbol{R}}_b^g \tag{7-77}$$

另一方面，微分式（7-70），得

$$\delta\dot{\boldsymbol{R}}_b^g = \delta\boldsymbol{R}_b^g \boldsymbol{\Omega}_{gb}^b + \boldsymbol{R}_b^g \delta\boldsymbol{\Omega}_{gb}^b = -\boldsymbol{\Psi}^g \boldsymbol{R}_b^g \boldsymbol{\Omega}_{gb}^b + \boldsymbol{R}_b^g \delta\boldsymbol{\Omega}_{gb}^b \tag{7-78}$$

比较式（7-76）和式（7-78），可得

$$\dot{\boldsymbol{\Psi}}^g = -\boldsymbol{R}_b^g \delta\boldsymbol{\Omega}_{gb}^b \boldsymbol{R}_g^b \tag{7-79}$$

写成矢量形式为

$$\dot{\boldsymbol{\phi}}^g = -\boldsymbol{R}_b^g \delta\boldsymbol{\omega}_{gb}^b \tag{7-80}$$

式（7-80）说明了姿态误差 $\boldsymbol{\phi}^g$ 的变化率如何用角速率误差 $\delta\boldsymbol{\omega}_{gb}^b$ 表示，且

$$\boldsymbol{\omega}_{gb}^b = -\boldsymbol{\omega}_{ag}^b + \boldsymbol{\omega}_{ab}^b = -\boldsymbol{R}_g^b \boldsymbol{\omega}_{ag}^g + \boldsymbol{\omega}_{ab}^b \tag{7-81}$$

将其线性化，角速度误差为

$$
\begin{aligned}
\delta\boldsymbol{\omega}_{gb}^{b} &= -\delta\boldsymbol{R}_{g}^{b}\boldsymbol{\omega}_{ag}^{g} - \boldsymbol{R}_{g}^{b}\delta\boldsymbol{\omega}_{ag}^{g} + \delta\boldsymbol{\omega}_{ab}^{b} \\
&= -(\delta\boldsymbol{R}_{g}^{b})^{\mathrm{T}}\boldsymbol{\omega}_{ag}^{g} - \boldsymbol{R}_{g}^{b}\delta\boldsymbol{\omega}_{ag}^{g} + \delta\boldsymbol{\omega}_{ab}^{b} \\
&= -(-\boldsymbol{\Psi}^{g}\boldsymbol{R}_{g}^{b})^{\mathrm{T}}\boldsymbol{\omega}_{ag}^{g} - \boldsymbol{R}_{g}^{b}\delta\boldsymbol{\omega}_{ag}^{g} + \delta\boldsymbol{\omega}_{ab}^{b} \\
&= -\boldsymbol{R}_{g}^{b}\boldsymbol{\Psi}^{g}\boldsymbol{\omega}_{ag}^{g} - \boldsymbol{R}_{g}^{b}\delta\boldsymbol{\omega}_{ag}^{g} + \delta\boldsymbol{\omega}_{ab}^{b}
\end{aligned}
\tag{7-82}
$$

将式（7-82）代入式（7-80）得

$$
\begin{aligned}
\dot{\boldsymbol{\phi}}^{g} &= \boldsymbol{\Psi}^{g}\boldsymbol{\omega}_{ag}^{g} + \delta\boldsymbol{\omega}_{ag}^{g} - \boldsymbol{R}_{b}^{g}\delta\boldsymbol{\omega}_{ab}^{b} \\
&= -\boldsymbol{\Omega}_{ag}^{g}\boldsymbol{\phi}^{g} + \delta\boldsymbol{\omega}_{ag}^{g} - \boldsymbol{R}_{b}^{g}\delta\boldsymbol{\omega}_{ab}^{b}
\end{aligned}
\tag{7-83}
$$

由于发射系是和地球固连的，所以，$\boldsymbol{\omega}_{ag}^{g}$ 为固定值，因此，$\delta\boldsymbol{\omega}_{ag}^{g}=\boldsymbol{0}$。最终可得到姿态误差方程为

$$
\dot{\boldsymbol{\phi}}^{g} = -\boldsymbol{\Omega}_{ag}^{g}\boldsymbol{\phi}^{g} - \boldsymbol{R}_{b}^{g}\delta\boldsymbol{\omega}_{ab}^{b}
\tag{7-84}
$$

7.2.2　发射系速度误差方程

式（7-1）所示的发射系下的速度微分方程为

$$
\dot{\boldsymbol{V}}^{g} = \boldsymbol{R}_{b}^{g}\boldsymbol{f}^{b} - 2\boldsymbol{\Omega}_{ag}^{g}\boldsymbol{V}^{g} + \boldsymbol{g}^{g}
\tag{7-85}
$$

对式（7-85）微分，得

$$
\delta\dot{\boldsymbol{V}}^{g} = \delta\boldsymbol{R}_{b}^{g}\boldsymbol{f}^{b} + \boldsymbol{R}_{b}^{g}\delta\boldsymbol{f}^{b} - 2\delta\boldsymbol{\Omega}_{ag}^{g}\boldsymbol{V}^{g} - 2\boldsymbol{\Omega}_{ag}^{g}\delta\boldsymbol{V}^{g} + \delta\boldsymbol{g}^{g}
\tag{7-86}
$$

又因，$\delta\boldsymbol{\omega}_{ag}^{g}=\boldsymbol{0}$，故 $\delta\boldsymbol{\Omega}_{ag}^{g}=\boldsymbol{0}$，因此式（7-86）可写为

$$
\begin{aligned}
\delta\dot{\boldsymbol{V}}^{g} &= \delta\boldsymbol{R}_{b}^{g}\boldsymbol{f}^{b} - 2\boldsymbol{\Omega}_{ag}^{g}\delta\boldsymbol{V}^{g} + \delta\boldsymbol{g}^{g} + \boldsymbol{R}_{b}^{g}\delta\boldsymbol{f}^{b} \\
&= -\boldsymbol{\Psi}^{g}\boldsymbol{R}_{b}^{g}\boldsymbol{f}^{b} - 2\boldsymbol{\Omega}_{ag}^{g}\delta\boldsymbol{V}^{g} + \delta\boldsymbol{g}^{g} + \boldsymbol{R}_{b}^{g}\delta\boldsymbol{f}^{b}
\end{aligned}
\tag{7-87}
$$

式（7-87）中，$-\boldsymbol{\Psi}^{g}\boldsymbol{R}_{b}^{g}\boldsymbol{f}^{b} = -\boldsymbol{\Psi}^{g}\boldsymbol{f}^{g} = \boldsymbol{F}^{g}\boldsymbol{\phi}^{g}$，$\boldsymbol{F}^{g}\boldsymbol{\phi}^{g}$ 如式（7-88）所示。

$$
\boldsymbol{F}^{g}\boldsymbol{\phi}^{g} = \begin{bmatrix} 0 & -f_{z}^{g} & f_{y}^{g} \\ f_{z}^{g} & 0 & -f_{x}^{g} \\ -f_{y}^{g} & f_{x}^{g} & 0 \end{bmatrix} \begin{bmatrix} \phi_{x}^{g} \\ \phi_{y}^{g} \\ \phi_{z}^{g} \end{bmatrix}
\tag{7-88}
$$

由式（7-88）和式（7-87）可得

$$
\delta\dot{\boldsymbol{V}}^{g} = \boldsymbol{F}^{g}\boldsymbol{\phi}^{g} - 2\boldsymbol{\Omega}_{ag}^{g}\delta\boldsymbol{V}^{g} + \delta\boldsymbol{g}^{g} + \boldsymbol{R}_{b}^{g}\delta\boldsymbol{f}^{b}
\tag{7-89}
$$

式（7-89）中的 $\delta\boldsymbol{g}^{g}$ 是由位置误差引起的标准重力误差，将 $\boldsymbol{g}^{g}$ 写成分量形式为式（7-90），$\delta\boldsymbol{g}^{g}$ 如式（7-91）所示。

$$
\left.\begin{aligned}
g_{x} &= g_{r}'\frac{r_{x}}{|\boldsymbol{r}|} + g_{\omega_{e}}\frac{\omega_{ex}}{|\boldsymbol{\omega}_{e}|} \\
g_{y} &= g_{r}'\frac{r_{y}}{|\boldsymbol{r}|} + g_{\omega_{e}}\frac{\omega_{ey}}{|\boldsymbol{\omega}_{e}|} \\
g_{z} &= g_{r}'\frac{r_{z}}{|\boldsymbol{r}|} + g_{\omega_{e}}\frac{\omega_{ez}}{|\boldsymbol{\omega}_{e}|}
\end{aligned}\right\}
\tag{7-90}
$$

$$\delta \boldsymbol{g}^g = \begin{bmatrix} \dfrac{\delta g_x}{\delta x} & \dfrac{\delta g_x}{\delta y} & \dfrac{\delta g_x}{\delta z} \\[2mm] \dfrac{\delta g_y}{\delta x} & \dfrac{\delta g_y}{\delta y} & \dfrac{\delta g_y}{\delta z} \\[2mm] \dfrac{\delta g_z}{\delta x} & \dfrac{\delta g_z}{\delta y} & \dfrac{\delta g_z}{\delta z} \end{bmatrix} \begin{bmatrix} \delta x \\[1mm] \delta y \\[1mm] \delta z \end{bmatrix} = \boldsymbol{G}_P \delta \boldsymbol{P} \tag{7-91}$$

式 (7 - 91) 中，$\boldsymbol{G}_P$ 如下所示

$$\boldsymbol{G}_P = \begin{bmatrix} -GM|\boldsymbol{r}|^{-3} + 3GMr_x^2|\boldsymbol{r}|^{-5} & 3GMr_x r_y|\boldsymbol{r}|^{-5} & 3GMr_x r_z|\boldsymbol{r}|^{-5} \\[2mm] 3GMr_x r_y|\boldsymbol{r}|^{-5} & -GM|\boldsymbol{r}|^{-3} + 3GMr_y^2|\boldsymbol{r}|^{-5} & 3GMr_y r_z|\boldsymbol{r}|^{-5} \\[2mm] 3GMr_x r_z|\boldsymbol{r}|^{-5} & 3GMr_y r_z|\boldsymbol{r}|^{-5} & -GM|\boldsymbol{r}|^{-3} + 3GMr_z^2|\boldsymbol{r}|^{-5} \end{bmatrix}$$

$$\tag{7-92}$$

7.2.3　发射系位置误差方程

由式 (7 - 1) 发射系下的位置微分方程为

$$\dot{\boldsymbol{P}}^g = \boldsymbol{V}^g \tag{7-93}$$

可得位置误差方程

$$\delta \dot{\boldsymbol{P}}^g = \delta \boldsymbol{V}^g \tag{7-94}$$

7.3　发射系初始对准算法

按照对准的阶段来划分，惯导系统的初始对准可以分为粗对准和精对准两个阶段，粗对准又可以分为静基座下解析粗对准和抗晃动粗对准两种情况。粗对准的特点是对准速度快，对准精度较低，对发射平台进行水平与方位粗调，尽快地将发射平台对准在一定的精度范围内，为后续的精对准提供粗略的姿态矩阵。精对准的速度比粗对准慢，但精度较高，利用惯组器件的输出信息和外部观测信息精确地计算姿态矩阵，为后续的惯性导航提供更为准确的对准信息。粗对准和精对准两者相结合，可在规定的时间内为惯导系统提供满足对准精度要求的导航信息。

7.3.1　发射系静基座解析粗对准

解析粗对准方法是根据加速度计对地球重力加速度和陀螺仪对地球自转角速度的敏感测量值计算得到飞行器的初始姿态信息，并且导航坐标系一般为当地水平坐标系。高超声速助推滑翔飞行器在发射阶段的状态为垂直发射，在发射坐标系下的理论弹道中，初始俯仰角为 90°，偏航角和滚转角均为 0°。本小节提出一种适用于发射系下垂直发射飞行器的静基座解析粗对准方法。

在静基座条件下，加速度计的输出只受到地球重力加速度的影响，即加速度计三轴输出为重力加速度在三轴方向的分量。由于高超声速助推滑翔飞行器在发射前对准时的理论

初始俯仰角为 $90°$，偏航角和滚转角均为 $0°$，所以加速度计 x 轴敏感重力加速度，y 轴、z 轴输出为零。在实际对准过程中，飞行器姿态角与理论值会有一定的偏差，导致加速度计会敏感重力加速度在三轴方向的分量，可以根据加速度计三轴输出值计算得到飞行器发射前的俯仰角、偏航角与理论值之间的偏差，计算公式为

$$\Delta\varphi = -\arcsin\left(\frac{f_y}{\sqrt{f_x^2 + f_y^2 + f_z^2}}\right),\ \Delta\varphi \in \left(-\frac{\pi}{2},\frac{\pi}{2}\right) \qquad (7-95)$$

$$\Delta\psi = \arctan2(f_z, f_x), \Delta\psi \in \left(-\frac{\pi}{2},\frac{\pi}{2}\right) \qquad (7-96)$$

式中，$\Delta\varphi$ 表示俯仰角与理论值之间的偏差；$\Delta\psi$ 表示偏航角与理论值之间的偏差；f_x、f_y、f_z 为加速度计测量到的比力 $\boldsymbol{f}^b$ 的三轴分量。粗对准得到的俯仰角和偏航角分别为

$$\varphi_0 = \frac{\pi}{2} + \Delta\varphi \qquad (7-97)$$

$$\psi_0 = \Delta\psi \qquad (7-98)$$

在飞行器垂直发射时，滚转角一般采用地面光学对准或自对准方法获得。

7.3.2　发射系抗晃动粗对准

惯导系统工作时会受到各种外界干扰因素的影响，在实际静基座条件下，捷联惯导系统测量到的地球自转角速度和重力加速度会受到干扰，尤其是干扰角速度可能比地球自转角速度大很多，所以无法从陀螺仪输出中获得有效的对准信息，而干扰加速度一般以谐波形式出现，且幅值相对重力加速度较小，所以在动基座条件下，只能以地球重力加速度作为参考信息。本小节提出一种发射系下基于重力矢量的动基座抗晃动粗对准方法，算法框图如图 7-1 所示。

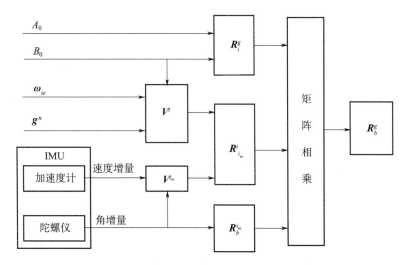

图 7-1　基于重力矢量的动基座抗晃动粗对准算法框图

发射系下的姿态矩阵 $\boldsymbol{R}_b^g$ 可以表示为

$$\boldsymbol{R}_b^g = \boldsymbol{R}_i^g \boldsymbol{R}_{i_{b0}}^i \boldsymbol{R}_b^{i_{b0}} \tag{7-99}$$

式中，i_{b0} 表示载体惯性坐标系，载体惯性坐标系在飞行器初始对准瞬间与载体坐标系重合；$\boldsymbol{R}_b^g$ 表示载体坐标系到发射系的转换矩阵，即发射系下的姿态矩阵；$\boldsymbol{R}_i^g$ 为地心惯性坐标系到发射系的转换矩阵，可以由发射时刻飞行器的初始纬度 B_0 和发射方位角 A_0 求得；$\boldsymbol{R}_{i_{b0}}^i$ 为载体惯性坐标系到地心惯性坐标系的转换矩阵；$\boldsymbol{R}_b^{i_{b0}}$ 为载体坐标系到载体惯性坐标系的转换矩阵。

由于在飞行器发射时刻，载体惯性坐标系与载体坐标系重合，所以，$\boldsymbol{R}_b^{i_{b0}}(t)$ 可以根据陀螺仪输出 $\boldsymbol{\omega}_{ib}^b$ 通过姿态更新算法求解。

在时间段 $[t_{k-1}, t_k]$ 内，姿态更新四元数递推公式为

$$\boldsymbol{q}_{b(k)}^{i_{b0}} = \boldsymbol{q}_{b(k-1)}^{i_{b0}} \otimes \boldsymbol{q}_{b(k)}^{b(k-1)} \tag{7-100}$$

式中，$\boldsymbol{q}_{b(k)}^{i_{b0}}$，$\boldsymbol{q}_{b(k-1)}^{i_{b0}}$ 分别为载体坐标系相对 i_{b0} 系在 t_k，t_{k-1} 时刻的姿态四元数；$\boldsymbol{q}_{b(k)}^{b(k-1)}$ 为载体坐标系从 t_{k-1} 时刻到 t_k 时刻的变换四元数。

在初始时刻，载体坐标系与 i_{b0} 系重合，可得 $\boldsymbol{R}_b^{i_{b0}}(t)$ 的初值为单位阵，则载体坐标系到 i_{b0} 系的初始姿态转换四元数矩阵为 $\boldsymbol{q}_b^{i_{b0}}(t_0) = [1\quad 0\quad 0\quad 0]^{\mathrm{T}}$。记 $\boldsymbol{\Phi}_k$ 为从 t_{k-1} 时刻到 t_k 时刻载体坐标系相对地心惯性坐标系的等效旋转矢量，则有

$$\boldsymbol{\Phi}_k = \int_{t_{k-1}}^{t_k} \boldsymbol{\omega}^b(t)\mathrm{d}t \tag{7-101}$$

采用二子样算法，则有

$$\boldsymbol{\Phi}_k = \Delta\boldsymbol{\theta}_1 + \Delta\boldsymbol{\theta}_2 + \frac{2}{3}(\Delta\boldsymbol{\theta}_1 \times \Delta\boldsymbol{\theta}_2) \tag{7-102}$$

等效旋转矢量 $\boldsymbol{\Phi}$ 与其对应的四元数 $q(T)$ 的计算公式如式（7-5）所示，利用式（7-5）即可计算出 $\boldsymbol{\Phi}_k$ 对应的四元数 $\boldsymbol{q}_{b(k)}^{b(k-1)}$，将计算得到的 $\boldsymbol{q}_{b(k)}^{b(k-1)}$ 代入式（7-100）即可计算出在 t_k 时刻载体坐标系到 i_{b0} 系的姿态转换四元数 $\boldsymbol{q}_{b(k)}^{i_{b0}}$。令 $\boldsymbol{q}_{b(k)}^{i_{b0}} = [q_0\quad q_1\quad q_2\quad q_3]^{\mathrm{T}}$，则姿态矩阵 $\boldsymbol{R}_b^{i_{b0}}$ 为

$$\boldsymbol{R}_b^{i_{b0}} = \begin{bmatrix} q_0^2 + q_1^2 - q_2^2 - q_3^2 & 2(q_1q_2 - q_0q_3) & 2(q_1q_3 + q_0q_2) \\ 2(q_1q_2 + q_0q_3) & q_0^2 - q_1^2 + q_2^2 - q_3^2 & 2(q_2q_3 - q_0q_1) \\ 2(q_1q_3 - q_0q_2) & 2(q_2q_3 + q_0q_1) & q_0^2 - q_1^2 - q_2^2 + q_3^2 \end{bmatrix} \tag{7-103}$$

由于在惯性坐标系下，不同时刻的重力矢量是不共线的，所以可以根据双矢量定姿原理求解转换矩阵 $\boldsymbol{R}_i^{i_{b0}}$。记飞行器惯性坐标系和地心惯性坐标系下的重力矢量分别为 $\boldsymbol{g}^{i_{b0}}$，$\boldsymbol{g}^i$，可得

$$\boldsymbol{g}^{i_{b0}} = \boldsymbol{R}_i^{i_{b0}} \boldsymbol{g}^i \tag{7-104}$$

分别取 t_1，t_2 时刻 $(0 < t_1 < t_2)$ 的重力矢量，可得

$$\boldsymbol{g}^{i_{b0}}(t_1) = \boldsymbol{R}_i^{i_{b0}} \boldsymbol{g}^i(t_1) \tag{7-105}$$

$$\boldsymbol{g}^{i_{b0}}(t_2) = \boldsymbol{R}_i^{i_{b0}} \boldsymbol{g}^i(t_2) \tag{7-106}$$

将式（7-105）与式（7-106）做叉乘，可得

$$[\boldsymbol{g}^{i_{b0}}(t_1) \times \boldsymbol{g}^{i_{b0}}(t_2)] = \boldsymbol{R}_i^{i_{b0}} [\boldsymbol{g}^i(t_1) \times \boldsymbol{g}^i(t_2)] \tag{7-107}$$

将式（7-107）与式（7-105）做叉乘，可得

$$[\boldsymbol{g}^{i_{b0}}(t_1) \times \boldsymbol{g}^{i_{b0}}(t_2) \times \boldsymbol{g}^{i_{b0}}(t_1)] = \boldsymbol{R}_i^{i_{b0}} [\boldsymbol{g}^i(t_1) \times \boldsymbol{g}^i(t_2) \times \boldsymbol{g}^i(t_1)] \tag{7-108}$$

式（7-105）、式（7-107）与式（7-108）转置后，再组合成矩阵形式，可得

$$\begin{bmatrix} [\boldsymbol{g}^{i_{b0}}(t_1)]^{\mathrm{T}} \\ [\boldsymbol{g}^{i_{b0}}(t_1) \times \boldsymbol{g}^{i_{b0}}(t_2)]^{\mathrm{T}} \\ [\boldsymbol{g}^{i_{b0}}(t_1) \times \boldsymbol{g}^{i_{b0}}(t_2) \times \boldsymbol{g}^{i_{b0}}(t_1)]^{\mathrm{T}} \end{bmatrix} = \begin{bmatrix} [\boldsymbol{g}^i(t_1)]^{\mathrm{T}} \\ [\boldsymbol{g}^i(t_1) \times \boldsymbol{g}^i(t_2)]^{\mathrm{T}} \\ [\boldsymbol{g}^i(t_1) \times \boldsymbol{g}^i(t_2) \times \boldsymbol{g}^i(t_1)]^{\mathrm{T}} \end{bmatrix} \boldsymbol{R}_{i_{b0}}^i \tag{7-109}$$

飞行器惯性坐标系下的重力矢量 $\boldsymbol{g}^{i_{b0}}(t)$ 的计算公式为

$$\boldsymbol{g}^{i_{b0}}(t) = \boldsymbol{R}_b^{i_{b0}}(t)\boldsymbol{g}^b(t) = \boldsymbol{R}_b^{i_{b0}}(t)[-\boldsymbol{f}^b(t) + \boldsymbol{a}_D^b(t) + \boldsymbol{V}^b(t)] \approx -\boldsymbol{R}_b^{i_{b0}}(t)\boldsymbol{f}^b(t) \tag{7-110}$$

式中，$\boldsymbol{a}_D^b(t)$ 为干扰加速度；$\boldsymbol{V}^b(t)$ 为加速度计的偏置，可忽略两者的影响。

地心惯性坐标系下的重力矢量 $\boldsymbol{g}^i(t)$ 的计算公式为

$$\boldsymbol{g}^i(t) = \boldsymbol{R}_e^i(t)\boldsymbol{R}_l^e\boldsymbol{g}^l = \begin{bmatrix} -g\cos B\cos(\omega_{ie}t) \\ -g\cos B\sin(\omega_{ie}t) \\ -g\sin B \end{bmatrix} \tag{7-111}$$

式中，$\boldsymbol{R}_l^e$ 为当地水平坐标系到地心地固坐标系的转换矩阵，且 $\boldsymbol{R}_l^e = (\boldsymbol{R}_e^l)^{\mathrm{T}}$；$\boldsymbol{R}_e^i(t)$ 为地心地固坐标系到地心惯性坐标系的转换矩阵。当地水平坐标系下的重力矢量 $\boldsymbol{g}^l$ 为

$$\boldsymbol{g}^l = \begin{bmatrix} 0 \\ 0 \\ -g \end{bmatrix} \tag{7-112}$$

式中，g 为当地水平坐标系天向重力加速度。

整理可得 $\boldsymbol{R}_{i_{b0}}^i$ 的计算公式为

$$\boldsymbol{R}_{i_{b0}}^i = \begin{bmatrix} [\boldsymbol{g}^i(t_1)]^{\mathrm{T}} \\ [\boldsymbol{g}^i(t_1) \times \boldsymbol{g}^i(t_2)]^{\mathrm{T}} \\ [\boldsymbol{g}^i(t_1) \times \boldsymbol{g}^i(t_2) \times \boldsymbol{g}^i(t_1)]^{\mathrm{T}} \end{bmatrix}^{-1} \begin{bmatrix} [\boldsymbol{g}^{i_{b0}}(t_1)]^{\mathrm{T}} \\ [\boldsymbol{g}^{i_{b0}}(t_1) \times \boldsymbol{g}^{i_{b0}}(t_2)]^{\mathrm{T}} \\ [\boldsymbol{g}^{i_{b0}}(t_1) \times \boldsymbol{g}^{i_{b0}}(t_2) \times \boldsymbol{g}^{i_{b0}}(t_1)]^{\mathrm{T}} \end{bmatrix} \tag{7-113}$$

将姿态矩阵 $\boldsymbol{R}_i^g$，$\boldsymbol{R}_{i_{b0}}^i$，$\boldsymbol{R}_b^{i_{b0}}$ 代入式（7-99）即可得到发射系下的姿态矩阵 $\boldsymbol{R}_b^g$。

7.3.3　发射系卡尔曼滤波精对准

经过粗对准阶段，捷联惯导获得了粗略的姿态信息，但是与真实的姿态信息相比，还存在一定的失准角误差，若直接进入后续的纯惯性导航，导航误差将迅速发散，因此，需要进一步的精对准过程，尽量减小失准角误差的影响。捷联惯导精对准的方案有很多种，本小节介绍在发射系下的卡尔曼滤波精对准方法。

根据第 7.2 节中推导的发射系下的姿态误差方程、速度误差方程和位置误差方程，将陀螺仪随机常值漂移和加速度计随机常值零偏扩充为状态，且以速度为观测量，建立 15 维初始对准状态空间模型，如式（7-114）所示

$$\left.\begin{array}{l} \delta\dot{\boldsymbol{x}} = \boldsymbol{F}\delta\boldsymbol{x} + \boldsymbol{G}\boldsymbol{w} \\ \delta\boldsymbol{z} = \boldsymbol{H}\delta\boldsymbol{x} + \boldsymbol{V} \end{array}\right\} \tag{7-114}$$

式中，状态矢量 $\delta\boldsymbol{x}$ 包括发射系下的姿态误差矢量 $\boldsymbol{\phi}^g$、速度误差矢量 $\delta\boldsymbol{V}^g$、位置误差矢量 $\delta\boldsymbol{P}^g$、陀螺仪误差矢量 $\delta\boldsymbol{\varepsilon}^b$ 和加速度计误差矢量 $\delta\boldsymbol{V}^b$，状态方程的展开形式如式（7-115）所示

$$\begin{bmatrix} \dot{\boldsymbol{\phi}}^g \\ \delta\dot{\boldsymbol{V}}^g \\ \delta\dot{\boldsymbol{P}}^g \\ \delta\dot{\boldsymbol{\varepsilon}}^b \\ \delta\dot{\boldsymbol{V}}^b \end{bmatrix} = \begin{bmatrix} -\boldsymbol{\Omega}_{ag}^g & \boldsymbol{0}_{3\times3} & \boldsymbol{0}_{3\times3} & -\boldsymbol{R}_b^g & \boldsymbol{0}_{3\times3} \\ \boldsymbol{F}^g & -2\boldsymbol{\Omega}_{ag}^g & \boldsymbol{G}_P & \boldsymbol{0}_{3\times3} & \boldsymbol{R}_b^g \\ \boldsymbol{0}_{3\times3} & \boldsymbol{I}_{3\times3} & \boldsymbol{0}_{3\times3} & \boldsymbol{0}_{3\times3} & \boldsymbol{0}_{3\times3} \\ \boldsymbol{0}_{3\times3} & \boldsymbol{0}_{3\times3} & \boldsymbol{0}_{3\times3} & \boldsymbol{0}_{3\times3} & \boldsymbol{0}_{3\times3} \\ \boldsymbol{0}_{3\times3} & \boldsymbol{0}_{3\times3} & \boldsymbol{0}_{3\times3} & \boldsymbol{0}_{3\times3} & \boldsymbol{0}_{3\times3} \end{bmatrix} \begin{bmatrix} \boldsymbol{\phi}^g \\ \delta\boldsymbol{V}^g \\ \delta\boldsymbol{P}^g \\ \delta\boldsymbol{\varepsilon}^b \\ \delta\boldsymbol{V}^b \end{bmatrix} + \begin{bmatrix} -\boldsymbol{R}_b^g & \boldsymbol{0}_{3\times3} \\ \boldsymbol{0}_{3\times3} & \boldsymbol{R}_b^g \\ \boldsymbol{0}_{9\times3} & \boldsymbol{0}_{9\times3} \end{bmatrix} \begin{bmatrix} \boldsymbol{w}_g \\ \boldsymbol{w}_a \end{bmatrix}$$

$$\tag{7-115}$$

式中，$\boldsymbol{w}_g$ 为陀螺仪白噪声；$\boldsymbol{w}_a$ 为加速度计白噪声。

取速度为量测量，则量测矢量为

$$\delta\boldsymbol{z} = [\boldsymbol{V}^g - \boldsymbol{V}_0^g] \tag{7-116}$$

式中，$\boldsymbol{V}_0^g$ 为飞行器发射点在发射系下的位置，取 $\boldsymbol{V}_0^g = [0 \quad 0 \quad 0]^T$，量测矩阵为

$$\boldsymbol{H} = [\boldsymbol{0}_{3\times3} \quad \boldsymbol{I}_{3\times3} \quad \boldsymbol{0}_{3\times9}] \tag{7-117}$$

7.4 发射系惯导/卫星组合导航算法

第 6 章中已经介绍了组合导航的意义、发惯系组合导航状态方程和量测方程的建立方法，以及卫星导航量测量的构造。发射系组合导航算法的思路与发惯系基本相同，接下来将具体介绍发射系下状态方程和量测方程的构造方法。

7.4.1 发射系惯导/卫星松耦合组合导航算法

7.4.1.1 发射系松耦合状态方程

发射系惯导/卫星松耦合组合导航算法的卡尔曼滤波状态方程为

$$\dot{\boldsymbol{X}} = \boldsymbol{F}\boldsymbol{X} + \boldsymbol{G}\boldsymbol{W} \tag{7-118}$$

式中，状态向量取为 $\boldsymbol{X} = [\boldsymbol{\phi}^g \quad \delta\boldsymbol{V}^g \quad \delta\boldsymbol{P}^g \quad \boldsymbol{\varepsilon}^b \quad \boldsymbol{V}^b]^T$；$\boldsymbol{G}$ 为噪声驱动矩阵；$\boldsymbol{W}$ 为过程噪声矢量，且状态转移矩阵 $\boldsymbol{F}$ 为

$$F = \begin{bmatrix} -\boldsymbol{\Omega}^{g}_{ag} & \mathbf{0}_{3\times3} & \mathbf{0}_{3\times3} & -\boldsymbol{R}^{g}_{b} & \mathbf{0}_{3\times3} \\ \boldsymbol{F}^{g} & -2\boldsymbol{\Omega}^{g}_{ag} & \boldsymbol{G}_{P} & \mathbf{0}_{3\times3} & \boldsymbol{R}^{g}_{b} \\ \mathbf{0}_{3\times3} & \boldsymbol{I}_{3\times3} & \mathbf{0}_{3\times3} & \mathbf{0}_{3\times3} & \mathbf{0}_{3\times3} \\ \mathbf{0}_{3\times3} & \mathbf{0}_{3\times3} & \mathbf{0}_{3\times3} & \mathbf{0}_{3\times3} & \mathbf{0}_{3\times3} \\ \mathbf{0}_{3\times3} & \mathbf{0}_{3\times3} & \mathbf{0}_{3\times3} & \mathbf{0}_{3\times3} & \mathbf{0}_{3\times3} \end{bmatrix} \tag{7-119}$$

7.4.1.2　发射系松耦合量测方程

发射系下捷联惯导的速度和位置可表示为

$$\begin{bmatrix} \boldsymbol{V}_{I} \\ \boldsymbol{P}_{I} \end{bmatrix} = \begin{bmatrix} \boldsymbol{V}_{t} \\ \boldsymbol{P}_{t} \end{bmatrix} + \begin{bmatrix} \delta\boldsymbol{V}_{I} \\ \delta\boldsymbol{P}_{I} \end{bmatrix} \tag{7-120}$$

式中，$\boldsymbol{V}_{I}$，$\boldsymbol{P}_{I}$ 为惯导输出的速度、位置；$\delta\boldsymbol{V}_{I}$，$\delta\boldsymbol{P}_{I}$ 为惯导输出速度、位置时相应的误差；$\boldsymbol{V}_{t}$，$\boldsymbol{P}_{t}$ 为飞行器速度、位置真值。

松耦合组合导航以速度和位置为观测量，卫星导航的速度和位置可表示为

$$\begin{bmatrix} \boldsymbol{V}_{S} \\ \boldsymbol{P}_{S} \end{bmatrix} = \begin{bmatrix} \boldsymbol{V}_{t} \\ \boldsymbol{P}_{t} \end{bmatrix} + \begin{bmatrix} \delta\boldsymbol{V}_{S} \\ \delta\boldsymbol{P}_{S} \end{bmatrix} \tag{7-121}$$

式中，$\boldsymbol{V}_{S}$，$\boldsymbol{P}_{S}$ 为卫星导航输出的速度、位置；$\delta\boldsymbol{V}_{S}$、$\delta\boldsymbol{P}_{S}$ 为卫星导航输出速度、位置时相应的误差。

故速度位置量测矢量为

$$\boldsymbol{Z}_{vp} = \begin{bmatrix} \boldsymbol{V}_{I} - \boldsymbol{V}_{S} \\ \boldsymbol{P}_{I} - \boldsymbol{P}_{S} \end{bmatrix} \tag{7-122}$$

可得，发射系惯导/卫星松耦合组合导航算法的卡尔曼滤波量测方程为

$$\boldsymbol{Z}_{vp} = \boldsymbol{H}_{vp}\boldsymbol{X} + \boldsymbol{V}_{vp} \tag{7-123}$$

式中，$\boldsymbol{H}_{vp}$ 的表达式为

$$\boldsymbol{H}_{vp} = \begin{bmatrix} \mathbf{0}_{3\times3} & \boldsymbol{I}_{3\times3} & \mathbf{0}_{3\times3} & \mathbf{0}_{3\times3} & \mathbf{0}_{3\times3} \\ \mathbf{0}_{3\times3} & \mathbf{0}_{3\times3} & \boldsymbol{I}_{3\times3} & \mathbf{0}_{3\times3} & \mathbf{0}_{3\times3} \end{bmatrix} \tag{7-124}$$

7.4.1.3　GNSS 卫星位置和速度的转换

由于卫星接收机输出的是地心地固坐标系或当地水平坐标系下的位置和速度，需要将其转换到发惯系下。设卫星地心地固坐标系下的位置和速度为 $\boldsymbol{p}^{e}_{S}$ 和 $\boldsymbol{v}^{e}_{S}$，则卫星接收机在发射系下的当前位置 $\boldsymbol{P}_{S}$ 为

$$\boldsymbol{P}_{S} = \boldsymbol{R}^{g}_{e}(\boldsymbol{p}^{e}_{S} - \boldsymbol{p}^{e}_{0}) \tag{7-125}$$

式中，$\boldsymbol{p}^{e}_{0}$ 是飞行器发射时刻地心地固坐标系下的初始位置，由飞行器初始经度 λ_{0}、纬度 B_{0} 和高度 H_{0} 得到，设 $\boldsymbol{p}^{e}_{0}=[x^{e}_{0}, y^{e}_{0}, z^{e}_{0}]^{T}$，如式（7-126）所示。$\boldsymbol{R}^{g}_{e}$ 为地心地固坐标系到发射系的发射时刻的转换矩阵与飞行器初始经度 λ_{0}、纬度 B_{0} 和发射方位角 A_{0} 相关，详见 2.3 节。

$$\left. \begin{array}{l} x^{e}_{0} = (R_{N}+h_{0})\cos B_{0}\cos\lambda_{0} \\ y^{e}_{0} = (R_{N}+h_{0})\cos B_{0}\sin\lambda_{0} \\ z^{e}_{0} = [R_{N}(1-e^{2})+h_{0}]\sin B_{0} \end{array} \right\} \tag{7-126}$$

式中，$R_N = a / \sqrt{1 - e^2 \sin^2 B_0}$ ；a 为地球赤道半径。

根据卫星地心地固坐标系下的速度矢量 $\boldsymbol{v}_S^e$ ，可得到发射系下的速度矢量 $\boldsymbol{V}_S$ 。

$$\boldsymbol{V}_S = \boldsymbol{R}_e^g \boldsymbol{v}_S^e \qquad (7-127)$$

7.4.1.4　发射系组合导航硬件同步方法

以 SINS/GPS 组合导航系统为例，SINS/GPS 组合导航系统由 IMU、GPS 接收机和导航计算机组成（图 7-2），GPS 接收机的 PPS 信号进行系统时间同步，IMU 的同步由导航计算机控制，输出加速度计和陀螺仪脉冲信号。SINS/GPS 组合导航状态流程如图 7-3 所示。

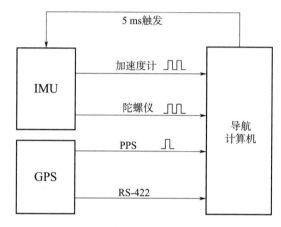

图 7-2　SINS/GPS 组合导航系统

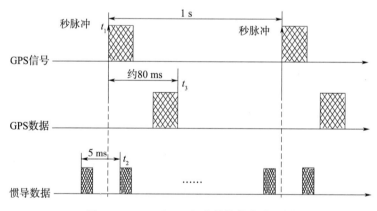

图 7-3　SINS/GPS 组合导航状态流程图

组合导航状态详细流程如下：

1）当接收到 GPS 秒脉冲（PPS）中断时，置当前状态为状态 1，并记录当前时刻为 t_1。

2）惯组数据为周期性数据，并进行周期性 SINS 导航数值更新。更新周期中检测到当前状态为状态 1 时，则锁存当前的加速度计和陀螺仪数据，以及惯性导航的位置速度和姿态数据，作为组合导航的 SINS 量测量；置当前状态为状态 2，并记录当前时刻为 t_2。

3）当接收到 GPS 数据中断时，接收 GPS 数据（如卫星个数、卫星模式、DOP 值等）。如果检测到当前状态为状态 2，则置当前状态为状态 3，并记录当前时刻为 t_3。

4）进行组合条件的判断，判断卫星个数是否大于 3；卫星模式是否处于定位状态；VDOP 与 HDOP 值的平方和是否小于 100；秒脉冲锁存时刻的 3 个加速度计平方和是否小于 10 000；$t_3 - t_1$ 的数值是否小于 80 ms。如果上述条件均满足，则进行组合导航算法，并进行惯导修正，否则到步骤 5）。

5）置当前状态为无效，等待秒脉冲中断，回到步骤 1）。

7.4.1.5　发射系组合导航滤波算法步骤

（1）状态方程和量测方程离散化

状态方程式（7-118）和量测方程式（7-123）的离散化分别为

$$X_k = \Phi_{k/k-1} X_{k-1} + \Gamma_{k/k-1} W_{k-1} \tag{7-128}$$

$$Z_k = H_k X_k + V_k \tag{7-129}$$

式中，X_k 是 k 时刻的系统状态；$\Phi_{k/k-1}$ 与 $\Gamma_{k/k-1}$ 为状态方程和噪声驱动矩阵的离散化。

$$\Phi_{k/k-1} = \sum_{n=0}^{\infty} [F(t_n) T]^n / n! \tag{7-130}$$

$$\Gamma_{k-1} = \left\{ \sum_{n=1}^{\infty} \frac{1}{n!} [F(t_k) T]^{n-1} \right\} G(t_k) T \tag{7-131}$$

（2）滤波递推算法估算下一刻状态

①状态一步预测

$$X_{k/k-1} = \Phi_{k/k-1} X_{k-1} \tag{7-132}$$

②状态估计

$$\hat{X}_{k,k-1} = \hat{X}_{k/k-1} + K_k (Z_k - H_k \hat{X}_{k/k-1}) \tag{7-133}$$

式中，K_k 称作滤波增益矩阵，是观测信息在状态更新时的权重。

$$K_k = P_{k/k-1} H_k^{\mathrm{T}} (H_k P_{k/k-1} H_k^{\mathrm{T}} + R_k)^{-1} \tag{7-134}$$

式中，$P_{k/k-1}$ 称作一步预测均方误差矩阵，其对角线元素是各个状态估计的方差，可以表示估计的不确定度

$$P_{k/k-1} = E[\tilde{X}_{k/k-1} \tilde{X}_{k/k-1}^{\mathrm{T}}] = \Phi_{k/k-1} P_{k-1} \Phi_{k/k-1}^{\mathrm{T}} + \Gamma_{k-1} Q_{k-1} \Gamma_{k-1}^{\mathrm{T}} \tag{7-135}$$

估计均方误差矩阵 P_k 为

$$P_k = (I - K_k H_k) P_{k/k-1} (I - K_k H_k)^{\mathrm{T}} + K_k R_k K_k^{\mathrm{T}} \tag{7-136}$$

P_k 的非对角元素中的相关信息把观测向量和那些不能通过 H_k 矩阵与量测相关的状态耦合到了一起，因此矩阵 P 描述了状态估计的不确定度及估计误差之间的相关程度。

（3）重复滤波直至收敛

式（7-132）～式（7-136）就是卡尔曼滤波器的基本公式，可以发现，如果给定初值 X_0 和 P_0，根据 k 时刻的量测值 Z_k，就可以递推求得 k 时刻的状态估计 $\hat{X}_k (k=1, 2, 3, \cdots)$。

经过重复式（7－132）～式（7－136）计算 n 次后，可得出 $\hat{\boldsymbol{X}}_k$ 的收敛值，即姿态、速度、位置、陀螺仪漂移、加速度计漂移的误差值。

（4）将估算出的误差值修正到导航解算的值中

通过导航算法计算得到姿态矩阵 $\hat{\boldsymbol{R}}_b^g$，速度为 $\widetilde{\boldsymbol{V}}^g$，$\widetilde{\boldsymbol{P}}^g$。

①姿态修正

根据真实转换矩阵和计算转换矩阵之间关系 $\hat{\boldsymbol{R}}_b^g = (\boldsymbol{I} - \boldsymbol{\Psi}^g)\boldsymbol{R}_b^g$，可求得

$$\boldsymbol{R}_b^g = [\boldsymbol{I} + (\boldsymbol{\phi}^g \times)]\hat{\boldsymbol{R}}_b^g \tag{7－137}$$

由式（7－18）可知，$[\boldsymbol{I} + (\boldsymbol{\phi}^g \times)] \approx \boldsymbol{R}_{\hat{g}}^g$，即式（7－137）可写为 $\boldsymbol{R}_b^g = \boldsymbol{R}_{\hat{g}}^g \hat{\boldsymbol{R}}_b^g$，由四元数计算为

$$\boldsymbol{q}_b^g = \boldsymbol{Q}_k \cdot \hat{\boldsymbol{q}}_b^g \tag{7－138}$$

式中，$\hat{\boldsymbol{q}}_b^g$ 为计算得到的姿态四元数；$\boldsymbol{q}_b^g$ 为校正后的姿态四元数；$\boldsymbol{Q}_k$ 为姿态误差 $\boldsymbol{\phi}^g$ 对应的四元数。

②速度修正

$$\boldsymbol{V}^g = \widetilde{\boldsymbol{V}}^g - \delta\boldsymbol{V}^g \tag{7－139}$$

③位置修正

$$\boldsymbol{P}^g = \widetilde{\boldsymbol{P}}^g - \delta\boldsymbol{P}^g \tag{7－140}$$

7.4.2　发射系惯导/卫星紧耦合组合导航算法

发射系惯导/卫星紧耦合组合导航算法由发射系惯导/卫星紧耦合状态方程和发射系惯导/卫星紧耦合量测方程组成。发射系惯导/卫星紧耦合状态方程包括 SINS 误差状态方程和 GPS 误差状态方程，发射系惯导/卫星紧耦合量测方程中量测量由伪距和伪距率构成，对应分别有伪距量测方程和伪距率量测方程。

7.4.2.1　发射系惯导/卫星紧耦合组合导航方程

发射系 SINS/GPS 紧耦合误差状态方程为式（7－141），由 SINS 误差状态方程和 GPS 误差状态方程组成，如式（7－142）所示。

$$\delta\dot{\boldsymbol{x}} = \boldsymbol{F}\delta\boldsymbol{x} + \boldsymbol{G}\boldsymbol{w} \tag{7－141}$$

$$\begin{bmatrix} \delta\dot{\boldsymbol{x}}_{\text{SINS}} \\ \delta\dot{\boldsymbol{x}}_{\text{GPS}} \end{bmatrix} = \begin{bmatrix} \boldsymbol{F}_{\text{SINS}} & \boldsymbol{0}_{15\times2} \\ \boldsymbol{0}_{2\times15} & \boldsymbol{F}_{\text{GPS}} \end{bmatrix} \begin{bmatrix} \delta\boldsymbol{x}_{\text{SINS}} \\ \delta\boldsymbol{x}_{\text{GPS}} \end{bmatrix} + \begin{bmatrix} \boldsymbol{G}_{\text{SINS}} & \boldsymbol{0}_{15\times2} \\ \boldsymbol{0}_{2\times6} & \boldsymbol{G}_{\text{GPS}} \end{bmatrix} \begin{bmatrix} \boldsymbol{w}_{\text{SINS}} \\ \boldsymbol{w}_{\text{GPS}} \end{bmatrix} \tag{7－142}$$

式中，$\delta\boldsymbol{x}$ 为状态矢量，包含 SINS 误差状态矢量 $\delta\boldsymbol{x}_{\text{SINS}}$ 和 GPS 误差状态矢量 $\delta\boldsymbol{x}_{\text{GPS}}$；$\boldsymbol{F}$ 为系统状态转移矩阵；$\boldsymbol{G}$ 为系统噪声驱动矩阵；$\boldsymbol{w}$ 为系统高斯白噪声。

$$
\begin{bmatrix}
\dot{\boldsymbol{\phi}}^g \\
\delta \dot{\boldsymbol{V}}^g \\
\delta \dot{\boldsymbol{P}}^g \\
\delta \dot{\boldsymbol{\varepsilon}}^b \\
\delta \dot{\boldsymbol{V}}^b \\
\delta \dot{b}_r \\
\delta \dot{d}_r
\end{bmatrix}
=
\begin{bmatrix}
-\boldsymbol{\Omega}_{ag}^g & \boldsymbol{0}_{3\times3} & \boldsymbol{0}_{3\times3} & -\boldsymbol{R}_b^g & \boldsymbol{0}_{3\times3} & & \\
\boldsymbol{F}^g & -2\boldsymbol{\Omega}_{ag}^g & \boldsymbol{G}_P & \boldsymbol{0}_{3\times3} & \boldsymbol{R}_b^g & & \\
\boldsymbol{0}_{3\times3} & \boldsymbol{I}_{3\times3} & \boldsymbol{0}_{3\times3} & \boldsymbol{0}_{3\times3} & \boldsymbol{0}_{3\times3} & \multicolumn{2}{c}{\boldsymbol{0}_{15\times2}} \\
\boldsymbol{0}_{3\times3} & \boldsymbol{0}_{3\times3} & \boldsymbol{0}_{3\times3} & \boldsymbol{0}_{3\times3} & \boldsymbol{0}_{3\times3} & & \\
\boldsymbol{0}_{3\times3} & \boldsymbol{0}_{3\times3} & \boldsymbol{0}_{3\times3} & \boldsymbol{0}_{3\times3} & \boldsymbol{0}_{3\times3} & & \\
& & & & & 0 & 1 \\
\multicolumn{5}{c}{\boldsymbol{0}_{2\times15}} & 0 & -\dfrac{1}{\tau_{\text{tru}}}
\end{bmatrix}
\begin{bmatrix}
\boldsymbol{\phi}^g \\
\delta \boldsymbol{V}^g \\
\delta \boldsymbol{P}^g \\
\delta \boldsymbol{\varepsilon}^b \\
\delta \boldsymbol{V}^b \\
\delta b_r \\
\delta d_r
\end{bmatrix}
+
\begin{bmatrix}
\boldsymbol{I}_{6\times6} & \boldsymbol{0}_{6\times2} \\
\boldsymbol{0}_{9\times6} & \boldsymbol{0}_{9\times2} \\
\boldsymbol{0}_{2\times6} & \boldsymbol{I}_{2\times2}
\end{bmatrix}
\begin{bmatrix}
w_g \\
w_a \\
w_b \\
w_d
\end{bmatrix}
$$

$$(7-143)$$

发射系 SINS/GPS 紧耦合卡尔曼滤波量测方程为

$$\delta \boldsymbol{z} = \boldsymbol{H}\delta \boldsymbol{x} + \boldsymbol{v} \tag{7-144}$$

由于 SINS/GPS 紧耦合量测量由伪距和伪距率构成，则式（7-144）可以写成

$$
\begin{bmatrix}
\delta \boldsymbol{z}_{\rho} \\
\delta \boldsymbol{z}_{\dot{\rho}}
\end{bmatrix}
=
\begin{bmatrix}
\boldsymbol{H}_{\rho} \\
\boldsymbol{H}_{\dot{\rho}}
\end{bmatrix}
\delta \boldsymbol{x}
+
\begin{bmatrix}
\boldsymbol{v}_{\rho} \\
\boldsymbol{v}_{\dot{\rho}}
\end{bmatrix}
\tag{7-145}
$$

对于 M 颗有效卫星而言，量测矢量为

$$
\delta \boldsymbol{z} =
\begin{bmatrix}
\delta \boldsymbol{z}_{\rho} \\
\delta \boldsymbol{z}_{\dot{\rho}}
\end{bmatrix}
=
\begin{bmatrix}
\boldsymbol{\rho}_{\text{SINS}} - \boldsymbol{\rho}_{\text{GPS}} \\
\dot{\boldsymbol{\rho}}_{\text{SINS}} - \dot{\boldsymbol{\rho}}_{\text{GPS}}
\end{bmatrix}
=
\begin{bmatrix}
\rho_{\text{SINS}}^1 - \rho_{\text{GPS}}^1 \\
\rho_{\text{SINS}}^2 - \rho_{\text{GPS}}^2 \\
\vdots \\
\rho_{\text{SINS}}^M - \rho_{\text{GPS}}^M \\
\dot{\rho}_{\text{SINS}}^1 - \dot{\rho}_{\text{GPS}}^1 \\
\dot{\rho}_{\text{SINS}}^2 - \dot{\rho}_{\text{GPS}}^2 \\
\vdots \\
\dot{\rho}_{\text{SINS}}^M - \dot{\rho}_{\text{GPS}}^M
\end{bmatrix}
$$

$$
=
\begin{bmatrix}
\boldsymbol{0}_{M\times3} & \boldsymbol{0}_{M\times3} & \boldsymbol{H}_{M\times3} & \boldsymbol{0}_{M\times3} & \boldsymbol{0}_{M\times3} & -\boldsymbol{I}_{M\times1} & \boldsymbol{0}_{M\times1} \\
\boldsymbol{0}_{M\times3} & \boldsymbol{H}_{M\times3} & \boldsymbol{0}_{M\times3} & \boldsymbol{0}_{M\times3} & \boldsymbol{0}_{M\times3} & \boldsymbol{0}_{M\times1} & -\boldsymbol{I}_{M\times1}
\end{bmatrix}
\delta \boldsymbol{x}
+
\begin{bmatrix}
\tilde{\boldsymbol{\varepsilon}}_{\rho}^{M\times1} \\
\tilde{\boldsymbol{\varepsilon}}_{\dot{\rho}}^{M\times1}
\end{bmatrix}
$$

$$(7-146)$$

由伪距量测方程式和伪距率量测方程式可以得到发射系下 SINS/GPS 紧耦合组合导航量测方程为

$$
\delta \boldsymbol{z} =
\begin{bmatrix}
\delta \boldsymbol{z}_{\rho} \\
\delta \boldsymbol{z}_{\dot{\rho}}
\end{bmatrix}
=
\begin{bmatrix}
\boldsymbol{H}_{\rho} \\
\boldsymbol{H}_{\dot{\rho}}
\end{bmatrix}
\delta \boldsymbol{x}
+
\begin{bmatrix}
\boldsymbol{v}_{\rho} \\
\boldsymbol{v}_{\dot{\rho}}
\end{bmatrix}
$$

$$
=
\begin{bmatrix}
\boldsymbol{0}_{M\times3} & \boldsymbol{0}_{M\times3} & \boldsymbol{H}_{M\times3} & \boldsymbol{0}_{M\times3} & \boldsymbol{0}_{M\times3} & -\boldsymbol{I}_{M\times1} & \boldsymbol{0}_{M\times1} \\
\boldsymbol{0}_{M\times3} & \boldsymbol{H}_{M\times3} & \boldsymbol{0}_{M\times3} & \boldsymbol{0}_{M\times3} & \boldsymbol{0}_{M\times3} & \boldsymbol{0}_{M\times1} & -\boldsymbol{I}_{M\times1}
\end{bmatrix}
\delta \boldsymbol{x}
+
\begin{bmatrix}
\tilde{\boldsymbol{\varepsilon}}_{\rho}^{M\times1} \\
\tilde{\boldsymbol{\varepsilon}}_{\dot{\rho}}^{M\times1}
\end{bmatrix}
$$

$$(7-147)$$

式中，由 $\boldsymbol{\rho}_{\text{SINS}} - \boldsymbol{\rho}_{\text{GPS}}$ 可以推导出伪距量测方程，由 $\dot{\boldsymbol{\rho}}_{\text{SINS}} - \dot{\boldsymbol{\rho}}_{\text{GPS}}$ 可以推导出伪距率量测方程。本节将分别介绍发射系下的伪距量测方程和伪距率量测方程。发射系下的 SINS/GPS 紧耦合量测方程推导过程与第 6 章的发射系下 SINS/GPS 紧耦合量测方程大体相同，区别在于导航坐标系与地心地固坐标系之间的转换方法不同。

7.4.2.2 发射系惯导/卫星紧耦合伪距量测方程

根据式（6-137），地心地固坐标系下的伪距量测方程为

$$\delta\boldsymbol{z}_{\rho} = \boldsymbol{\rho}_{\text{SINS}} - \boldsymbol{\rho}_{\text{GPS}} = \boldsymbol{G}_{M\times3}\begin{bmatrix}\delta x^e \\ \delta y^e \\ \delta z^e\end{bmatrix} - \delta\boldsymbol{b}_{r,M\times1} + \widetilde{\boldsymbol{\varepsilon}}_{\rho,M\times1} \tag{7-148}$$

式中，位置误差矢量 $\delta\boldsymbol{p}^e = [\delta x^e, \delta y^e, \delta z^e]^T$ 是在地心地固坐标系下的，而 SINS 误差状态方程中的位置误差矢量 $\delta\boldsymbol{P}^g = [\delta x^g, \delta y^g, \delta z^g]^T$ 是在发射系下的，需要进行坐标系转换

$$\delta\boldsymbol{p}^e = \boldsymbol{R}_g^e \delta\boldsymbol{P}^g \tag{7-149}$$

$\boldsymbol{R}_g^e$ 为发射系到地心地固坐标系的转换矩阵，定义

$$\boldsymbol{H}_{M\times3} = \boldsymbol{G}_{M\times3}\boldsymbol{R}_g^e \tag{7-150}$$

将式（7-150）代入式（7-148）中，可得

$$\delta\boldsymbol{z}_{\rho} = \boldsymbol{\rho}_{\text{SINS}} - \boldsymbol{\rho}_{\text{GPS}} = \boldsymbol{H}_{M\times3}\begin{bmatrix}\delta x^g \\ \delta y^g \\ \delta z^g\end{bmatrix} - \delta\boldsymbol{b}_r^{M\times1} + \widetilde{\boldsymbol{\varepsilon}}_{\rho}^{M\times1} \tag{7-151}$$

综上所述，发射系下 SINS/GPS 紧耦合伪距量测方程为

$$\delta\boldsymbol{z}_{\rho} = \boldsymbol{H}_{\rho}\delta\boldsymbol{x} + \boldsymbol{v}_{\rho} \tag{7-152}$$

式中

$$\boldsymbol{H}_{\rho} = [\boldsymbol{0}_{M\times3} \quad \boldsymbol{0}_{M\times3} \quad \boldsymbol{H}_{M\times3} \quad \boldsymbol{0}_{M\times3} \quad \boldsymbol{0}_{M\times3} \quad -\boldsymbol{I}_{M\times1} \quad \boldsymbol{0}_{M\times1}] \tag{7-153}$$

$$\boldsymbol{v}_{\rho} = \widetilde{\boldsymbol{\varepsilon}}_{\rho}^{M\times1} = [\widetilde{\varepsilon}_{\rho}^1 \quad \widetilde{\varepsilon}_{\rho}^2 \quad \cdots \quad \widetilde{\varepsilon}_{\rho}^M]^T \tag{7-154}$$

7.4.2.3 发射系惯导/卫星紧耦合伪距率量测方程

根据式（6-155），地心地固坐标系下的伪距率量测方程为

$$\delta\boldsymbol{z}_{\dot{\rho}} = \dot{\boldsymbol{\rho}}_{\text{SINS}} - \dot{\boldsymbol{\rho}}_{\text{GPS}} = \boldsymbol{G}_{M\times3}\begin{bmatrix}\delta v_x^e \\ \delta v_y^e \\ \delta v_z^e\end{bmatrix} - \delta\boldsymbol{d}_{r,M\times1} + \widetilde{\boldsymbol{\varepsilon}}_{\dot{\rho},M\times1} \tag{7-155}$$

需要将地心地固坐标系下的速度误差 $\delta\boldsymbol{v}^e$ 转化为发射系下的速度误差 $\delta\boldsymbol{V}^g$，由于

$$\delta\boldsymbol{v}^e = \boldsymbol{R}_g^e \delta\boldsymbol{V}^g \tag{7-156}$$

则式（7-155）可以表示为

$$\delta\boldsymbol{z}_{\dot{\rho}} = \boldsymbol{G}_{M\times3}\boldsymbol{R}_g^e\begin{bmatrix}\delta v_x^g \\ \delta v_y^g \\ \delta v_z^g\end{bmatrix} - \delta\boldsymbol{d}_r^{M\times1} + \widetilde{\boldsymbol{\varepsilon}}_{\dot{\rho}}^{M\times1} \tag{7-157}$$

定义

$$\boldsymbol{H}_{M\times3}^{\dot{\rho}} = \boldsymbol{G}_{M\times3}\boldsymbol{R}_g^e \tag{7-158}$$

可得伪距率量测方程

$$\delta\boldsymbol{z}_{\dot{\rho}} = \dot{\boldsymbol{\rho}}_{\text{SINS}} - \dot{\boldsymbol{\rho}}_{\text{GPS}} = \boldsymbol{H}_{M\times3}^{\dot{\rho}}\begin{bmatrix}\delta v_x^g \\ \delta v_y^g \\ \delta v_z^g\end{bmatrix} - \delta\boldsymbol{d}_{r,M\times1} + \tilde{\boldsymbol{\varepsilon}}_{\dot{\rho},M\times1} \tag{7-159}$$

7.4.3　发射系惯导/卫星组合导航算法仿真分析

为了验证在发射系下 SINS/GPS 组合导航算法的精度和可靠性，以高超声速飞行器助推滑翔弹道为对象，分别对松耦合、紧耦合以及 3 颗有效卫星情况下的组合导航算法进行仿真验证，并且进行了松耦合与紧耦合、正常卫星和 3 颗卫星紧耦合结果对比。采用 6.5.3 节中使用的飞行轨迹，对发射系组合导航算法进行仿真分析，表 7 - 2 给出了仿真参数表，图 7 - 4～图 7 - 19 所示为 SINS/ GPS 组合导航的仿真结果。

表 7 - 2　仿真参数表

仿真参数	指标	仿真参数	指标
陀螺仪常值偏差	$0.5(°)/\text{h}$	捷联惯导解算周期	$10\ \text{ms}$
陀螺仪随机误差	$0.5(°)/\sqrt{\text{h}}$	初始滚转误差	$60''$
加速度计常值偏置	$1\times10^{-4}g_0$	初始偏航误差	$20''$
加速度计测量白噪声	$1\times10^{-5}g_0$	初始俯仰角误差	$20''$
陀螺仪刻度因数误差	200×10^{-6}	初始速度误差	$0.05\ \text{m/s}$
加表刻度因数误差	200×10^{-6}	初始位置误差	$5\ \text{m}$
组合导航结算周期	$1\ \text{s}$	GPS 定位精度	$15\ \text{m}$
仿真时间	$1\ 100\ \text{s}$	GPS 测速精度	$0.3\ \text{m/s}$

发射系 SINS/GPS 松耦合组合导航仿真结果如图 7 - 4～图 7 - 8 所示。在发射系下 SINS/GPS 松耦合仿真结果中，俯仰角收敛后误差为 $0.03°$，偏航角收敛后误差为 $0.06°$，滚转角收敛后误差为 $0.06°$；x 轴速度收敛后误差为 $0.1\ \text{m/s}$，y 轴速度收敛后误差为 $0.1\ \text{m/s}$，z 轴速度收敛后误差为 $0.2\ \text{m/s}$；x 轴位置收敛后误差为 $4\ \text{m}$，y 轴位置收敛后误差为 $5\ \text{m}$，z 轴位置收敛后误差为 $5\ \text{m}$。SINS/GPS 松耦合组合导航算法对陀螺仪和加速度计的估计都有较好的结果。

发射系 SINS/GPS 紧耦合组合导航仿真结果如图 7 - 9～图 7 - 13 所示。在发射系下 SINS/GPS 紧耦合仿真结果中，俯仰角收敛后误差为 $0.02°$，偏航角误差在 $50\ \text{s}$ 左右发散到 $0.14°$，然后收敛到 $0.02°$，滚转角收敛后误差为 $0.02°$；x 轴速度收敛后误差为 $0.05\ \text{m/s}$，y 轴速度收敛后误差为 $0.08\ \text{m/s}$，z 轴速度收敛后误差为 $0.06\ \text{m/s}$；x 轴位置收敛后误差为 $2\ \text{m}$，y 轴位置收敛后误差为 $4\ \text{m}$，z 轴位置收敛后误差为 $2\ \text{m}$。SINS/GPS 紧耦合组合导航算法对陀螺仪和加速度计的估计都有较好的结果。

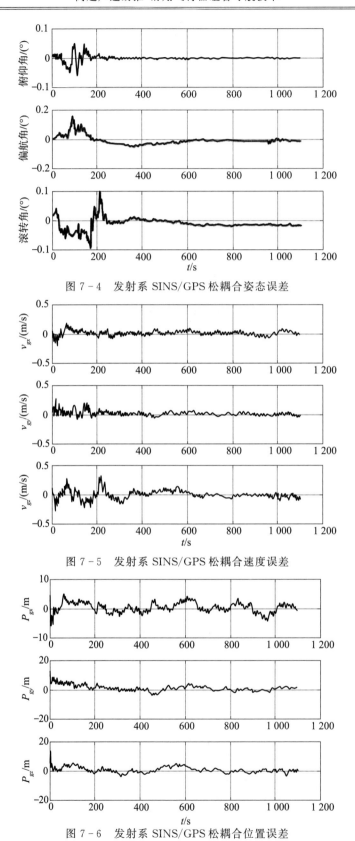

图 7 - 4　发射系 SINS/GPS 松耦合姿态误差

图 7 - 5　发射系 SINS/GPS 松耦合速度误差

图 7 - 6　发射系 SINS/GPS 松耦合位置误差

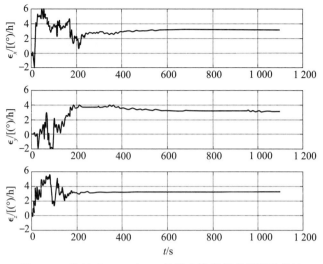

图 7 - 7　发射系 SINS/GPS 松耦合陀螺仪常值漂移估计

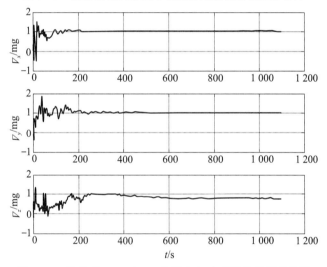

图 7 - 8　发射系 SINS/GPS 松耦合加速度计常值误差估计

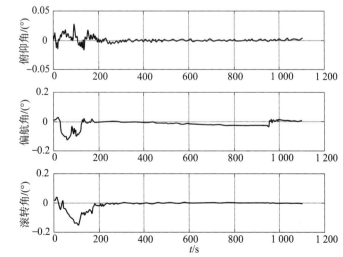

图 7 - 9　发射系 SINS/GPS 紧耦合姿态误差

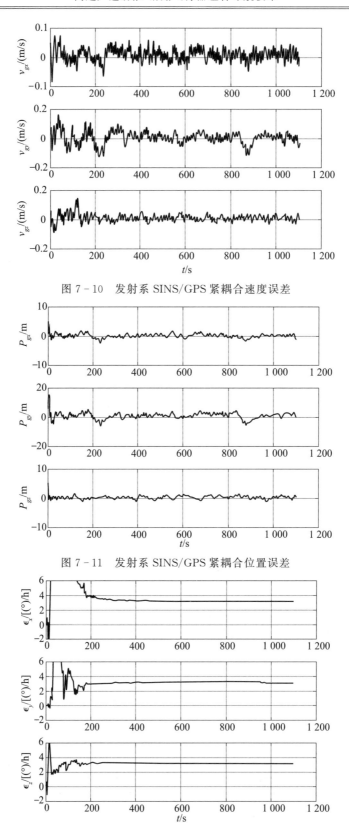

图 7 - 10   发射系 SINS/GPS 紧耦合速度误差

图 7 - 11   发射系 SINS/GPS 紧耦合位置误差

图 7 - 12   发射系 SINS/GPS 紧耦合陀螺仪常值漂移估计

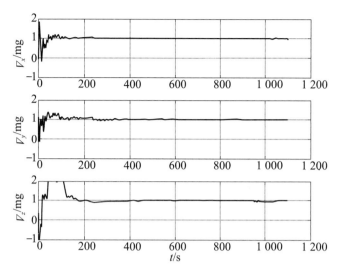

图 7 - 13　发射系 SINS/GPS 紧耦合加速度计常值误差估计

发射系 SINS/GPS 松耦合组合导航与紧耦合组合导航仿真结果对比如图 7 - 14～图 7 - 16 所示。根据图 7 - 14～图 7 - 16 可以得到结论：在发射系下，SINS/GPS 紧耦合比松耦合组合导航精度高。

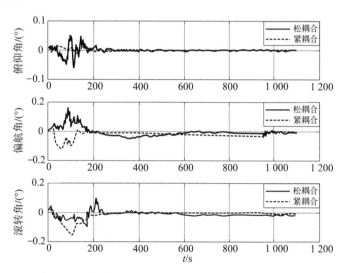

图 7 - 14　发射系 SINS/GPS 松、紧耦合姿态误差对比

发射系 SINS/GPS 正常卫星数与 3 颗有效卫星紧耦合组合导航仿真结果对比如图 7 - 17～图 7 - 19 所示。在 3 颗有效卫星的紧耦合仿真结果中，俯仰角收敛后误差为 0.03°，偏航角误差在 50 s 左右发散到 0.15°然后收敛到 0.03°，滚转角收敛后误差为 0.03°；x 轴速度误差最大达到 0.4 m/s，y 轴速度误差最大达到 1.2 m/s，z 轴速度误差最大达到 0.5 m/s；x 轴位置误差最大达到 90 m，y 轴位置误差最大达到 280 m，z 轴位置误差最大达到 130 m。

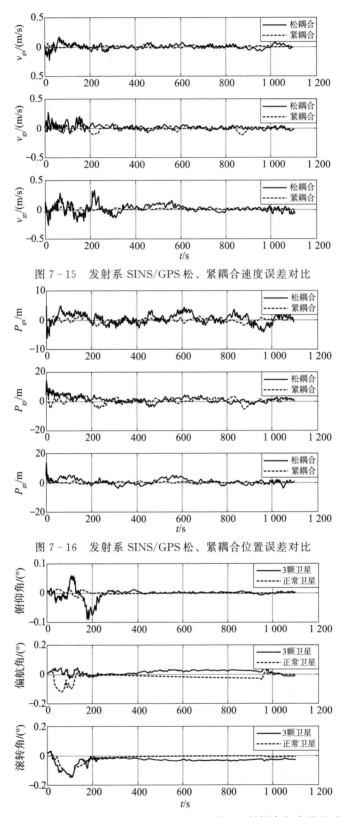

图 7 – 15　发射系 SINS/GPS 松、紧耦合速度误差对比

图 7 – 16　发射系 SINS/GPS 松、紧耦合位置误差对比

图 7 - 17　发射系 SINS/GPS 正常卫星与 3 颗卫星紧耦合姿态误差对比

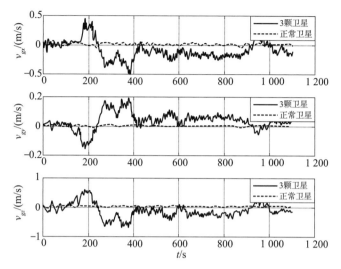

图 7-18 发射系 SINS/GPS 正常卫星与 3 颗卫星紧耦合速度误差对比

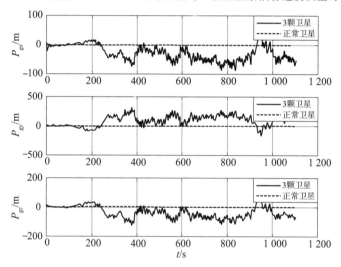

图 7-19 发射系 SINS/GPS 正常卫星与 3 颗卫星紧耦合位置误差对比

根据图 7-17～图 7-19 可以得到结论：3 颗有效卫星紧耦合仿真结果与正常卫星紧耦合仿真结果相比，导航精度都有所下降，但仍可进行组合导航。上述仿真结果表明，相对松耦合至少需要 4 颗有效卫星才可以进行组合导航的特点，紧耦合具有更强的抗干扰性能。

7.5 发射系导航信息转换到当地水平坐标系

高超声速助推-滑翔飞行器滑翔段是沿着地球表面飞行的。高超声速飞行器制导控制系统十分需要经度纬度和高度、相对当地水平坐标系的速度、相对当地水平坐标系的姿态角等当地水平坐标系下的导航信息。根据 4.7.2 节中介绍的导航结果的等价性方法，详细介绍发射系位置、速度和姿态的转换方法。

7.5.1 发射系位置信息的转换

根据发射系下的位置 $\boldsymbol{P}^g$，可得到飞行器地心地固坐标系下的位置 $\boldsymbol{p}^e = [x_e, y_e, z_e]^T$

$$\boldsymbol{p}^e = \boldsymbol{R}_g^e \boldsymbol{P}^g + \boldsymbol{p}_0^e \qquad (7-160)$$

再由式（2-132）的直接法得到飞行器实际的纬经高（B，λ，h）

$$\left.\begin{aligned}
\theta &= \arctan2(a z_e, b\sqrt{x_e^2 + y_e^2}) \\
B &= \arctan2(z_e + b e'^2 \sin^3\theta, \sqrt{x_e^2 + y_e^2} - a e^2 \cos^3\theta) \\
\lambda &= \arctan2(y_e, x_e) \\
h &= \frac{\sqrt{x_e^2 + y_e^2}}{\cos B} - R_N
\end{aligned}\right\} \qquad (7-161)$$

式中，$R_N = a / \sqrt{1 - e^2 \sin^2 B}$，$e' = \sqrt{(a^2 - b^2)/b}$。

7.5.2 发射系速度信息的转换

根据发射系下的速度矢量 $\boldsymbol{V}^g$，可得到当地东北天水平坐标系下的速度矢量 $\boldsymbol{v}^l$ 为

$$\boldsymbol{v}^l = \boldsymbol{R}_e^n \boldsymbol{R}_g^e \boldsymbol{V}^g \qquad (7-162)$$

式中，$\boldsymbol{R}_g^e$ 和 $\boldsymbol{R}_e^n$ 前面已经描述。

7.5.3 发射系姿态信息的转换

当地水平坐标系下的姿态矩阵用 $\boldsymbol{R}_{b^l}^l$ 表示，为载体坐标系（b^l 系）旋转到导航坐标系（l 系）的姿态矩阵，按照姿态矩阵性质，有如下形式

$$\boldsymbol{R}_{b^l}^l = \boldsymbol{R}_e^l \boldsymbol{R}_g^e \boldsymbol{R}_{b^g}^g \boldsymbol{R}_{b^l}^{b^g} \qquad (7-163)$$

式中，$\boldsymbol{R}_{b^g}^g$ 是发射系下的姿态矩阵，即式（7-1）中的 $\boldsymbol{R}_b^g$；$\boldsymbol{R}_{b^l}^{b^g} = \boldsymbol{R}_y(\pi/2)\boldsymbol{R}_x(\pi/2)$，由两次载体坐标系旋转获得，为右前上载体坐标系（$b^l$ 系）到前上右弹体坐标系（b^g 系）的转换矩阵；$\boldsymbol{R}_g^e$ 为发射系到地心地固坐标系的转换矩阵；$\boldsymbol{R}_e^l$ 为地心地固坐标系到当地水平坐标系的位置矩阵，由经纬度信息计算得到；$\boldsymbol{R}_{b^l}^l$ 如式（7-164）所示，ψ^l，θ^l，γ^l 分别为导航坐标系下的偏航角、俯仰角和滚转角，简写为 ψ，θ，γ，与式（6-168）形式相同。

$$\boldsymbol{R}_{b^l}^l = \begin{bmatrix} \cos\gamma\cos\psi + \sin\gamma\sin\theta\sin\psi & \cos\theta\sin\psi & \sin\gamma\cos\psi - \cos\gamma\sin\theta\sin\psi \\ -\cos\gamma\sin\psi + \sin\gamma\sin\theta\cos\psi & \cos\theta\cos\psi & -\sin\gamma\sin\psi - \cos\gamma\sin\theta\cos\psi \\ -\sin\gamma\cos\theta & \sin\theta & \cos\gamma\cos\theta \end{bmatrix}$$

$$(7-164)$$

第8章　高超声速飞行器导航系统半实物仿真

8.1　高超声速飞行器半实物仿真系统概述

　　飞行器半实物仿真是一种硬件在回路的仿真方法，目的是将飞行器飞行控制系统接入半实物仿真系统中，在地面实验室条件下复现飞行器在空中的飞行环境，验证和评估其飞行控制系统的性能指标。高超声速飞行器 SINS/GNSS 组合导航系统半实物仿真系统如图 8-1 所示。图中，三轴转台系统模拟高超声速飞行器在空中的姿态运动；舵机负载模拟器模拟高超声速飞行器在空中舵面所受的力矩；惯组模拟器接收实时仿真机的理论角速度和比力信息，叠加惯组误差模型，利用导航计算机软硬件接口注入 SINS/GNSS 导航计算机；卫星模拟器接收实时仿真机发出的理论位置速度等信息，并且叠加 GNSS 误差模型，模拟 GNSS 接收机接收无线电信号。

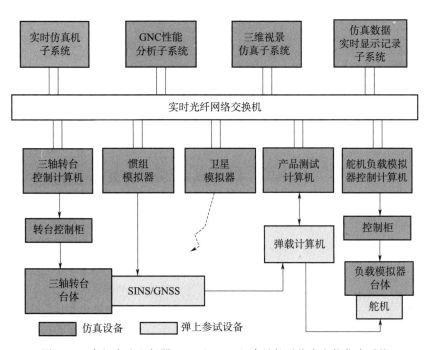

图 8-1　高超声速飞行器 SINS/GNSS 组合导航系统半实物仿真系统

　　导航系统的功能和性能一般通过静态试验、跑车试验和环境试验等进行考核。在半实物仿真系统中，制导控制系统的功能和性能是考核的重要对象；导航系统算法的飞行动态性能也能得到考核和验证；导航系统起到承上启下的作用，其需要的数据源来自高超声速飞行器六自由度模型，通过线运动和角运动模拟，生成捷联惯性导航算法和卫星导航算法需要的数据（即轨迹发生器）。轨迹发生器生成捷联惯导和卫星导航系统的模拟数据，在8.2节进行介绍。加速度计的数据由六自由度模型轨迹发生器中的捷联惯导数据模拟器生成；陀螺仪的数据可以由六自由度模型数据生成，也可以由三轴转台的姿态运动提供；卫星导航的数据可以由轨迹发生器中的卫星导航数据模拟器生成，也可以由卫星模拟器产生，再传输给卫星接收机生成相关的定位数据。捷联惯导数据模拟器将在8.3.1节中详细介绍；卫星导航数据模拟器将在8.3.2节中详细介绍。

8.2　高超声速飞行器轨迹发生器数学模型

在对 SINS/GNSS 算法的研究和试验中，离不开轨迹发生器的使用和研究。在过去几十年的研究中，已经开发出来的轨迹发生器可以分为 3 个大类。第一类轨迹发生器是纯粹的数学 SINS 方程模型，例如：最传统的 PROFGEN 轨迹发生器，利用数学模型生成位置、速度、姿态、角速度和比力信息。PROFGEN 可以支持 4 种飞行动作：垂直转向、水平转向、正弦航向变化和直线飞行。第二类是基于实际飞行数据的轨迹发生器：这类轨迹发生器模拟信号不仅包括飞行器的运动学和动力学特征，还包括后处理 GNSS 伪距和速度测量特征。第三类是基于高精度六自由度（6DoF）飞行动力学模型和飞行控制模型的轨迹发生器。由于该模型与飞行器的发动机、空气动力学数据、质量和执行机构高度相关，导致建模十分复杂。

第一类方法的局限性在于比力和角速度只能根据特定的飞行剖面由惯导系统的比力方程和姿态方程生成，类似于开环系统。第二类方法的局限性在于该模型中的比力和角速度是根据飞行数据进行后处理得到的，类似于一个闭环系统，但其轨迹数据是由第三方生成的，而不是自身生成的。前两类算法都适用于研究数字仿真中的 SINS/GNSS 算法，但由于不能实时运行，它们无法与半实物仿真试验中的飞行器模型和制导控制系统集成。

第三类是实时闭环系统的轨迹发生器，是基于六自由度飞行动力学模型和飞行控制模型的轨迹发生器，可以实时闭环运行，并与高超声速飞行器半实物仿真中的飞行控制系统相结合，进行联合仿真试验。可以根据真实的气动数据和发动机数据模拟真实的飞机器飞行轨迹，真实地再现飞行器在空中的真实飞行环境。轨迹发生器数学模型运行在实时仿真机中，如图 8-2 所示，可以根据真实的空气动力数据和发动机数据模拟飞行器在空中的真实飞行环境，利用六自由度模型生成飞行轨迹数据，包括飞行器的位置、速度、姿态、攻角、侧滑角以及比力、角速度等信息。

飞行器六自由度模型包括六自由度动力学和运动学模型、气动模型、质量/惯量模型、地球模型、发动机模型、制导和控制系统模型等。六自由度模型是半实物仿真中捷联惯导模型的数据输入源，六自由度模型和捷联惯导模型有机融合后，将使飞行器制导、导航和控制系统（GNC）全部都能在半实物仿真系统中进行评估试验。

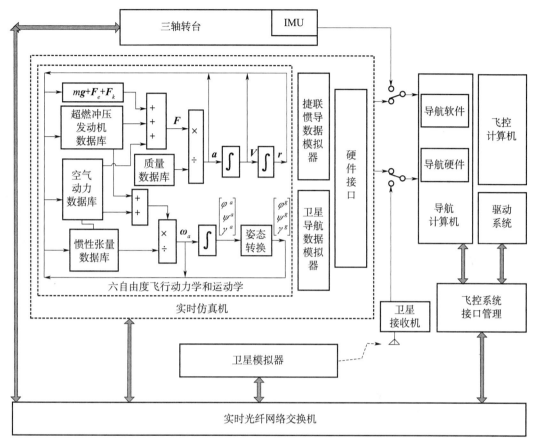

图 8-2　半实物仿真中轨迹发生器数学模型示意图

　　由于高超声速飞行器的飞行弹道均在地球附近，常选择发射系为参考坐标系，便于描述高超声速飞行器相对旋转地球的运动。以下给出发射系下的六自由度仿真模型。

8.2.1　飞行器质心动力学方程

　　在发射系下，高超声速飞行器的质心动力学方程为

$$m\frac{\delta^2\boldsymbol{r}}{\delta t^2}=\boldsymbol{P}+\boldsymbol{R}+\boldsymbol{F}_c+\boldsymbol{F}'_k+m\boldsymbol{g}+\boldsymbol{F}_e-\boldsymbol{F}_k \qquad(8-1)$$

式中，$\delta^2\boldsymbol{r}/\delta t^2$ 是相对加速度项，$\delta^2\boldsymbol{r}/\delta t^2=[\mathrm{d}V_x,\ \mathrm{d}V_y,\ \mathrm{d}V_z]^\mathrm{T}/\mathrm{d}t$，$[\mathrm{d}V_x,\ \mathrm{d}V_y,\ \mathrm{d}V_z]^\mathrm{T}$ 是飞行器发射系的速度，$\boldsymbol{r}=[x,\ y,\ z]^\mathrm{T}$ 是飞行器发射系的位置；$\boldsymbol{P}$ 是发动机推力矢量；$\boldsymbol{R}$ 是飞行器所受到的空气动力矢量；$\boldsymbol{F}_c$ 是飞行器执行机构产生的控制力矢量；$\boldsymbol{F}'_k$ 是附加哥氏力；$\boldsymbol{F}_e=-m\boldsymbol{\omega}_e\times(\boldsymbol{\omega}_e\times\boldsymbol{r})$ 为离心惯性力；$\boldsymbol{F}_k=2m\boldsymbol{\omega}_e\delta\boldsymbol{r}/\delta t$ 为哥氏惯性力；$m\boldsymbol{g}$ 是在发射系下描述的地球引力，其计算公式为

$$m\boldsymbol{g}=mg'_r\boldsymbol{r}^0+mg_{we}\boldsymbol{\omega}_e^0 \qquad(8-2)$$

式中，$g'_r=-(GM/r^2)[1+J(a/r)^2(1-5\sin^2\phi)]$，$g_{we}=-2(GM/r^2)J(a/r)^25\sin^2\phi$，地

球引力模型采用 J_2 模型，此重力模型适用于 20 km 以上高度，适用于临近空间飞行器的飞行高度范围，也可根据飞行环境需要，采用更为复杂的重力模型。

8.2.2　飞行器绕质心转动动力学方程

在发惯系中，高超声速飞行器的绕质心转动动力学方程为

$$\boldsymbol{I}\,\frac{\mathrm{d}\boldsymbol{\omega}^b}{\mathrm{d}t} + \boldsymbol{\omega}^b \times (\boldsymbol{I}\boldsymbol{\omega}^b) = \boldsymbol{M}_{st} + \boldsymbol{M}_c + \boldsymbol{M}_d + \boldsymbol{M}'_{rel} + \boldsymbol{M}'_k \tag{8-3}$$

式中，$\boldsymbol{I}$ 是飞行器的惯量张量；$\boldsymbol{\omega}^b$ 是发惯系下的角速度；$\boldsymbol{M}_{st}$ 是稳定力矩，在飞行器飞行过程中，气动力作用点与质心不重合，气动力在质心上形成转动力矩，此力矩称为气动稳定力矩；$\boldsymbol{M}_c$ 是控制力矩，通过改变发动机的推力方向，产生控制飞行器飞行的力和力矩，此力矩被定义为控制力矩；$\boldsymbol{M}_d$ 是阻尼力矩，当飞行器相对大气旋转时，大气对其产生阻尼作用，此作用力矩定义为阻尼力矩；$\boldsymbol{M}'_{rel}$ 是附加相对力矩，$\boldsymbol{M}'_k$ 是附加哥氏力矩，飞行器内燃料相对流动产生的附加相对力和附加哥氏力在质心上产生的力矩，分别称为附加相对力矩和附加哥氏力矩。

8.2.3　飞行器制导和控制方程

高超声速飞行器制导和控制是高超声速研究的热点，制导和控制方程的一般形式如式（8-4）所示。式（8-4）给出的飞行器制导和控制方程的一般形式，可根据实际需求，选择合适的制导和控制方案。图 8-3 中俯仰、偏航通道采用过载控制，滚转通道采用姿态控制。

$$\left.\begin{array}{l} F_\varphi(\delta_\varphi, x, y, z, \dot{x}, \dot{y}, \dot{z}, \varphi, \dot{\varphi}, \cdots) = 0 \\ F_\psi(\delta_\psi, x, y, z, \dot{x}, \dot{y}, \dot{z}, \psi, \dot{\psi}, \cdots) = 0 \\ F_\gamma(\delta_\gamma, x, y, z, \dot{x}, \dot{y}, \dot{z}, \gamma, \dot{\gamma}, \cdots) = 0 \end{array}\right\} \tag{8-4}$$

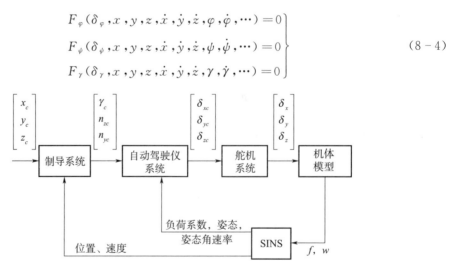

图 8-3　高超声速飞行器制导和控制框图

图中，x_c，y_c，z_c 是飞行制导系统的位置指令；γ_c 是控制系统的滚转控制指令；n_{zc}，n_{yc} 分别是控制系统的横向控制指令和纵向控制指令；δ_{xc}，δ_{yc}，δ_{zc} 是舵指令；δ_x，δ_y，δ_z 是舵角。

　　从捷联惯导轨迹发生器研究角度来说,制导和控制方程是该轨迹发生器的特色之一,即轨迹的运动是由飞行控制系统实现的,而不是由事先设定的姿态运动规律获得的。比力和角速度是飞行器飞行过程中各种力和力矩综合作用的结果,而不是由比力方程和设定的姿态运动来确定。

8.2.4　飞行器六自由度模型补充方程

　　以上建立的质心动力学方程、绕质心转动动力学方程、制导和控制方程,包含很多未知参数,为了模型求解还需增加以下方程:质心位置方程、速度计算方程、姿态角微分方程、发射系姿态角方程、其他欧拉角方程、相对地球角速度方程、地心高度方程、质量计算方程等。

　　(1) 质心位置方程

　　在发射系下,高超声速飞行器的质心运动学方程为

$$\dot{x}=V_x,\dot{y}=V_y,\dot{z}=V_z \tag{8-5}$$

式中, x , y , z 为飞行器在发射系下的位置; V_x , V_y , V_z 为飞行器在发射系下的速度。

　　(2) 速度计算方程

$$V=\sqrt{V_x^2+V_y^2+V_z^2} \tag{8-6}$$

式中, V 为飞行器在发射系下的合速度。

　　(3) 姿态角微分方程

　　在发惯系下的姿态角微分方程为

$$\left.\begin{aligned}\dot{\varphi}^a&=(\omega_{ay}\sin\gamma^a+\omega_{az}\cos\gamma^a)/\cos\psi^a\\\dot{\psi}^a&=\omega_{ay}\cos\gamma^a-\omega_{az}\sin\gamma^a\\\dot{\gamma}^a&=\omega_{ax}+\tan\psi^a(\omega_{ay}\sin\gamma^a+\omega_{az}\cos\gamma^a)\end{aligned}\right\} \tag{8-7}$$

式中, φ^a 为飞行器在发惯系下的俯仰角; ψ^a 为飞行器在发惯系下的偏航角; γ^a 为飞行器在发惯系下的滚转角; ω_{ax} , ω_{ay} , ω_{az} 分别为飞行器在发惯系角速度 $\boldsymbol{\omega}^b$ 下 x , y , z 三轴分量。

　　(4) 发射系姿态角方程

　　对于高精度的六自由度模型和捷联惯导轨迹发生器,发射系姿态角由以下方程得到

$$\boldsymbol{R}_b^g=\boldsymbol{R}_a^g\boldsymbol{R}_{ba}^a \tag{8-8}$$

式中, $\boldsymbol{R}_a^g$ 如式(8-9)所示[详见第 2 章式(2-73)]; $\boldsymbol{R}_{ba}^a=(\boldsymbol{R}_a^{ba})^\mathrm{T}$,如式(8-10)所示; $\boldsymbol{R}_{ba}^g=(\boldsymbol{R}_g^{ba})^\mathrm{T}$ 如式(8-11)所示。

$$\boldsymbol{R}_a^g=\boldsymbol{A}^\mathrm{T}\boldsymbol{B}\boldsymbol{A} \tag{8-9}$$

式中, $\boldsymbol{A}=\boldsymbol{R}_z(B_0)\boldsymbol{R}_y(A_0)$, $\boldsymbol{B}=\boldsymbol{R}_x(-\omega_{ie}t)$,其中, B_0 为飞行器初始纬度, A_0 为发射射向, t 为飞行时间。

$$\boldsymbol{R}_a^{ba}=\boldsymbol{R}_x(\gamma^a)\boldsymbol{R}_y(\psi^a)\boldsymbol{R}_z(\varphi^a) \tag{8-10}$$

$$\boldsymbol{R}_g^{ba}=\boldsymbol{R}_x(\gamma^g)\boldsymbol{R}_y(\psi^g)\boldsymbol{R}_z(\varphi^g) \tag{8-11}$$

（5）其他欧拉角方程

发射系下的速度倾角 θ 及航迹偏角 σ 可由式（8-12）获得

$$\left.\begin{array}{c}\theta=\arctan2(V_y,V_x)\\\sigma=-\arcsin(V_z/V)\end{array}\right\} \tag{8-12}$$

（6）相对地球角速度方程

在发射系中的相对地球角速度 ω 方程为

$$[\omega_x,\omega_y,\omega_z]^T=[\omega_{ax},\omega_{ay},\omega_{az}]^T-\boldsymbol{R}_g^{ba}[\omega_{ex},\omega_{ey},\omega_{ez}]^T \tag{8-13}$$

（7）地心高度方程

飞行轨迹上任一点距地心的距离 r 为

$$r=\sqrt{(x+R_{0x})^2+(y+R_{0y})^2+(z+R_{0z})^2} \tag{8-14}$$

式中，$[R_{0x},R_{0y},R_{0z}]$ 为发射点在发射系下的位置矢量。

高超声速飞行器星下点所在的地心纬度角 ϕ 为

$$\sin\phi=\frac{(x+R_{0x})\omega_{ex}+(y+R_{0y})\omega_{ey}+(z+R_{0z})\omega_{ez}}{r\omega_{ie}} \tag{8-15}$$

飞行器星下点的椭球表面距地心的距离为

$$R=ab/\sqrt{a^2\sin^2\phi+b^2\cos^2\phi} \tag{8-16}$$

式中，a 为地球长半轴；b 为短半轴。

飞行轨迹上一点距地球表面的距离 h 为

$$h=r-R \tag{8-17}$$

（8）质量计算方程

质量计算方程，即

$$m=m_0-\dot{m}t \tag{8-18}$$

式中，m_0 为飞行器点火前的质量；$\dot{m}$ 为飞行器发动机工作单位时间的质量消耗；t 为从飞行器发动机开始点火起的计时。

8.3　半实物仿真中的导航模拟系统

飞行轨迹生成后，半实物仿真系统中其他子系统根据轨迹中飞行器的飞行状态，模拟飞行器搭载的各种传感器的输入、导航信息以及负载力矩。与导航模拟相关的子系统主要包括惯组模拟器、卫星模拟器和三轴转台子系统。其中，惯组模拟器根据飞行器的轨迹计算陀螺仪和加速度计的理论输出，再通过三轴转台搭载陀螺仪模拟弹体旋转，加速度计则直接注入比力理论值模拟；卫星导航子系统通过星历计算导航星的位置，计算导航卫星的信号到达接收机的时间，模拟不同卫星信号到达接收机的时间差和多普勒效应及各种误差，再向接收机发送导航电文，模拟卫星导航信号。

8.3.1　捷联惯导数据模拟器

在图 8-2 的仿真平台示意图中，介绍了 IMU 模型在仿真平台中的位置，图 8-4 则介绍了 IMU 模型的实现过程。比力和角速度由六自由度模型得到，在此基础上加入 IMU 误差模型，然后对 IMU 连续信号进行积分得到速度增量和角增量，最后进行量化，得到 IMU 的脉冲数输出。

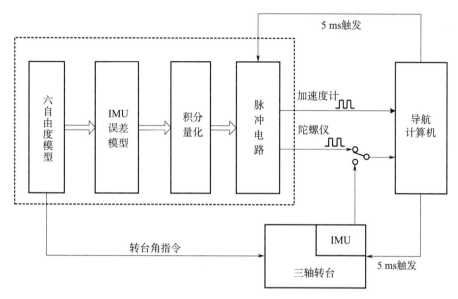

图 8 - 4　捷联惯导数据模拟器示意图

本小节将介绍六自由度模型中位置速度姿态数据理论值、比力和角速度的理论输入、IMU 误差模型、速度增量和角增量以及 IMU 脉冲数的实现。

典型的轨迹发生器包含 16 个数据，分别是 1 个时间、3 个位置、3 个速度、3 个姿态、3 个加速度计数据、3 个陀螺仪数据。这些数据的理论值均来自飞行器六自由度模型。

（1）位置速度姿态数据理论值

以发射系作为飞行器导航参考坐标系，轨迹发射器的位置理论值为式（8 - 5）中的 $[x，y，z]^{\mathrm{T}}$，速度理论值为式（8 - 6）中的 $[V_x，V_y，V_z]^{\mathrm{T}}$。轨迹发射器的姿态理论值为式（8 - 11）中的 $\varphi^g，\psi^g$ 和 γ^g，姿态矩阵理论值为 $\boldsymbol{R}_g^{b^a}$。

（2）比力理论值

按照惯性器件的定义，比力是惯性坐标系中敏感的、作用于单位质量物体上除重力之外的力。根据六自由度模型的式（8 - 1），比力为

$$f^b = (\boldsymbol{P} + \boldsymbol{R} + \boldsymbol{F}_c + \boldsymbol{F}_k^l) / m \tag{8 - 19}$$

由式（8 - 19）可知，比力是由飞行器六自由度模型中的发动机推力矢量 $\boldsymbol{P}$、空气动力矢量 $\boldsymbol{R}$、执行机构的控制力矢量 $\boldsymbol{F}_c$，以及附加哥氏力 $\boldsymbol{F}_k^l$ 共同作用的结果，比力反映了弹体在空中的实际质心运动状态，这正是与经典轨迹发生器的区别。

（3）角速度理论值

按照惯性器件的定义，陀螺仪测量的是相对惯性系的角速度在弹体坐标系下的投影。根据六自由度模型，发射系下的角速度 $\boldsymbol{\omega}^b$ 是陀螺仪测量量。由式（8 - 3）可知，角速度

$\boldsymbol{\omega}^b$ 是由飞行器六自由度模型中稳定力矩 $\boldsymbol{M}_{st}$、控制力矩 $\boldsymbol{M}_c$、阻尼力矩 $\boldsymbol{M}_d$、附加相对力矩 $\boldsymbol{M}'_{rel}$ 和附加哥氏力矩 $\boldsymbol{M}'_k$ 等各种力矩共同作用的结果，角速度反映了弹体在空中的实际绕心运动状态，这也是与经典轨迹发生器的区别。

8.3.1.1　IMU 误差模型

由 4.3 节可得，捷联惯导数据模拟器中使用的陀螺仪误差模型为

$$\delta\boldsymbol{\omega}^b = \boldsymbol{\varepsilon}^b + \boldsymbol{M}_g\boldsymbol{\omega}^b + \boldsymbol{w}_g \tag{8-20}$$

$$\begin{bmatrix} \delta\omega_x^b \\ \delta\omega_y^b \\ \delta\omega_z^b \end{bmatrix} = \begin{bmatrix} \varepsilon_x^b \\ \varepsilon_y^b \\ \varepsilon_z^b \end{bmatrix} + \begin{bmatrix} S_{gx} & M_{gxy} & M_{gxz} \\ M_{gyx} & S_{gy} & M_{gyz} \\ M_{gzx} & M_{gzy} & S_{gz} \end{bmatrix} \begin{bmatrix} f_x^b \\ f_y^b \\ f_z^b \end{bmatrix} + \begin{bmatrix} w_{gx} \\ w_{gy} \\ w_{gz} \end{bmatrix} \tag{8-21}$$

式中，$\boldsymbol{\varepsilon}^b$ 为陀螺仪零偏向量；$\boldsymbol{\omega}^b$ 为陀螺仪输入角速度向量；$\boldsymbol{M}_g$ 为陀螺仪一次项相关的误差矩阵；$\boldsymbol{w}_g$ 为陀螺仪随机噪声向量；S_{gi} 为陀螺仪标度因子误差，M_{gij} 为陀螺仪三轴非正交误差，即陀螺仪安装误差，$i=x，y，z，j=x，y，z$。

使用的加速度计误差模型为

$$\delta\boldsymbol{f}^b = \boldsymbol{V}^b + \boldsymbol{M}_a\boldsymbol{f}^b + \boldsymbol{D}_a (\boldsymbol{f}^b)^2 + \boldsymbol{w}_a \tag{8-22}$$

$$\begin{bmatrix} \delta f_x^b \\ \delta f_y^b \\ \delta f_z^b \end{bmatrix} = \begin{bmatrix} \nabla_x^b \\ \nabla_y^b \\ \nabla_z^b \end{bmatrix} + \begin{bmatrix} S_{ax} & M_{axy} & M_{axz} \\ M_{ayx} & S_{ay} & M_{ayz} \\ M_{azx} & M_{azy} & S_{az} \end{bmatrix} \begin{bmatrix} f_x^b \\ f_y^b \\ f_z^b \end{bmatrix} + \begin{bmatrix} d_{ax} & 0 & 0 \\ 0 & d_{ay} & 0 \\ 0 & 0 & d_{az} \end{bmatrix} \begin{bmatrix} (f_x^b)^2 \\ (f_y^b)^2 \\ (f_z^b)^2 \end{bmatrix} + \begin{bmatrix} w_{ax} \\ w_{ay} \\ w_{az} \end{bmatrix}$$

$$\tag{8-23}$$

式中，$\boldsymbol{V}^b$ 为加速度计零偏向量；$\boldsymbol{f}^b$ 为加速度计输入比力向量；$\boldsymbol{M}_a$ 为与加速度计一次项相关的误差矩阵；$\boldsymbol{D}_a$ 为与加速度计二次项相关的误差矩阵；$\boldsymbol{w}_a$ 为加速度计随机噪声向量；S_{ai} 为加速度计标度因子误差；M_{aij} 为加速度计三轴非正交误差，即加速度计安装误差，$i=x，y，z，j=x，y，z$。

8.3.1.2　积分量化

大多数惯性器件的比力和角速度是以速度增量和角增量的形式输出的，如式（6-2）和式（6-3）所示，速度增量和角增量进一步量化后以脉冲数输出。速度增量和角增量分别为加速度计和陀螺仪理论输出值在采样周期内的积分结果，如式（8-24）和式（8-25）所示。

$$\Delta\boldsymbol{V} = \int_0^\tau (\boldsymbol{f}^b(\tau) + \delta\boldsymbol{f}^b)\,\mathrm{d}\tau \tag{8-24}$$

$$\Delta\boldsymbol{\theta} = \int_0^\tau (\boldsymbol{\omega}^b(\tau) + \delta\boldsymbol{\omega}^b)\,\mathrm{d}\tau \tag{8-25}$$

在惯性器件内部，或进行高频采样处理后低频输出，或进行高频采样再量化输出，即惯性器件具有对内高频采样、对外低频增量输出的特点。惯性器件的速度增量和角增量实现方法是相同的，如图 8-5 所示，以加速度计输出为例，说明了速度增量和脉冲数的实现方法。

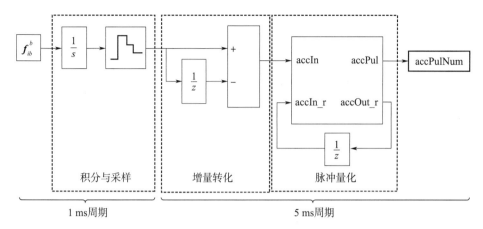

图 8 - 5　速度增量的积分量化示意图

如图 8 - 5 所示，通过采样模块，将整个流程分为 1 ms 周期和 5 ms 周期两部分，1 ms 是六自由度模型的仿真周期（可根据仿真精度的需要，采用更小的仿真周期），5 ms 是惯性器件模拟部分的运行周期。在 1 ms 周期部分，通过积分模块，将 5 ms 内的加速度/角速度信息累积，模拟惯性器件内部高频采样，不丢失加速度/角速度高频信息。在 5 ms 周期部分，通过延时模块和减法模块，模拟惯性器件的增量输出信息；惯组的增量信息经过量化处理后得到量化脉冲数，其计算方法为

$$\left. \begin{aligned} \Delta \boldsymbol{V}_{\mathrm{Pul}} &= \left[\frac{\Delta \boldsymbol{V}_k + \Delta \boldsymbol{V}_{k-1}}{\mathrm{Pulse\_Acc}} \right] \\ \Delta \boldsymbol{V}'_k &= \Delta \boldsymbol{V}_k + \Delta \boldsymbol{V}_{k-1} - \Delta \boldsymbol{V}_{\mathrm{Pul}} \times \mathrm{Pulse\_Acc} \end{aligned} \right\} \qquad (8-26)$$

式中，$\Delta \boldsymbol{V}_k$ 为 5 ms 周期内的积分增量，对应图 8 - 5 中的 accIn；$\Delta \boldsymbol{V}_{k-1}$ 为上一拍脉冲量化后的余量，余量幅值小于 1 个脉冲当量，对应图 8 - 5 中的 accIn _ r；$\Delta \boldsymbol{V}'_k$ 为当前拍脉冲量化后的余量，对应图 8 - 5 中的 accOut _ r；$\Delta \boldsymbol{V}_{\mathrm{Pul}}$ 为当前拍量化后的脉冲数，对应图 8 - 5 中的 accPul；Pulse _ Acc 为加速度计脉冲当量。

8. 3. 2　卫星导航数据模拟器

在图 8 - 2 的仿真平台示意图中，给出了卫星模型在仿真平台中的位置；图 8 - 6 则介绍了卫星模型的实现过程。通过卫星广播星历提供的参数，可以计算出卫星的位置、速度和时钟修正量的数据，结合六自由度模型提供飞行器的位置、速度数据可以模拟产生卫星伪距、伪距率观测量。六自由度模型的轨迹数据也可以作为卫星模拟器的输入，模拟卫星定位信号，再通过卫星接收机进行定位解算，模拟真实的卫星定位过程。

组合导航卫星数据模拟示意图如图 8 - 7 所示。松、紧耦合仿真数据模拟的步骤为：首先利用卫星广播星历，计算得到卫星的位置和速度，再利用飞行器六自由度模型的理论位置和速度与卫星的位置和速度，计算卫星的伪距、伪距率或多普勒频移，即紧耦合所需仿真数据，再结合卫星的位置和速度，通过最小二乘法解算出接收机位置和速度，即松耦合所需仿真数据。

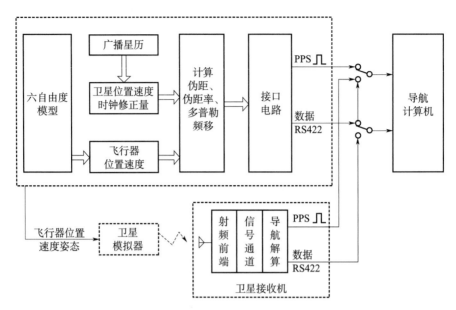

图 8 - 6　卫星导航数据模拟器示意图

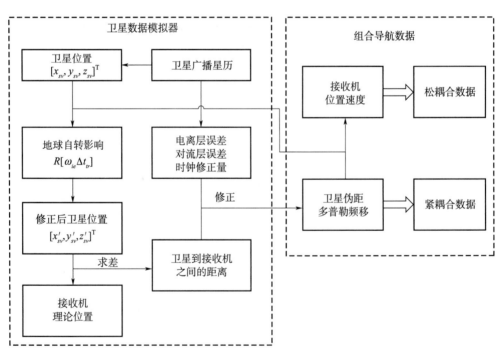

图 8 - 7　组合导航卫星数据模拟示意图

8.3.2.1　紧耦合数据模拟

紧耦合 SINS/GNSS 组合导航需要得到卫星的伪距、伪距率观测量。在实际的卫星接收机中，伪距表示为

$$\rho = c\left(t_{\text{local}} - t_{sv} + \delta t_{sv}\right) \tag{8-27}$$

式中，t_{local} 为接收机接收到卫星信号的当地时间；t_{sv} 为卫星信号的发射时间；δt_{sv} 为卫星时钟修正量。伪距率可由多普勒频移计算得出，多普勒频移观测量可由载波跟踪环直接得到

$$\dot{\rho} = -\frac{Dc}{\lambda} \tag{8-28}$$

式中，D 表示多普勒频移；λ 表示卫星信号播发频率。

在仿真平台中，伪距和伪距率可以通过卫星的位置和速度以及接收机的位置和速度进行计算得出。卫星位置的计算可以分为两个步骤：首先计算卫星在轨道坐标系中的位置坐标，然后再转换到地心地固坐标系。在计算卫星位置前，首先要确定卫星所在轨道的轨道参数。卫星的实际运行轨道是一条十分复杂的曲线，首先考虑卫星只受到向心力的影响下的卫星轨道，此时的轨道是一个椭圆，地心是椭圆轨道的一个焦点。决定轨道形状只需要两个参数，长轴半径 a 和离心率 e。确定了轨道的形状后，再确定卫星轨道的位置，轨道的位置由轨道面倾角 i、升交点赤经 Ω 和近地点角距 ω 3 个参数决定。通过上述 5 个开普勒参数确定了卫星轨道后，卫星的位置可由偏近点角 E 和卫星星历数据的参考时刻 t_{oe} 确定。为了考虑实际卫星运行时受到的扰动项对卫星位置的影响，加入 9 个摄动参数，包括平均角速度的修正项 Δn、升交点赤经 $\dot{\Omega}$、轨道倾角变化率 i_{dot} 以及 6 个扰动修正项 C_{uc}，C_{us}，C_{rc}，C_{rs}，C_{ic}，C_{is}。

根据上述 5 个开普勒参数、偏近点角 E、卫星星历数据的参考时刻 t_{oe} 和 9 个摄动参数共计 16 个参数可以计算出卫星在轨道坐标系中的位置坐标，再转换到 ECEF 坐标系下，得到所需要的卫星位置信息，通过对卫星位置相对卫星信号发射时间进行简单的微分可以得到卫星的速度信息。

（1）计算卫星位置

1）计算归一化时间 t_k。因为卫星的星历数据都是相对参考时刻 t_{oe} 的，所以需要将观测时刻 t 做以下归一化

$$t_k = t - t_{oe} \tag{8-29}$$

式中，t_k 的单位是 s，并且要将 t_k 的绝对值控制在一个星期内，即：如果 $t_k > 302\ 400$，$t_k = t_k - 604\ 800$；如果 $t_k < -302\ 400$，$t_k = t_k + 604\ 800$。

2）计算卫星运行的平均角速度 n。首先计算卫星运行的理论平均角速度 n_0，卫星平均角速度为 $2\pi/T$，根据开普勒第三定律 $\frac{T^2}{a^3} = \frac{4\pi^2}{GM}$ 得

$$n_0 = \sqrt{\frac{GM}{a^3}} \tag{8-30}$$

同时，星历数据还传送了修正项 Δn，则最终使用的平均角速度为

$$n = n_0 + \Delta n \tag{8-31}$$

3）计算卫星在 t_k 时刻的平近点角 M。平近点角和时间线性关系为

$$M = M_0 + n t_k \tag{8-32}$$

式中，t_k 为归一化时间；n 为修正后的平均角速度。

4）计算卫星在 t_k 时刻的偏近点角 E。将平近点角 M 和卫星轨道的偏心率 e_s 代入

$$E = M + e_s \sin E \tag{8-33}$$

后进行迭代计算，其中 e_s 由广播星历给出，一般来说 10 次以内的迭代就足够精确了。

5）计算卫星的地心向径 r

$$r = a(1 - e_s \cos E) \tag{8-34}$$

6）计算卫星在归一化时刻的真近点角 f

$$f = \arctan\left(\frac{\sqrt{1 - e_s^2}\sin E}{\cos E - e_s}\right) \tag{8-35}$$

7）计算升交点角距 $\varPhi$

$$\varPhi = f + \omega \tag{8-36}$$

式中，f 为归一化时刻的真近点角；ω 为卫星轨道的近地点角距，来自于星历参数。

8）计算摄动校正项 $\delta\mu$，δr 和 δi，同时修正 $\varPhi_k$，r 和 i

升交点角距修正项为

$$\delta\mu = C_{uc}\cos(2\varPhi) + C_{us}\sin(2\varPhi) \tag{8-37}$$

卫星地心向径修正项为

$$\delta r = C_{rc}\cos(2\varPhi) + C_{rs}\sin(2\varPhi) \tag{8-38}$$

卫星轨道倾角修正项为

$$\delta i = C_{ic}\cos(2\varPhi) + C_{is}\sin(2\varPhi) \tag{8-39}$$

式中，$\{C_{uc}, C_{us}, C_{rc}, C_{rs}, C_{ic}, C_{is}\}$ 均来自卫星星历数据，然后用这些修正项更新升交点角距 $\varPhi$、卫星地心向径 r 和卫星轨道倾角 i

$$\varPhi_k = \varPhi + \delta\mu \tag{8-40}$$

$$r_k = r + \delta r \tag{8-41}$$

$$i_k = i_0 + i_{dot}i_k + \delta i \tag{8-42}$$

9）计算卫星在椭圆轨道直角坐标系中的位置坐标。在以地心为原点、以椭圆长轴为 x 轴的椭圆直角坐标系里，卫星的坐标位置为

$$\boldsymbol{P}_s = \begin{bmatrix} r_k\cos\varPhi_k \\ r_k\sin\varPhi_k \\ 0 \end{bmatrix} \tag{8-43}$$

10）计算卫星轨道在归一化时刻的升交点赤经 $\varOmega$

$$\varOmega_k = \varOmega_e + (\dot{\varOmega} - \omega_{ie})t_k - \omega_{ie}t_{oe} \tag{8-44}$$

式中，$\varOmega_e$ 来自星历数据，其意义并不是在参考时刻的升交点赤经，而是始于格林威治子午圈到卫星轨道升交点的准经度；$\dot{\varOmega}$ 是升交点赤经的变化率；ω_{ie} 是地球自转角速率。

11）计算卫星在地心地固坐标系中的坐标。将卫星在轨道直角坐标系内的坐标经旋转变换到地心地固坐标系。

令

$$x_k = r_k\cos\varPhi_k, \quad y_k = r_k\sin\varPhi_k \tag{8-45}$$

则

$$\boldsymbol{P}_e = \begin{bmatrix} E_x \\ E_y \\ E_z \end{bmatrix} = \boldsymbol{R}_z(-\Omega_k)\boldsymbol{R}_x(-i_k)\begin{bmatrix} x_k \\ y_k \\ 0 \end{bmatrix} \tag{8-46}$$

$$= \begin{bmatrix} x_k\cos\Omega_k - y_k\cos i_k\sin\Omega_k \\ x_k\sin\Omega_k + y_k\cos i_k\cos\Omega_k \\ y_k\sin i_k \end{bmatrix}$$

（2）计算卫星速度

对式（8-46）求导，得

$$\boldsymbol{v}_E = \begin{bmatrix} \dot{E}_x \\ \dot{E}_y \\ \dot{E}_z \end{bmatrix} = \begin{bmatrix} \dot{x}_k\cos\Omega_k - \dot{y}_k\cos i_k\sin\Omega_k + y_k\sin i_k\sin\Omega_k\dot{i}_k - E_y\dot{\Omega}_k \\ \dot{x}_k\sin\Omega_k + \dot{y}_k\cos i_k\cos\Omega_k - y_k\sin i_k\cos\Omega_k\dot{i}_k + E_x\dot{\Omega}_k \\ \dot{y}_k\sin i_k + y_k\cos i_k\dot{i}_k \end{bmatrix} \tag{8-47}$$

式（8-45）、式（8-42）、式（8-44）对 t_k 求导得

$$\dot{x}_k = \dot{r}_k\cos\Phi_k - r_k(\sin\Phi_k)\dot{\Phi}_k \tag{8-48}$$

$$\dot{y}_k = \dot{r}_k\sin\Phi_k + r_k(\cos\Phi_k)\dot{\Phi}_k \tag{8-49}$$

$$\dot{i}_k = 2[C_{is}\cos(2\Phi) - C_{ic}\sin(2\Phi)]\dot{\Phi} + i_{dot} \tag{8-50}$$

$$\dot{\Omega}_k = \dot{\Omega} - \omega_{ie} \tag{8-51}$$

对式（8-40）、式（8-41）和式（8-36）求导得到

$$\dot{\Phi}_k = [1 + 2C_{us}\cos(2\Phi) - 2C_{uc}\sin(2\Phi)]\dot{\Phi} \tag{8-52}$$

$$\dot{r}_k = ae_s\sin E\dot{E} + [2C_{rs}\cos(2\Phi) - 2C_{rc}\sin(2\Phi)]\dot{\Phi} \tag{8-53}$$

$$\dot{\Phi} = \dot{f} \tag{8-54}$$

对式（8-35）求导得到

$$\dot{f} = \frac{\sqrt{1 - e_s^2}}{1 - e_s\cos E}\dot{E} \tag{8-55}$$

最后计算 $\dot{E}$ 的表达式，对式（8-34）左右同时求导并整理得到

$$\dot{E} = \frac{n_0 + \Delta n}{1 - e_s\sin E} \tag{8-56}$$

上述推导过程需要用到

$$\dot{M} = n_0 + \Delta n \tag{8-57}$$

将上述过程倒过来，就是利用星历数据计算卫星速度的步骤。

（3）计算伪距、伪距率

根据卫星位置速度以及接收机位置速度来简单计算伪距、伪距率的步骤如下

$$\begin{bmatrix} \Delta x \\ \Delta y \\ \Delta z \end{bmatrix} = \begin{bmatrix} x_{sv} \\ y_{sv} \\ z_{sv} \end{bmatrix} - \begin{bmatrix} x_u \\ y_u \\ z_u \end{bmatrix} \tag{8-58}$$

式中，记 $\Delta \boldsymbol{p} = [\Delta x, \ \Delta y, \ \Delta z]^T$ 为卫星与接收机的位置坐标差；$[x_u, \ y_u, \ z_u]^T$ 为接收机的位置；$[x_{sv}, \ y_{sv}, \ z_{sv}]^T$ 为卫星的位置。

$$\Delta t_{\mathrm{tr}} = \frac{\sqrt{\Delta x^2 + \Delta y^2 + \Delta z^2}}{c} \qquad (8-59)$$

式中，c 为光速。

$$\begin{bmatrix} x'_{sv} \\ y'_{sv} \\ z'_{sv} \end{bmatrix} = \begin{bmatrix} 1 & \omega_{ie} \Delta t_{\mathrm{tr}} & 0 \\ -\omega_{ie} \Delta t_{\mathrm{tr}} & 1 & 0 \\ 0 & 0 & 1 \end{bmatrix} \begin{bmatrix} x_{sv} \\ y_{sv} \\ z_{sv} \end{bmatrix} \qquad (8-60)$$

$[x'_{sv}, \ y'_{sv}, \ z'_{sv}]^T$ 为卫星考虑了自转效应以后的位置坐标。

$$\begin{bmatrix} \Delta x' \\ \Delta y' \\ \Delta z' \end{bmatrix} = \begin{bmatrix} x'_{sv} \\ y'_{sv} \\ z'_{sv} \end{bmatrix} - \begin{bmatrix} x_u \\ y_u \\ z_u \end{bmatrix} \qquad (8-61)$$

$\Delta \boldsymbol{p}' = [\Delta x', \ \Delta y', \ \Delta z']^T$ 为考虑了自转效应以后的卫星与接收机的位置坐标差。则卫星到接收机的大致距离为

$$d = \sqrt{(\Delta x')^2 + (\Delta y')^2 + (\Delta z')^2} \qquad (8-62)$$

考虑 GPS 的时钟修正量和电离层误差后，伪距为

$$\rho = d + c T_{\mathrm{iono}} - c \delta t_s \qquad (8-63)$$

伪距率为

$$\dot{\rho}^m = \frac{v_x \Delta x' + v_y \Delta y' + v_z \Delta z'}{\rho} \qquad (8-64)$$

8.3.2.2 松耦合数据模拟

松耦合需要得到卫星接收机的位置和速度参数，本节所介绍的卫星导航数据模拟器模拟卫星接收机单点定位的解算过程，利用卫星的位置速度数据和伪距、多普勒频移观测量，通过最小二乘法来解算接收机的位置和速度，具体计算步骤如下：

1）利用伪距观测量计算接收机位置。

单模伪距观测量的数学模型为

$$\left. \begin{aligned} \tilde{\rho}_1(x_u) &= \sqrt{(x_u - x_{s_1})^2 + (y_u - y_{s_1})^2 + (z_u - z_{s_1})^2} + cb + n_{\rho_1} \\ \tilde{\rho}_2(x_u) &= \sqrt{(x_u - x_{s_2})^2 + (y_u - y_{s_2})^2 + (z_u - z_{s_2})^2} + cb + n_{\rho_2} \\ &\qquad\qquad\qquad\qquad \vdots \\ \tilde{\rho}_m(x_u) &= \sqrt{(x_u - x_{s_m})^2 + (y_u - y_{s_m})^2 + (z_u - z_{s_m})^2} + cb + n_{\rho_m} \end{aligned} \right\} \qquad (8-65)$$

式中，m 表示卫星颗数；$[x_u, \ y_u, \ z_u]^T$ 为用户的位置；b 是用户本地时钟和 GPST 之间的偏差；$n_\rho = c\tau_s + E_{\mathrm{eph}} + T_{\mathrm{iono}} + T_{\mathrm{tron}} + MP + n_r$，表示伪距观测量中的误差。已知量 $\tilde{\rho}_i$ 为伪距观测量和卫星坐标 $[x_{s_i}, \ y_{s_i}, \ z_{s_i}]^T$，观测量上面的波浪号"~"表示实际观测量，是为了和后面的预测量区分开。这里卫星和用户的坐标都在地心地固坐标系中。

由于伪距方程是非线性方程，不能直接利用最小二乘法解算，所以，需要先将伪距方

程线性化才能利用最小二乘法。在实际中，最常用的线性化方法就是利用一阶泰勒级数展开。

假设接收机的坐标和本地钟差有一个起始值 $\boldsymbol{x}_0 = [x_0, y_0, z_0, b_0]$，那么基于这个起始值将伪距方程进行一阶泰勒级数展开，就会得到

$$\widetilde{\rho}_i(x_u) = \rho_i(x_0) + \frac{\partial \rho_i}{\partial x_u}\big|_{x_0}(x_u - x_0) + \frac{\partial \rho_i}{\partial y_u}\big|_{y_0}(y_u - y_0) + \tag{8-66}$$

$$\frac{\partial \rho_i}{\partial z_u}\big|_{x_0}(z_u - z_0) + \frac{\partial \rho_i}{\partial b}\big|_{b_0}(b - b_0) + \text{h. o. t.} + n_{\rho_i}$$

式中，$i = 1, 2, \cdots, m$；h. o. t. 是高阶泰勒级数项，且

$$\rho_i(x_0) = \sqrt{(x_0 - x_{s_1})^2 + (y_0 - y_{s_1})^2 + (z_0 - z_{s_1})^2} + cb_0 \tag{8-67}$$

$$\frac{\partial \rho_i}{\partial x_u}\big|_{x_0} = -\frac{x_0 - x_{s_1}}{\sqrt{(x_0 - x_{s_1})^2 + (y_0 - y_{s_1})^2 + (z_0 - z_{s_1})^2}} \tag{8-68}$$

$$\frac{\partial \rho_i}{\partial y_u}\big|_{y_0} = -\frac{y_0 - y_{s_1}}{\sqrt{(x_0 - x_{s_1})^2 + (y_0 - y_{s_1})^2 + (z_0 - z_{s_1})^2}} \tag{8-69}$$

$$\frac{\partial \rho_i}{\partial z_u}\big|_{z_0} = -\frac{z_0 - z_{s_1}}{\sqrt{(x_0 - x_{s_1})^2 + (y_0 - y_{s_1})^2 + (z_0 - z_{s_1})^2}} \tag{8-70}$$

$$\frac{\partial \rho_i}{\partial b}\big|_{b_0} = 1 \tag{8-71}$$

$\rho_i(x_0)$ 用当前的位置、钟差和卫星位置算出，往往被称作预测伪距量，注意与真实的伪距观测量分开。此处下标"i"表示不同的卫星。

定义以下矢量

$$\boldsymbol{u}_i = \left[\frac{\partial \rho_i}{\partial x_u}\bigg|_{x_0}, \frac{\partial \rho_i}{\partial y_u}\bigg|_{y_0}, \frac{\partial \rho_i}{\partial z_u}\bigg|_{z_0}, 1\right], \quad \mathrm{d}\boldsymbol{x}_0 = [(x_u - x_0), (y_u - y_0), (z_u - z_0), (b - b_0)]^{\mathrm{T}}$$

$$\tag{8-72}$$

式中，u_i 的前 3 个元素构成的矢量一般称作方向余弦矢量（Direction Cosine Vector），这里记作 $\boldsymbol{DC}_i = \left[\frac{\partial \rho_i}{\partial x_u}\bigg|_{x_0}, \frac{\partial \rho_i}{\partial y_u}\bigg|_{y_0}, \frac{\partial \rho_i}{\partial z_u}\bigg|_{z_0}\right]$，该矢量是从用户位置到卫星的单位方向矢量在地心地固坐标系中的表示。每一个卫星都有自己的方向余弦矢量。

将式（8-66）稍作整理并略去高阶项，得到

$$\rho_i(x_u) - \rho_i(x_0) = \boldsymbol{u}_i \cdot \mathrm{d}\boldsymbol{x}_0 + n_{\rho_i} \tag{8-73}$$

式中，等号左边就是用观测到的伪距量减去利用初始点预测的伪距量，一般把这个差叫作伪距残差，用 $\partial \rho_i$ 来表示。伪距残差的数学表达式如等号右边所示，可以看出伪距残差已经可以表示为线性方程的形式了。但需要注意的是，这里的线性化只是在一阶泰勒级数意义上的近似。严格来说，式中不能用等号，而只能用近似号。随着迭代次数的增加，线性化的结果会越来越精确。

式（8-73）是对一个卫星的伪距观测量所做的线性化，对 m 个观测量同时进行线性化，就得到以下的线性方程组

$$\left. \begin{array}{l} \partial \rho_1 = \boldsymbol{u}_1 \cdot \mathrm{d}\boldsymbol{x}_0 + n_{\rho_1} \\ \partial \rho_2 = \boldsymbol{u}_2 \cdot \mathrm{d}\boldsymbol{x}_0 + n_{\rho_2} \\ \quad\quad\quad \vdots \\ \partial \rho_m = \boldsymbol{u}_m \cdot \mathrm{d}\boldsymbol{x}_0 + n_{\rho_m} \end{array} \right\} \tag{8-74}$$

将式（8-74）写成矩阵的形式，得到

$$\partial \boldsymbol{\rho} = \boldsymbol{H} \mathrm{d}\boldsymbol{x}_0 + \boldsymbol{n}_\rho \tag{8-75}$$

式中，$\partial\boldsymbol{\rho} = [\partial\rho_1, \partial\rho_2, \cdots, \partial\rho_m]^\mathrm{T}$，$\boldsymbol{H} = [\boldsymbol{u}_1, \boldsymbol{u}_2, \cdots, \boldsymbol{u}_m]^\mathrm{T}$，$\boldsymbol{n}_\rho = [n_{\rho_1}, n_{\rho_2}, \cdots, n_{\rho_m}]^\mathrm{T}$，其各自的维数分别为 $m \times 1$、$m \times 4$ 和 $m \times 1$。

式（8-75）的最小二乘估计为

$$\mathrm{d}\boldsymbol{x}_0 = (\boldsymbol{H}^\mathrm{T}\boldsymbol{H})^{-1}\boldsymbol{H}^\mathrm{T}\partial\boldsymbol{\rho} \tag{8-76}$$

如果将矩阵 $(\boldsymbol{H}^\mathrm{T}\boldsymbol{H})^{-1}\boldsymbol{H}^\mathrm{T}$ 写成以下形式

$$(\boldsymbol{H}^\mathrm{T}\boldsymbol{H})^{-1}\boldsymbol{H}^\mathrm{T} = \begin{bmatrix} h_{11} & h_{12} & \cdots & h_{1m} \\ h_{21} & h_{22} & \cdots & h_{2m} \\ h_{31} & h_{32} & \cdots & h_{3m} \\ h_{41} & h_{42} & \cdots & h_{4m} \end{bmatrix} \tag{8-77}$$

则可以证明

$$\sum_{i=1}^m h_{1i} = 0, \sum_{i=1}^m h_{2i} = 0, \sum_{i=1}^m h_{3i} = 0, \sum_{i=1}^m h_{4i} = 1 \tag{8-78}$$

即矩阵 $(\boldsymbol{H}^\mathrm{T}\boldsymbol{H})^{-1}\boldsymbol{H}^\mathrm{T}$ 的前 3 个行向量的元素之和为 0，第 4 个行向量的元素之和为 1。因为 $(\boldsymbol{H}^\mathrm{T}\boldsymbol{H})^{-1}\boldsymbol{H}^\mathrm{T}$ 的前 3 个行向量是计算用户位置的 x，y，z，所以由式可以知道伪距观测量中的公共误差项不会对位置解算产生影响。而 $(\boldsymbol{H}^\mathrm{T}\boldsymbol{H})^{-1}\boldsymbol{H}^\mathrm{T}$ 的第 4 个行向量是计算用户钟差，所以伪距观测量中的公共误差项会影响钟差的解算。这个结论是理论推导得出来的，而且和我们的直观观察相吻合。

式（8-76）得到的是通过一次线性化后初始化和真实点之间的修正量，将这个修正量用来更新初始点，得到修正后的解，即

$$\boldsymbol{x}_1 = \boldsymbol{x}_0 + \mathrm{d}\boldsymbol{x}_0 \tag{8-79}$$

然后再用 $\boldsymbol{x}_1$ 作为起始点来重复从式（8-74）到式（8-79）的过程，得到新的修正量 $\mathrm{d}\boldsymbol{x}_1$ 来更新上一次的解。

上述过程用通用的方式来描述，对第 k 次更新来说，其过程为

$$\mathrm{d}\boldsymbol{x}_{k-1} = (\boldsymbol{H}_{k-1}^\mathrm{T}\boldsymbol{H}_{k-1})^{-1}\boldsymbol{H}_{k-1}^\mathrm{T}\partial\boldsymbol{\rho}_{k-1} \tag{8-80}$$

$$\boldsymbol{x}_k = \boldsymbol{x}_{k-1} + \mathrm{d}\boldsymbol{x}_{k-1} \tag{8-81}$$

式中，$\boldsymbol{H}$ 和 $\partial\boldsymbol{\rho}$ 都被加上了下标，是因为每一次更新 $\boldsymbol{x}_k$ 以后都要重新计算每颗卫星的方向余弦矢量以及其对应的伪距残差。

更新终结的条件是通过判断 $\|\mathrm{d}x_k\|$，即

$$\|\mathrm{d}x_k\| < 预定门限 \tag{8-82}$$

其中，预定门限是预先设定的一个阈值。当 $\|\mathrm{d}x_k\|$ 小于该阈值时，就认为可以停止

更新了。一般来说，如果设置起始点为地心，那么只需要约 5 次迭代就可以收敛到满意的精度。随着迭代次数的增多，$\| \mathrm{d}x_k \|$ 的值越来越小，线性化的精度就越来越高。

在迭代终结的时刻，$\| \mathrm{d}x_k \|$ 的值可以非常小，比如小于 1 cm。这时需要注意的是，这并不意味着得到的用户位置和钟差的误差已经小于 1 cm 了。$\| \mathrm{d}x_k \|$ 的收敛只是意味着我们已经找到了使最小二乘法的代价函数最小的解，并不是说代价函数已经趋近于 0，所以用户的位置和钟差的误差还可能比较大。因此，试图通过增大迭代次数的方法来提高精度是行不通的。

在进行迭代计算时，还必须考虑地球自转的影响。GPS 卫星信号从太空传播到地球表面需要 60~80 ms，在这段时间内地球转过了一定角度。这个角度很小，但考虑到地球的半径非常大，所以带来的定位误差不可忽视。

地球自转的角速度为 ω_{ie}，每一次迭代时得到的预测伪距量除以光速就得到信号传播的时间 Δt_{tr}，于是在信号传输过程中地球转过的角度为

$$a_k = \omega_{ie} \Delta t_{tr} \qquad (8-83)$$

这里 a_k 的下标表示第 k 次迭代，也就是说，每一次迭代都需要重新计算 a_k。

由于地球绕着地心地固坐标系的 z 轴旋转，所以由 a_k 可以计算转换矩阵为

$$\boldsymbol{R}_{a_k} = \begin{bmatrix} \cos a_k & -\sin a_k & 0 \\ \sin a_k & \cos a_k & 0 \\ 0 & 0 & 1 \end{bmatrix} \qquad (8-84)$$

将该转换矩阵和通过星历数据计算得到的卫星坐标相乘，就得到了考虑自转效应以后的卫星坐标，即

$$\begin{bmatrix} x'_{sv} \\ y'_{sv} \\ z'_{sv} \end{bmatrix} = \begin{bmatrix} \cos a_k & -\sin a_k & 0 \\ \sin a_k & \cos a_k & 0 \\ 0 & 0 & 1 \end{bmatrix} \begin{bmatrix} x_{sv} \\ y_{sv} \\ z_{sv} \end{bmatrix} \qquad (8-85)$$

然后利用 $[x'_{sv}, y'_{sv}, z'_{sv}]^{\mathrm{T}}$ 来计算卫星的方向余弦向量和预测的伪距量。

2）利用多普勒观测量计算接收机速度。本节利用最小二乘法来求解接收机的速度和钟漂量。

当接收机能获取 m 颗卫星的多普勒观测量时，可以列出以下的方程组

$$\left. \begin{aligned} f_{d_1} &= (V_{s_1} - V_u) \cdot \boldsymbol{DC}_1 + c\dot{b} + n_{d_1} \\ f_{d_2} &= (V_{s_2} - V_u) \cdot \boldsymbol{DC}_2 + c\dot{b} + n_{d_2} \\ &\vdots \\ f_{d_m} &= (V_{s_m} - V_u) \cdot \boldsymbol{DC}_m + c\dot{b} + n_{d_m} \end{aligned} \right\} \qquad (8-86)$$

式中，f_{d_1} 是第 i 颗卫星的多普勒测量，单位是 m/s；$\boldsymbol{DC}_i$ 是第 i 颗卫星的方向余弦矢量，一般是当位置求解的迭代过程收敛时得到的；V_{s_i} 是第 i 颗卫星的速度。需要注意的是：f_d 的单位是 m/s，但基带跟踪环输出的多普勒频率值是以赫兹或弧度为单位的。如果以赫兹为单位，则需要乘以载波波长；如果以弧度为单位，则还需要乘以 2π，载波波长数值用

$\lambda = c / f_{carrier}$ 来计算。式（8-86）中共有 4 个待解的未知量，分别为用户的钟漂量 $c\dot{b}$ 和速度矢量 $\boldsymbol{V}_u = [V_x, V_y, V_z]^T$。为了方便描述，统一使用一个矢量 $\boldsymbol{x}_v = [v_x, v_y, v_z, c\dot{b}]^T$ 表示。将式中的卫星速度项稍作整理，移到等号左边得到

$$\left.\begin{aligned} f_{d_1} - \boldsymbol{DC}_1 \cdot \boldsymbol{V}_{s_1} &= -\boldsymbol{DC}_1 \cdot \boldsymbol{V}_u + c\dot{b} + n_{d_1} \\ f_{d_2} - \boldsymbol{DC}_2 \cdot \boldsymbol{V}_{s_2} &= -\boldsymbol{DC}_2 \cdot \boldsymbol{V}_u + c\dot{b} + n_{d_2} \\ &\vdots \\ f_{d_m} - \boldsymbol{DC}_m \cdot \boldsymbol{V}_{s_m} &= -\boldsymbol{DC}_m \cdot \boldsymbol{V}_u + c\dot{b} + n_{d_m} \end{aligned}\right\} \tag{8-87}$$

式（8-87）很容易理解：卫星作为高速运动的飞行器，其高速的运动贡献了多普勒频移中的大部分，所以必须将这部分去掉，剩下的部分就可以完全由用户的运动和本地钟漂决定，当然噪声项依然保留其中。一般把 $(f_{d_i} - \boldsymbol{DC}_i \cdot \boldsymbol{V}_{s_i})$ 称作线性化的多普勒观测量。

当用户静止不动时，因为 $V_u = [0, 0, 0]^T$，则

$$(-\boldsymbol{DC}_i \cdot \boldsymbol{V}_u) = 0, \quad i = 1, \cdots, m \tag{8-88}$$

此时，式（8-87）右边完全由本地钟漂和噪声项决定。本地钟漂对所有卫星的观测量来说是一个公共项，而噪声项相对来说比较小。此时如果在同一时刻对多颗卫星的线性化的多普勒观测量进行观察，会发现它们的值非常接近。这一特性在实际系统调试时非常有用。

如果定义

$$\boldsymbol{f}'_d = \begin{bmatrix} f_{d_1} - \boldsymbol{DC}_1 \cdot \boldsymbol{V}_{s_1} \\ f_{d_2} - \boldsymbol{DC}_2 \cdot \boldsymbol{V}_{s_2} \\ \vdots \\ f_{d_m} - \boldsymbol{DC}_m \cdot \boldsymbol{V}_{s_m} \end{bmatrix}, \boldsymbol{H} = \begin{bmatrix} -\boldsymbol{DC}_1^T & 1 \\ -\boldsymbol{DC}_2^T & 1 \\ \vdots \\ -\boldsymbol{DC}_m^T & 1 \end{bmatrix}, \boldsymbol{n}_d = \begin{bmatrix} n_{d_1} \\ n_{d_2} \\ \vdots \\ n_{d_m} \end{bmatrix} \tag{8-89}$$

则可以写成矩阵的形式，即

$$\boldsymbol{f}'_d = \boldsymbol{H}\boldsymbol{x}_v + \boldsymbol{n}_d \tag{8-90}$$

将式（8-90）与式（8-65）相比，会发现式（8-90）已经是标准的线性状态观测方程了，所以对其求解和对位置的解算不同，速度解算无须迭代，可以直接用最小二乘法求解

$$\boldsymbol{x}_v = (\boldsymbol{H}^T \boldsymbol{H})^{-1} \boldsymbol{H}^T \boldsymbol{f}'_d \tag{8-91}$$

式（8-91）中体现的 $(\boldsymbol{H}^T \boldsymbol{H})^{-1} \boldsymbol{H}^T$ 的性质在此处依然成立，所以，所有多普勒观测量中的公共误差项都不会影响用户速度的解算，而只会影响钟漂的解算。

8.3.2.3　几何精度因子

通过对 8.2 节中伪距观测量定位的算法分析，同时根据最小二乘法中状态误差的协方差矩阵，可以得到此时的位置误差的协方差矩阵为

$$\mathrm{var}\{\delta\boldsymbol{x}_u\} = (\boldsymbol{H}^T \boldsymbol{H})^{-1} \boldsymbol{H}^T \boldsymbol{R} \boldsymbol{H} (\boldsymbol{H}\boldsymbol{H}^T)^{-1} \tag{8-92}$$

这里用 $\delta\boldsymbol{x}_u$ 是为了和上节中的每次迭代的更新量 dx_i 区分开：$\boldsymbol{R}$ 是伪距观测量中的噪声向量的协方差矩阵，一般假设不同卫星的观测噪声是相互独立的，所以 $\boldsymbol{R}$ 是对角矩阵，

用 diag$\{\sigma_1^2, \sigma_2^2, \cdots, \sigma_m^2\}$ 来表示。很显然，σ_i^2 是噪声功率，衡量了第 i 颗卫星伪距观测量的好坏。得 $\boldsymbol{R} = \sigma^2 \boldsymbol{I}$，$\boldsymbol{I}$ 为 m 阶单位矩阵。

将 $\boldsymbol{R} = \sigma^2 \boldsymbol{I}$ 代入式（8-92）可得到

$$\text{var}\{\delta \boldsymbol{x}_u\} = (\boldsymbol{H}^{\mathrm{T}} \boldsymbol{H})^{-1} \boldsymbol{H}^{\mathrm{T}} \sigma^2 \boldsymbol{I} \boldsymbol{H} (\boldsymbol{H} \boldsymbol{H}^{\mathrm{T}})^{-1} = \sigma^2 (\boldsymbol{H}^{\mathrm{T}} \boldsymbol{H})^{-1} \tag{8-93}$$

将 $(\boldsymbol{H}^{\mathrm{T}} \boldsymbol{H})^{-1}$ 用 $[\hbar_{i,j}]$ 来记，其中，$\hbar_{i,j}$ 表示该矩阵的第 i 行第 j 列元素，于是

$$\begin{cases} \text{var}\{\delta x_u\} = \sigma^2 \hbar_{1,1} \\ \text{var}\{\delta y_u\} = \sigma^2 \hbar_{2,2} \\ \text{var}\{\delta z_u\} = \sigma^2 \hbar_{3,3} \\ \text{var}\{\delta b\} = \sigma^2 \hbar_{4,4} \end{cases} \tag{8-94}$$

从式（8-92）～式（8-94）可以看出，$(\boldsymbol{H}^{\mathrm{T}} \boldsymbol{H})^{-1}$ 矩阵对角线上的元素在一定程度上反映了定位结果的精确度。故精度因子为：

位置精度因子（PDOP）$= \sqrt{\hbar_{1,1} + \hbar_{2,2} + \hbar_{3,3}}$

钟差精度因子（TDOP）$= \sqrt{\hbar_{4,4}}$

几何精度因子（GDOP）$= \sqrt{\hbar_{1,1} + \hbar_{2,2} + \hbar_{3,3} + \hbar_{4,4}}$

水平位置精度因子（HDOP）$= \sqrt{\hbar_{1,1} + \hbar_{2,2}}$

垂直位置精度因子（VDOP）$= \sqrt{\hbar_{3,3}}$

精度因子可以看作从观测量中的测量误差到状态估计误差的线性映射。在观测量误差都相同的情况下，较大的精度因子会引起较大的状态估计误差，而较小的精度因子会使状态估计的误差更小。从精度因子的定义可以看出，精度因子和实际的观测量噪声无关，而仅仅与 $(\boldsymbol{H} \boldsymbol{H}^{\mathrm{T}})^{-1}$ 有关，$(\boldsymbol{H} \boldsymbol{H}^{\mathrm{T}})^{-1}$ 直接由 $\boldsymbol{H}$ 矩阵算出。

8.3.2.4　卫星误差模拟

（1）电离层误差

电离层是地球大气层被太阳射线电离的部分，距离地表面的高度为 50～1 000 km，它是地球磁层的内界。在太阳光的强烈照射下，电离层中的中性气体分子被电离，从而产生了大量的正离子和自由电子，这些正离子与自由电子对导航电波的传播产生了影响。

当 GPS 卫星信号穿越电离层时，存在一定的时延，时延与遇到的自由电子数量成正比。电子密度受当地时间、磁纬度、太阳黑子周期等因素的影响。

我们所使用的电离层修正模型，是 Klobuchar 电离层时延模型。卫星用户电离层修正算法的组成需要用户的大致经纬度位置，以及相对每个卫星的方位角和仰角。

计算步骤如下：

1）计算地球中心角。

$$\psi = 0.0137/(El + 0.11) - 0.022 \tag{8-95}$$

式中，El 为卫星仰角。

2）计算电离层穿刺点地球投影的大地纬度。

$$\phi_I = \phi_U + \psi \cos Az \tag{8-96}$$

式中，ϕ_U 为卫星接收机纬度；Az 为卫星方位角。

　　3）计算电离层穿刺点地球投影的大地经度。

$$\lambda_I = \lambda_U + \left(\psi \, \frac{\sin Az}{\cos \phi_I} \right) \tag{8-97}$$

式中，λ_U 为卫星接收机经度。

　　4）找到电离层穿刺点地球投影的地磁纬度。

$$\phi_m = \phi_I + 0.064 \cos(\lambda_I - 1.617) \tag{8-98}$$

　　5）找到电离层穿刺点的当地时间。

$$t = 4.32 \times 10^4 \lambda_I + T_{\text{GPS}} \tag{8-99}$$

式中，T_{GPS} 为卫星接收机时间。

　　6）计算电离层映射函数。

$$F = 1 + 16 \times (0.53 - El)^3 \tag{8-100}$$

　　7）计算电离层时延。

$$x = \frac{2\pi(t - 50\ 400)}{\underbrace{\sum_{n=0}^{3} \beta_n \phi_m^n}_{\text{PER}}} \tag{8-101}$$

式中，PER 为模型余弦函数的周期；β_n 为电离层参数，来源于卫星星历，当 PER 大于 72 000 时，PER 取 72 000；当 $|x| > 1.57$ 时，电离层时延取

$$T_{\text{iono}} = F \times 5 \times 10^{-9} \tag{8-102}$$

　　否则，电离层时延取

$$T_{\text{iono}} = F \left[5 \times 10^{-9} + A \left(1 - \frac{x^2}{2} + \frac{x^4}{24} \right) \right] \tag{8-103}$$

式中，A 为模型余弦函数的幅值，且 $A = \sum_{n=0}^{3} \alpha_n \phi_m^n$，$\alpha_n$ 为电离层参数，来源于卫星星历。

　　（2）对流层误差

　　卫星信号穿过对流层和平流层时，其传播速度将发生变化，信号的传播路径将发生弯曲，而且该种变化的 80% 源于对流层。因此，常将对流层和平流层对卫星信号的影响称为对流层效应。对流层是离地面高度 50 km 以下的大气层，且是一种非电离大气层。

　　对流层延迟由干分量和湿分量两部分组成。一般是利用数学模型，根据气压温度、湿度等气象数据的地面观测值来估计对流层误差并加以改正。常用的模型有 Hopfield 模型、Saastamoinen 模型等。

　　对流层分析系统的主要目的是估计可转化为综合水汽的湿对流层延迟，从而作为数值天气和气候模型的有价值的输入。本节所介绍的对流层模型为 Hopfield 模型。Hopfield 模型中将对流层的延迟分为两部分：干延迟、湿延迟。干延迟和湿延迟的计算公式为

$$\delta_d^z = 1.552 \times 10^{-5} \frac{P_0}{T_0} (H_d - h) \tag{8-104}$$

$$\delta_w^z = 7.465\ 12 \times 10^{-2}\ \frac{e_w}{T_0^2}(H_w - h) \tag{8-105}$$

式中，P_0 为地面气压；T_0 为地面温度；e_w 为地面水气压；H_d 为干大气层定高；H_w 为湿大气层定高；h 为观测站在大气水准面上的高度。

则 Hopfield 模型中的对流层延迟为 $\delta^z = \delta_d^z + \delta_m^z$。

（3）卫星时钟修正量

在卫星导航系统中，精准的时钟是至关重要的，如果时钟误差为 1 μs，那么它将导致 300 m 的距离误差。因而，全面考虑到每一种可能的误差来源，提高时钟精度就显得十分重要。卫星接收机接收来自卫星的信号，其传输时间正比于伪距测量观测值。那么传输时间与伪距观测量的关系为

$$t_r = \frac{\rho}{c} \tag{8-106}$$

式中，t_r 为信号从卫星到接收机的传播时间（s）；ρ 为伪距测量观测量（m）；c 为光速（m/s）。

卫星发射信号时间可以表示为

$$t_{sv} = t_m - t_t \tag{8-107}$$

式中，t_{sv} 为卫星信号发射时间（s）；t_m 为信号接收时间（s）；t_t 为信号发出时间。

卫星钟差可由导航电文包含的多项式因子计算得到

$$\Delta t_{sv} = a_{f_0} + a_{f_1}(t - t_{oc}) + a_{f_2}(t - t_{oc})^2 \tag{8-108}$$

式中，Δt_{sv} 为卫星时钟修正值；a_{f_0} 为卫星钟差；a_{f_1} 为微小误差；a_{f_2} 为微小频漂；t_{oc} 为时钟参考点，$(t - t_{oc})$ 的值应修正到周内时计数限定范围内。

利用上面提及的卫星钟差，信号传播时间的修正值为

$$t = t_{sv} - \Delta t_{sv} - \Delta t_r \tag{8-109}$$

式中，Δt_r 为相对论修正值，可表示为

$$\Delta t_r = -4.442\ 807\ 633 \times 10^{-10}\ e\sqrt{a}\ \sin E_k \tag{8-110}$$

式中，e 为卫星轨道的离心率；a 为半长轴；E_k 为偏近点角。

卫星钟差可以定义为

$$\delta t_s = \Delta t_{sv} + \Delta t_r \tag{8-111}$$

伪距观测量的修正方程为

$$\rho_{\text{corrected}} = \rho_{\text{measured}} + c\delta t_s \tag{8-112}$$

8.4　半实物仿真中的导航数据模拟

下面给出典型的高超声速助推-滑翔飞行器典型轨迹，如图 8-8 所示。发射的初始条件：初始经度 $\lambda_0 = 34.2°$、纬度 $B_0 = 108.9°$ 和航向 $A_0 = 200°$。飞行器的初始俯仰角 $\varphi_0^a = 90°$，偏航角 ψ_0^a 和滚转角 γ_0^a 均为 0°。图 8-9 给出了飞行器发射系下的位置（x，y，z）；图 8-10 给出了发射系下的速度（V_x，V_y，V_z）；图 8-11 给出了发射系下的俯仰角 φ^g、偏航角 ψ^g 和滚转角 γ^g。通过导航信息扩展算法，图 8-12 给出了飞行器的纬度、经

度和高度（B，λ，h）；图 8-13 给出了当地水平坐标系下的东北天速度（v_e，v_n，v_u）；图 8-14 给出了当地水平坐标系下的偏航角 ψ^l、俯仰角 θ^l 和滚转角 γ^l。需要指出的是，在初始的垂直起飞阶段，由于俯仰角为 $90°$，当地水平坐标系下的偏航角和滚转角出现了奇异现象，如图 8-14 所示；而发射系下的偏航角和滚转角没有奇异，如图 8-11 所示。因此，在垂直发射/起飞阶段，适合使用发射系导航信息进行飞行控制；而在滑翔阶段，适合使用水平坐标系导航信息进行飞行控制。

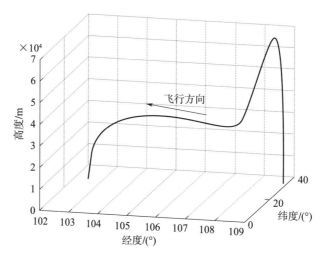

图 8-8　高超声速飞行器飞行轨迹

　　半实物仿真中的导航数据模拟包括：1）理论弹道的数据，如 8.4.1 节中画出的发射系导航数据和当地水平坐标系导航数据，其他参考坐标系下的数据可以参考前面章节内容，进行转换；2）捷联惯组模拟数据，捷联惯组中的加速度计和陀螺仪数据如 8.4.2 节所示；3）捷联卫星接收机模拟数据，根据卫星接收机的星座，模拟卫星接收机的伪距、伪距率、位置和速度等数据，如 8.4.3 节所示。

8.4.1　半实物仿真弹道数据

　　图 8-9～图 8-11 模拟的是半实物仿真中，发射系下的飞行器位置、速度和姿态数据，图 8-12～图 8-14 模拟的是当地水平坐标系下的飞行器位置、速度和姿态数据。

8.4.2　半实物仿真中惯组模拟数据

　　图 8-15 给出了飞行器该条弹道下加速度计脉冲数与比力之间的关系。经过量化处理，脉冲数均为整数。加速度计脉冲当量为 $0.000\ 1\ \text{m/s}^2$（加速度计和陀螺仪的脉冲当量值仅做参考，实际值根据使用的惯组设置）。图 8-16 给出了飞行器该条弹道下陀螺仪脉冲数与角速度之间的关系。陀螺仪脉冲当量为 $0.1 \times (\pi/180)/3\ 600\ \text{rad/s}$。

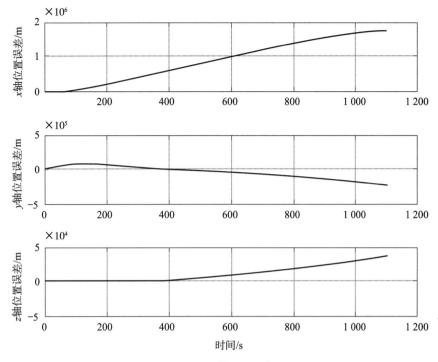

图 8-9　发射系下的位置

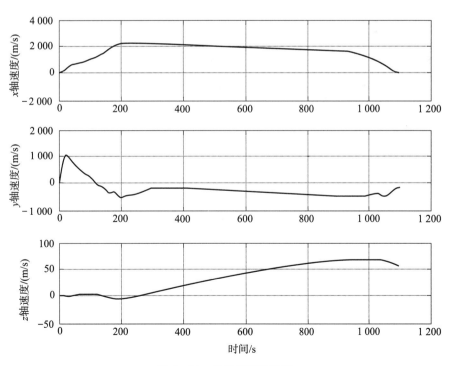

图 8-10　发射系下的速度

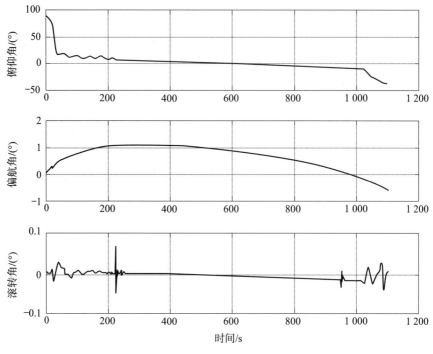

图 8-11　发射系下的姿态角

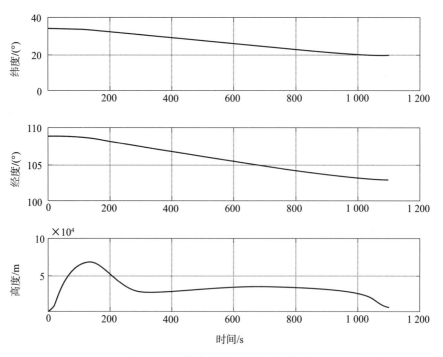

图 8-12　当地水平坐标系下的位置

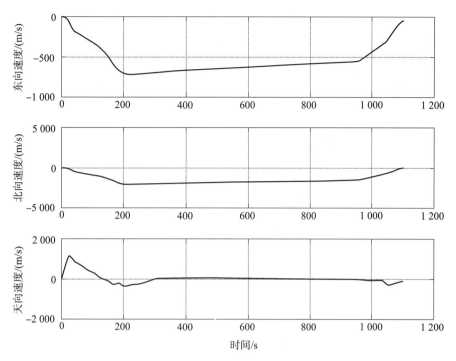

图 8-13　当地水平坐标系下的速度

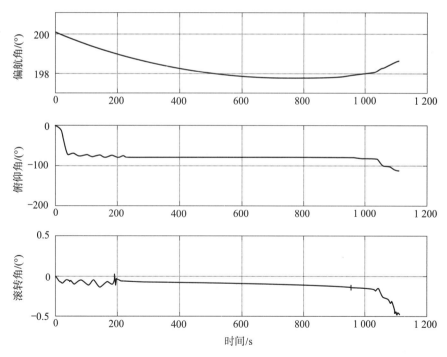

图 8-14　当地水平坐标系下的姿态角

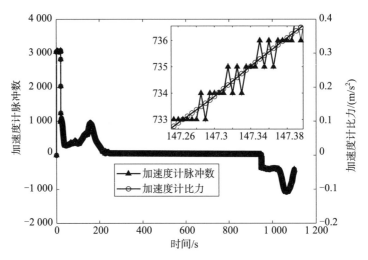

图 8 - 15　加速度计脉冲数与比力之间的关系

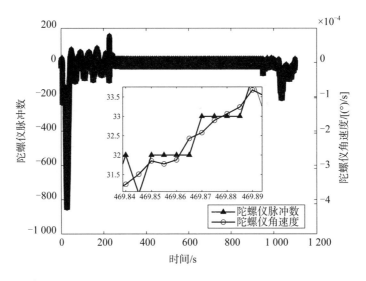

图 8 - 16　陀螺仪脉冲数与角速度之间的关系

8.4.3　半实物仿真中卫星接收机模拟数据

8.4.3.1　GPS 仿真数据

模拟卫星数据需要得到卫星的广播星历文件（Broadcast Ephemeris），GPS 卫星的广播星历文件来源于 ftp：//cddis. gsfc. nasa. gov/pub/gps/data/daily/2020/brdc/，可以下载每天的 GPS 广播星历文件，用于计算卫星相关数据。根据广播星历中的卫星参数，可以计算得到卫星的位置和速度，再结合六自由度模型提供的飞行轨迹中飞行器的位置和速度，可以计算得到卫星的伪距和伪距率或多普勒频移。得到的卫星数据为 SINS/GPS 紧耦合组合导航算法仿真试验所需的卫星数据。仿真飞行轨迹对应的 GPS 卫星伪距和多普勒频移变化情况如图 8 - 17 和图 8 - 18 所示。

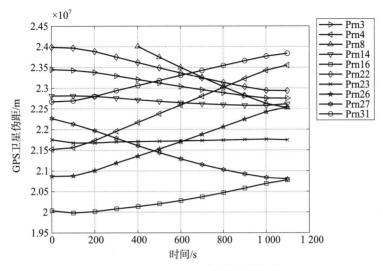

图 8 - 17　GPS 卫星伪距变化情况

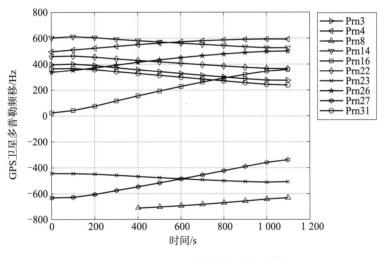

图 8 - 18　GPS 卫星多普勒频移变化情况

　　在 GPS 广播星历中，包含 32 颗（Prn1～Prn32）卫星的星历数据，均为 MEO 卫星，卫星轨道平均高度为 20 200 km，图 8 - 17 中伪距的数量级与 MEO 卫星轨道高度相一致，验证了仿真平台生成的 GPS 卫星伪距数据的合理性。在图 8 - 18 中，多普勒频移大于 0 表示卫星与飞行器相互靠近，小于 0 表示卫星与飞行器相互远离。

　　根据仿真平台生成的卫星位置、速度、伪距以及多普勒频移等数据，利用前面介绍的松耦合数据的计算方法，得到接收机在地心地固坐标系下的位置和速度，得到发射系下的位置和速度，即发射系下 SINS/GPS 松耦合组合导航算法仿真试验所需要的卫星数据。将得到的 GPS 解算轨迹位置和速度与仿真平台得到的理论轨迹进行对比，得到 GPS 解算轨迹与理论轨迹的位置误差和速度误差，如图 8 - 19 和图 8 - 20 所示。

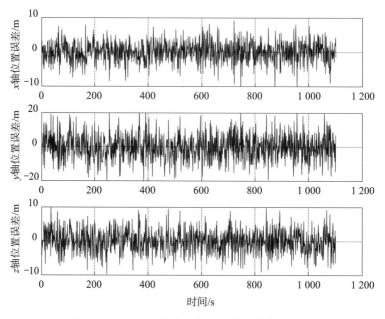

图 8-19　GPS 解算轨迹与理论轨迹的位置误差

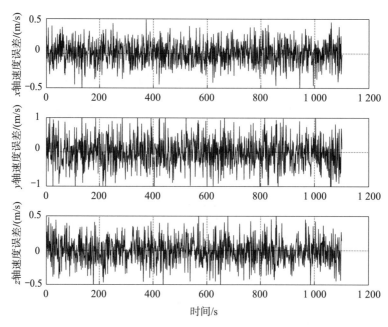

图 8-20　GPS 解算轨迹与理论轨迹的速度误差

根据发射系坐标轴的定义（前上右），x 轴和 z 轴误差表示水平误差，y 轴误差表示高度误差。在图 8-19 中，GPS 解算轨迹与理论轨迹的位置水平误差在 10 m 以内，高度误差在 20 m 以内，x 轴、y 轴、z 轴位置均方根误差（Root Mean Square Error，RMSE）分别为 3.054 3 m、7.725 4 m 和 3.350 8 m。在图 8-20 中，速度水平误差在 0.5 m/s 以内，高度误差在 1 m/s 以内，三轴速度均方根误差分别为 0.182 1 m/s、0.445 6 m/s 和 0.196 4 m/s。仿真平台生成的卫星数据的误差量级可以根据组合导航仿真试验需求进行调整。

　　几何精度因子能够反映卫星定位精度，仿真平台生成的 GPS 卫星数据的几何精度因子如图 8 - 21 所示。

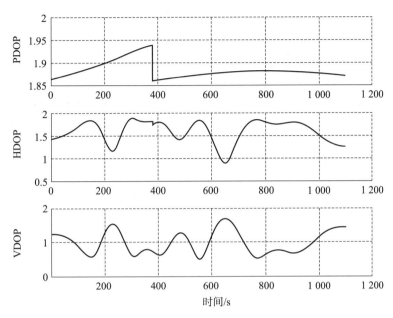

图 8 - 21　仿真平台生成的 GPS 卫星数据的几何精度因子

8.4.3.2　北斗仿真数据

　　本文北斗卫星的广播星历来源为中国卫星导航系统管理办公室测试评估研究中心（Test and Assessment Research Center of China Satellite Navigation Office）。根据北斗广播星历，生成北斗卫星的位置、速度、伪距、伪距率和多普勒频移等数据，其中，GEO 卫星位置、速度的计算方法与 MEO 卫星、IGSO 卫星有所区别。仿真飞行轨迹对应的北斗卫星伪距和多普勒频移变化情况如图 8 - 22 和图 8 - 23 所示，其中，蓝线代表 GEO 卫星，黑线代表 IGSO 卫星，红线代表 MEO 卫星。

　　在官方发布的最新的《北斗卫星导航系统空间信号接口控制文件》中，包含 63 颗（Prn1～Prn63）北斗卫星，其中 Prn1～Prn5 和 Prn59～Prn63 为 GEO 卫星，其他为 MEO/IGSO 卫星。在最近的北斗广播星历文件中，包含 44 颗卫星，而在飞行轨迹仿真中的接收机模型观测到 27 颗卫星，具体卫星编号如图 8 - 22 和图 8 - 23 所示。北斗 GEO/IGSO 卫星的轨道高度为 35 786 km，MEO 卫星轨道高度为 21 528 km。在图 8 - 22 中，伪距的数量级与对应卫星轨道高度相一致，验证了仿真平台生成的北斗卫星伪距数据的合理性。

　　根据生成的北斗卫星的相关数据，模拟北斗卫星接收机在地心地固坐标系下的位置和速度，再转换到发射系下，即发射系 SINS/BDS 松耦合组合导航所需的卫星数据。将北斗卫星解算轨迹与理论轨迹进行对比，得到的位置误差和速度误差如图 8 - 24 和图 8 - 25 所示。在图 8 - 24 中，位置水平误差在 8 m 以内，高度误差在 15 m 以内，三轴位置均方根误差分别为 1.906 2 m、3.603 3 m 和 2.690 3 m。在图 8 - 25 中，速度水平误差在 0.5 m/s 以内，高度误差在 0.8 m/s 以内，三轴位置均方根误差分别为 0.106 8 m/s、0.194 8 m/s 和 0.152 6 m/s。

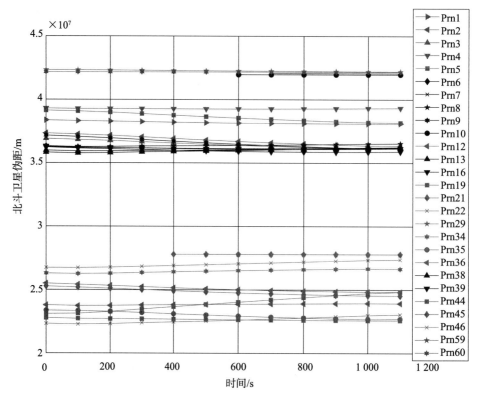

图 8 - 22　北斗卫星伪距变化情况（见彩插）

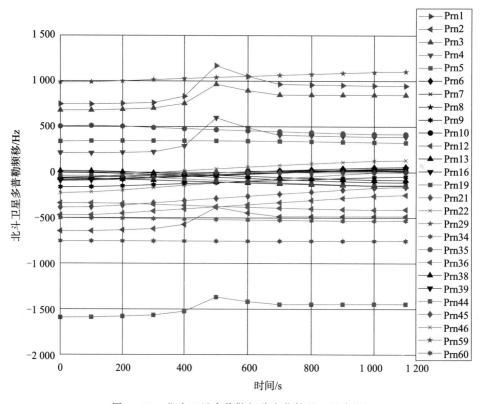

图 8 - 23　北斗卫星多普勒频移变化情况（见彩插）

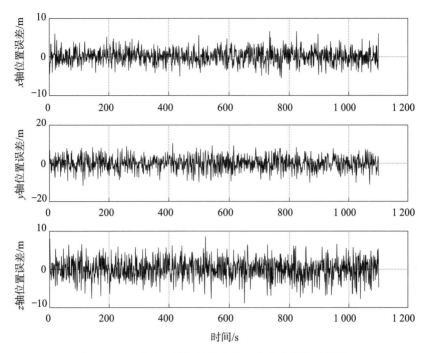

图 8 - 24　北斗卫星解算轨迹与理论轨迹的位置误差

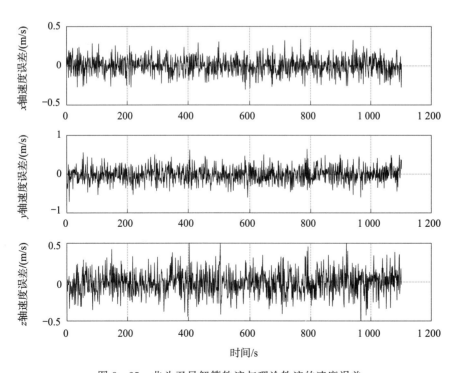

图 8 - 25　北斗卫星解算轨迹与理论轨迹的速度误差

北斗卫星几何精度因子如图 8-26 所示。

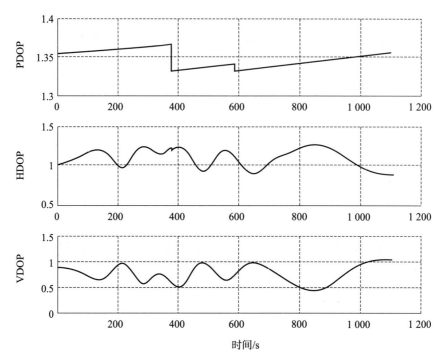

图 8-26　北斗卫星几何精度因子

参 考 文 献

［1］ 徐延万．控制系统（上）［M］．北京：中国宇航出版社，1989.

［2］ 董绪荣，张守信，华仲春．GPS/INS 组合导航定位及其应用［M］．长沙：国防科技大学出版社，1998.

［3］ 胡小平．导弹飞行力学基础［M］．长沙：国防科技大学出版社，2006.

［4］ 张天光，王秀萍，王丽霞．捷联惯性导航技术［M］．2 版．北京：国防工业出版社，2007.

［5］ 邓志红．惯性器件与惯性导航系统［M］．北京：科学出版社，2012.

［6］ 阿尔梅尼塞．新型陀螺仪技术［M］．袁书明，程建华，译．北京：国防工业出版社，2013.

［7］ 周建平．空间交会对接技术［M］．北京：国防工业出版社，2013.

［8］ 李学锋，王青．运载火箭飞行控制系统设计与验证［M］．北京：国防工业出版社，2014.

［9］ 秦永元．惯性导航［M］．2 版．北京：科学出版社，2014.

［10］ 宋征宇．高可靠运载火箭控制系统设计［M］．北京：中国宇航出版社，2014.

［11］ 闫杰，于云峰，凡永华，等．吸气式高超声速飞行器控制技术［M］．西安：西北工业大学出版社，2015.

［12］ 付梦印．神奇的惯性世界［M］．北京：北京理工大学出版社，2015.

［13］ 张卫东．运载火箭动力学与控制［M］．北京：中国宇航出版社，2015.

［14］ 何家声．航天发射地面支持技术［M］．北京：北京理工大学出版社，2015.

［15］ 程鹏飞，成英燕，秘金钟，等．国家大地坐标系建立的理论与实践［M］．北京：测绘出版社，2016.

［16］ 王庆宾，赵东明．地球重力场基础［M］．北京：测绘出版社，2016.

［17］ 张胜三．火箭导弹发射车设计［M］．北京：中国宇航出版社，2018.

［18］ 边少锋，李厚朴．大地测量计算机代数分析［M］．北京：科学出版社，2018.

［19］ 王建强．弹道学中重力场模型重构理论与方法［M］．武汉：中国地质大学出版社，2018.

［20］ 严恭敏，翁浚．捷联惯导算法与组合导航原理［M］．西安：西北工业大学出版社，2019.

［21］ 赵文策，高家智．运载火箭弹道与控制理论基础［M］．北京：机械工业出版社，2020.

［22］ 程进，刘金，等．半实物仿真技术基础及应用实践［M］．北京：中国宇航出版社，2020.

［23］ 陈凯，张通，刘尚波．捷联惯导与组合导航原理［M］．西安：西北工业大学出版社，2021.

［24］ P G SAVAGE. Strapdown Analytics［M］. Strapdown Associates，Inc，Maple Plain，MN，2000.

［25］ KAPLAN E. Understanding GPS：Principles & Applications［M］. 2nd Edition. Boston：Artech House，2006.

［26］ MISRA PRATAP. Global positioning system ：signals，measurements，and performance［M］. New York：Ganga‑Jamuna Press，2011.

［27］ NOURELDIN A，KARAMAT T B，GEORGY J. Fundamentals of Inertial Navigation, Satellite‑based Positioning and their Integration［M］. Berlin：Springer‑Verlag，2013.

[28] 中国航空学会. 2012—2013 航空科学技术学科发展报告 [R]. 北京：中国科学技术出版社，2014.

[29] 马旭光，桂晓明，张颖. 临近空间飞行器及其军事应用分析 [J]. 无线互联科技，2016 (5)：137 - 138.

[30] 田宏亮. 临近空间高超声速武器发展趋势 [J]. 航空科学技术，2018，29 (6)：1 - 6.

[31] 范月华，高振勋，蒋崇文. 美俄高超声速飞行器发展近况 [J]. 飞航导弹，2018 (11)：25 - 30.

[32] 黄宛宁，张晓军，李智斌，等. 临近空间科学技术的发展现状及应用前景 [J]. 科技导报，2019，37 (21)：46 - 62.

[33] 叶喜发，张欧亚，李新其，等. 国外高超声速巡航导弹的发展情况综述 [J]. 飞航导弹，2019 (2)：65 - 68.

[34] 王鹏飞，王光明，蒋坤，等. 临近空间高超声速飞行器发展及关键技术研究 [J]. 飞航导弹，2019 (8)：22 - 28.

[35] 王鹏飞，王光明，吴豫杰，等. 吸气式高超声速飞行器控制技术研究综述 [J]. 战术导弹技术，2019 (3)：12 - 18.

[36] 宋巍，梁轶，王艳，等. 2018 年国外高超声速技术发展综述 [J]. 飞航导弹，2019 (5)：7 - 12.

[37] 廖孟豪. 2018 年度国外高超声速飞行器发展动向 [J]. 飞航导弹，2019 (3)：1 - 4.

[38] 张灿，林旭斌，胡冬冬，等. 2018 年国外高超声速飞行器技术发展综述 [J]. 飞航导弹，2019 (2)：1 - 5＋15.

[39] 鲁娜，房濛濛. 高超声速飞行器控制技术研究进展综述 [J]. 飞航导弹，2019 (12)：16 - 21＋62.

[40] 张灿，王轶鹏，叶蕾. 国外近十年高超声速飞行器技术发展综述 [J]. 战术导弹技术，2020 (6)：81 - 86.

[41] 韩洪涛，王璐，郑义. 2019 年国外高超声速技术发展回顾 [J]. 飞航导弹，2020 (5)：14 - 18＋25.

[42] 王毓龙，赖传龙，陈东伟. 高超声速导弹发展现状及作战运用研究 [J]. 飞航导弹，2020 (7)：50 - 55.

[43] 张灿，林旭斌，刘都群，等. 2019 年国外高超声速飞行器技术发展综述 [J]. 飞航导弹，2020 (1)：16 - 20.

[44] 王少平，董受全，隋先辉，等. 助推滑翔高超声速导弹发展趋势及作战使用研究 [J]. 战术导弹技术，2020 (1)：9 - 14.

[45] 王刚，娄德仓. 德国高超声速技术发展历程及动力系统研究 [J]. 航空动力，2020 (5)：21 - 26.

[46] 刘薇，龚海华. 国外高超声速飞行器发展历程综述 [J]. 飞航导弹，2020 (3)：20 - 27＋59.

[47] 李思冶，查柏林，王金金，等. 美俄高超声速武器发展研究综述 [J]. 飞航导弹，2021 (3)：31 - 37.

[48] 张瑞萍，张铃金，孙硕，等. 2020 年国外导弹科技与装备发展综述 [J]. 中国航天，2021 (3)：67 - 70.

[49] 胡阳旭，沈卫，王建波. 2020 年国外陆军装备技术发展综述 [J]. 国防科技工业，2021 (1)：49 - 53.

[50] 耿建福，王雅琳，宋怡然，等. 2020 年国外飞航导弹发展综述 [J]. 飞航导弹，2021 (1)：1 - 5.

[51] 张灿，刘都群，王俊伟. 2020 年国外高超声速领域发展综述 [J]. 飞航导弹，2021 (1)：12 - 16.

[52] 郑义，韩洪涛，王璐. 2020 年国外高超声速技术发展回顾 [J]. 战术导弹技术，2021 (1)：38 -

43+106.

[53] BAHM C，BAUMANN E，MARTIN J，et al. The X - 43A Hyper - X Mach 7 Flight 2 Guidance，Navigation，and Control Overview and Flight Test Results ［C］. American Institute of Aeronautics and Astronautics，2005.

[54] HANK J，MURPHY J，MUTZMAN R. The X - 51A Scramjet Engine Flight Demonstration Program ［C］. American Institute of Aeronautics and Astronautics，2008.

[55] WALKER S，SHERK J，SHELL D，et al. The DARPA/AF Falcon Program：The Hypersonic Technology Vehicle ♯ 2（HTV - 2）Flight Demonstration Phase ［C］. American Institute of Aeronautics and Astronautics，2008.

[56] STEFFES S. Real - Time Navigation Algorithm for the SHEFEX2 Hybrid Navigation System Experiment ［C］. American Institute of Aeronautics and Astronautics，2012.

[57] JAMES M. Acton. Hypersonic Boost - Glide Weapons ［J］. Science and Global Security，September 2015，23（3）：220 - 229.

[58] WILKENING D. Hypersonic Weapons and Strategic Stability ［J］. Survival，2019，61（5）：129 - 148.

[59] KELLEY M SAYLER. Hypersonic Weapons：Background and Issues for Congress ［DB/OL］. https：//crsreports. congress. gov/product/pdf/R/R45811.

[60] KELLEY M SAYLER. Emerging Military Technologies：Background and Issues for Congress ［DB/OL］. https：//crsreports. congress. gov/product/pdf/R/R46458.

[61] BRENDAN W McGARRY. FY2021 Defense Appropriations Act：Context and Selected Issues for Congress ［DB/OL］. https：//crsreports. congress. gov/product/pdf/R/R46812.

[62] Congressional Research Service. Conventional Prompt Global Strike and Long - Range Ballistic Missiles：Background and Issues ［DB/OL］. https：//crsreports. congress. gov/product/pdf/R/R41464.

[63] Congressional Research Service. Hypersonic Missile Defense：Issues for Congress ［DB/OL］. https：//crsreports. congress. gov/product/pdf/IF/IF11623.

[64] Congressional Research Service. Defense Primer：Emerging Technologies ［DB/OL］. https：//crsreports. congress. gov/product/pdf/IF/IF11105.

[65] Congressional Research Service. Defense Primer：Hypersonic Boost - Glide Weapons ［DB/OL］. https：//crsreports. congress. gov/product/pdf/IF/IF11459.

[66] Congressional Research Service. U. S. Army Long - Range Precision Fires：Background and Issues for Congress ［DB/OL］. https：//crsreports. congress. gov/product/pdf/R/R46721.

[67] Congressional Research Service. Russian Armed Forces：Military Modernization and Reforms ［DB/OL］. https：//crsreports. congress. gov/product/pdf/IF/IF11603.

[68] 潘加亮，熊智，赵慧，等. 发射系下 SINS/GPS/CNS 多组合导航系统算法及实现 ［J］. 中国空间科学技术，2015，35（2）：9 - 16.

[69] 熊智，潘加亮，林爱军，等. 发射系下 SINS/GPS/CNS 组合导航系统联邦粒子滤波算法 ［J］. 南京航空航天大学学报，2015，47（3）：319 - 323.

[70] 殷德全，熊智，施丽娟，等. 发射系下 SINS/GPS 组合导航系统的算法研究 ［J］. 兵工自动化，

2017，36（10）：6 - 10.

[71] 严恭敏，邓瑀. 传统组合导航中的实用 Kalman 滤波技术评述 [J]. 导航定位与授时，2020，7
    （2）：50 - 64.

[72] 陈冰，郑勇，陈张雷，等. 临近空间高超声速飞行器天文导航系统综述 [J]. 航空学报，2020，41
    （8）：32 - 43.

[73] 刘丽丽，林雪原，郁丰，等. 一种 SINS/CNS/GNSS 组合导航滤波算法 [J]. 大地测量与地球动
    力学，2021，41（7）：676 - 681.

[74] KENNETH R BRITTING. Strapdown Navigation Equations for Geographic and Tangent Coordinate
    Frames [R]. June 1969，NASA - CR - 103296.

[75] KENNETH R BRITTING. Error analysis of Strapdown and Local Level Inertial Systems Which
    Compute in Geographic Coordinates [R]. Nov 1969，NASA - CR - 107741.

[76] JORDAN J W. An Accurate Strapdown Direction Cosine Algorithm [R]. Sep 1969. NASA - TN -
    D - 5384.

[77] BORTZ J E. A New Concept in Strapdown Inertial Navigation [R]. March 1970. NASA - TR -
    R - 329.

[78] HAEUSSERMANN W. Description and Performance of the Saturn Launch Vehicle′s Navigation，
    Guidance，and Control System [R]. July 1970. NASA - TN - D - 5869.

[79] LIANG D F，Johnson R H. Strapdown Navigation Algorithms Implemented in the Inertial and
    Geographic Frames [R]. Sep 1983，ADA148908.

[80] MILLER R B. SINS 1 - A Model of a Strapdown Inertial Navigation System [R]. 1989. ADA215495.

[81] M WEI，K P Schwarz. A Strapdown Inertial Algorithm Using an Earth - fixed Cartesian Frame [J].
    Navigation，1990（37）：153 - 167.

[82] P G SAVAGE. Strapdown Inertial Navigation System Integration Algorithm Design，Part 1：
    Attitude Algorithms [J]. Journal of Guidance Control and Dynamics，1998（21）：19 - 28.

[83] P G SAVAGE. Strapdown Inertial Navigation System Integration Algorithm Design，Part 2：
    Velocity and Position Algorithms [J]. Journal of Guidance Control and Dynamics，1998（21）：
    208 - 221.

[84] 孟中杰，陈凯，黄攀峰，等. 高超声速飞行器机体/发动机耦合建模与控制 [J]. 宇航学报，
    2008，29（5）：1509 - 1514.

[85] 陈凯，鲁浩，赵刚，等. 传递对准姿态匹配算法的统一性 [J]. 中国惯性技术学报，2008（2）：
    127 - 131.

[86] 陈凯，鲁浩，闫杰. 传递对准姿态匹配的优化算法 [J]. 航空学报，2008（4）：981 - 987.

[87] 孟中杰，陈凯，黄攀峰，等. 高超声速战术导弹精确制导率设计 [J]. 飞行力学，2009，27（2）：
    38 - 41.

[88] 陈凯，卫凤，张前程，等. 基于飞行力学的惯导轨迹发生器及其在半实物仿真中的应用 [J]. 中
    国惯性技术学报，2014，22（4）：486 - 491.

[89] 陈凯，董凯凯. 临近空间飞行器导航中重力模型研究 [C]. 武汉：中国惯性技术学会，2015.

[90] 陈凯，董凯凯，陈朋印，等. 半实物仿真中三轴转台姿态运动相似性研究 [J]. 机械科学与技术，

2016，35（12）：1950 - 1955.

［91］　陈凯，王翔，刘明鑫，等．坐标转换理论及其在半实物仿真姿态矩阵转换中的应用［J］.指挥控制与仿真，2017，39（2）：118 - 122.

［92］　陈凯，殷娜，刘明鑫．临近空间飞行器两种捷联惯导算法的等价性［J］.航天控制，2018，36（5）：42 - 46.

［93］　陈凯，沈付强，孙晗彦，等．高超声速飞行器发射坐标系导航算法［J］.宇航学报，2019，40（10）：1212 - 1218.

［94］　陈凯，沈付强，裴森森，等．临近空间飞行器导航坐标系的等价性研究［C］.南阳：中国惯性技术学会，2020.

［95］　陈凯，裴森森，周钧，等．高超声速飞行器发射坐标系导航算法综述［J］.战术导弹技术，2021，（4）：52 - 60.

［96］　沈付强．高超声速助推滑翔飞行器 SINS/GNSS 组合导航算法［D］.西安：西北工业大学，2021.

［97］　陈凯，刘明鑫，殷娜．一种基于单轴旋转调制的惯性天文组合导航系统及计算方法［P］.陕西：CN108731674A，2018 - 11 - 02.

［98］　陈凯，沈付强，樊浩，等．一种中高空超声速靶标导航方法［P］.陕西省：CN110243362A，2019 - 09 - 17.

［99］　陈凯，张林渊，董凯凯，等．一种助推 - 滑翔式临近空间飞行器的捷联惯性导航方法［P］.CN106931967B，2019 - 10 - 18.

［100］　陈凯，沈付强，周钧，等．一种在发射坐标系下的飞行器姿态对准方法及系统［P］.CN112611394A，2021 - 04 - 06.

［101］　陈凯，沈付强，周钧，等．一种发射方位角计算方法及系统［P］. CN112648881A，2021 - 04 - 13.

［102］　陈凯，裴森森，曾诚之，等．一种发射惯性坐标系下的紧耦合导航方法［P］. CN113050143A，2021 - 06 - 29.

［103］　陈凯，孙晗彦，张宏宇，等．一种基于发射坐标系的捷联惯导数值更新方法［P］. CN110057382B，2021 - 07 - 09.

［104］　CHEN KAI，SUN HANYAN，ZHANG HONGYU，et al. Method for Updating Strapdown Inertial Navigation Solutions Based on Launch - centered Earth - fixed Frame［P］. US20200386574，2020 - 12 - 10.

［105］　CHEN KAI，CHEN PENGYIN，LIU MINGXIN. Evaluation of Hypersonic Vehicle SINS Navigation Solution in the Hardware - in - the - Loop Simulation［C］. Nanjing：IEEE CGNCC 2016，2016：5.

［106］　CHEN KAI，ZHANG LINYUAN，LIU MINGXIN，et al. Strapdown Inertial Navigation Algorithm for Hypersonic Boost - Glide Vehicle［C］. 21st AIAA International Space Planes and Hypersonics Technologies Conference，AIAA - 2017 - 2174.

［107］　CHEN KAI，ZHOU JUN，SHEN FUQIANG，et al. Hypersonic Boost - glide Vehicle Strapdown Inertial Navigation System/global Positioning System Algorithm in a Launch - Centered Earth - Fixed Frame［J］. Aerospace Science and Technology，2020，98，105679.

［108］　CHEN KAI，SHEN FUQIANG，ZHOU JUN，et al. Simulation Platform for SINS/GPS Integrated

Navigation System of Hypersonic Vehicles Based on Flight Mechanics ［J］. SENSORS，Vol：20，SEP 2020.

［109］ CHEN KAI，SHEN FUQIANG，ZHOU JUN，et al. SINS/BDS Integrated Navigation for Hypersonic Boost - glide Vehicles in the Launch - Centered Inertial Frame ［J］. Mathematical Problems in Engineering，2020.

［110］ CHEN KAI，PEI SENSEN，SHEN FUQIANG，et al. Tightly Coupled Integrated Navigation Algorithm for Hypersonic Boost - glide Vehicles in the LCEF Frame ［J］. Aerospace，2021，8 （5）：124.

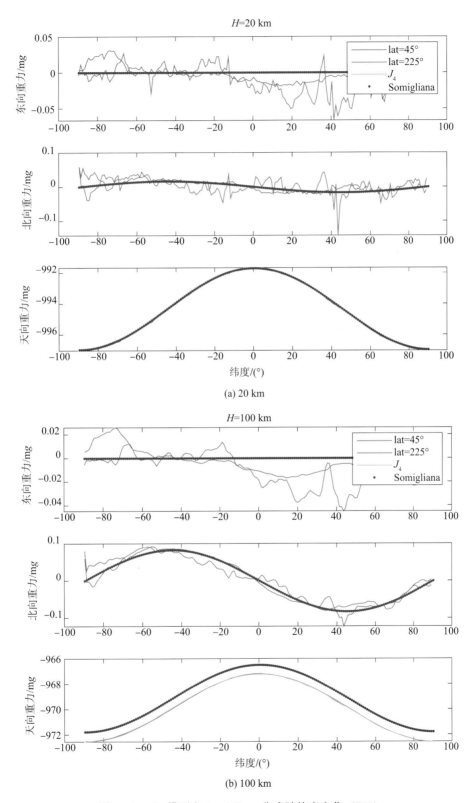

图 3-6 J_4 模型和 Somigliana 公式随纬度变化（P52）

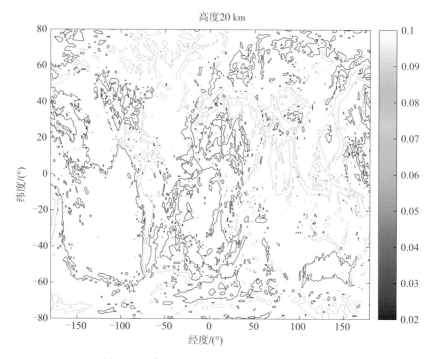

图 3 - 7　高度 20 km 重力扰动等值线（P53）

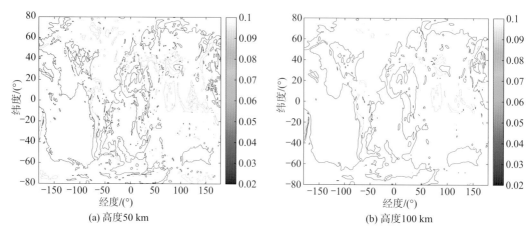

(a) 高度 50 km

(b) 高度 100 km

图 3 - 8　高度 50 km 及 100 km 重力扰动（P53）

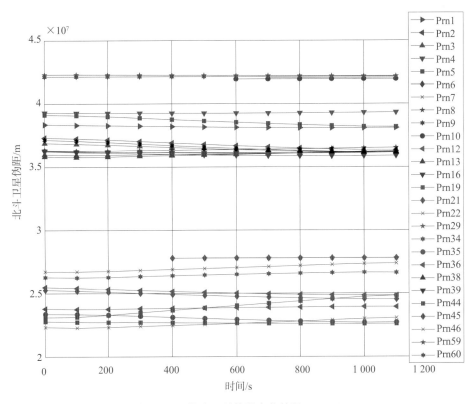

图 8 - 22　北斗卫星伪距变化情况（P196）

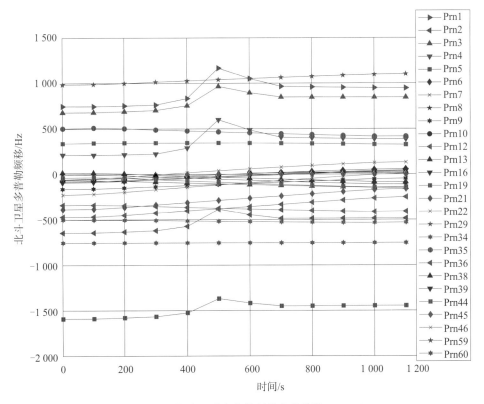

图 8 - 23　北斗卫星多普勒频移变化情况（P196）